Helmut Baumgarten · Inga-Lena Darkow · Hartmut Zadek (Hrsg.)

Supply Chain Steuerung und Services

Springer

Berlin
Heidelberg
New York
Hongkong
London
Mailand
Paris
Tokio

Helmut Baumgarten
Inga-Lena Darkow
Hartmut Zadek (Hrsg.)

Supply Chain Steuerung und Services

Logistik-Dienstleister managen globale Netzwerke – Best Practices

Mit 86 Abbildungen

Springer

Prof. Dr.-Ing. Helmut Baumgarten
Technische Universität Berlin
Institut für Technologie und Management
Bereich Logistik
Hardenbergstr. 4 - 5
10623 Berlin
baumgarten@logistik.tu-berlin.de

Dr.-Ing. Hartmut Zadek
Visality Consulting GmbH
Am Schlangengraben 20
13597 Berlin
hartmut.zadek@visality.de

Dr.-Ing. Inga-Lena Darkow
Logistics and Management Consulting
Am Gendarmenmarkt
Charlottenstr. 59
10117 Berlin
darkow@lmc-group.de

ISBN 3-540-44308-8 Springer-Verlag Berlin Heidelberg New York

Bibliografische Information der Deutschen Bibliothek.
Die Deutsche Bibliothek verzeichnet diese Publikation in der Deutschen Nationalbibliografie; detaillierte bibliografische Daten sind im Internet über http://dnb.ddb.de abrufbar.

Springer-Verlag ist ein Unternehmen von Springer Science+Business Media
springer.de

Einbandgestaltung: deblik Berlin
Satz: Reproduktionsfertige Daten der Herausgeber
Gedruckt auf säurefreiem Papier 68/3020/M - 5 4 3 2 1 0

Vorwort

In der zunehmend vernetzten Unternehmenswelt findet der Wettbewerb nicht mehr allein über das Produkt, die Qualität und den Preis statt. Vielmehr steht der Service gegenüber dem Kunden heute im Mittelpunkt der Überlegungen. Die flexible, pünktliche und richtige Lieferung, das Angebot von zusätzlichen Leistungen wie die Montage von Bauteilen vor Ort oder die informationstechnische Verknüpfung mit den Kunden sind dafür geschaffen, eine umfassende Lösung im Sinne eines „Full-Service“ anzubieten.

Eine Differenzierung gegenüber der Konkurrenz kann nur effizient erreicht werden, indem die gesamte Supply Chain betrachtet wird. Den Logistik-Dienstleistern kommt dabei ein besonderer Stellenwert zu. Die Steuerung der Wertschöpfungskette über Endhersteller, Systemlieferanten, Sublieferanten und Dienstleister erfordert neben IT-Kompetenz insbesondere langjähriges Know-how in den Prozessen der Partner. Da die Konzentration auf das Kerngeschäft und damit die Outsourcing-Neigung in Industrie und Handel weiter steigt, müssen sich Logistik-Dienstleister stets auf die veränderten Kundenanforderungen ausrichten und ihre strategischen Geschäftsfelder sowie ihr IT-affines Leistungsangebot überdenken. Deshalb wird neben der Positionierung als Systemdienstleister in der Kontraktlogistik (3PL) die Neuausrichtung als Netzwerkintegrator – auch als Fourth-Party-Logistics-Provider (4PL) bezeichnet – heute intensiv diskutiert. In diesem Buch werden diese alternativen Konzepte vorgestellt und Trends, Marktsituation sowie Herausforderungen in einzelnen Leistungsfeldern erläutert.

Das vorliegende Buch „Supply Chain Steuerung und Services – Logistik-Dienstleister managen globale Netzwerke – Best Practices“ trägt zur Klärung der heutigen und zukünftigen Position der Branche bei. Anhand von Fallbeispielen wird anschaulich dargestellt, wie die in den einleitenden Kapiteln vorgestellten Herausforderungen und grundlegenden Konzepte in der Praxis schon heute angegangen und umgesetzt werden. Mögliche Strategien für die Positionierung im Wettbewerbsumfeld werden umfassend präsentiert. Im Zeitalter der Logistik und des Supply Chain Managements gelingt damit die methodische Unterstützung der Logistik-Dienstleister zur Sicherung der Wettbewerbsfähigkeit - als „Manager der Supply Chain“.

Die Verwirklichung dieses praxisorientierten Buches war nur mit Hilfe der interessanten Beiträge aus Unternehmen der Logistik-Dienstleistungsbranche sowie Industrie und Handel möglich. An dieser Stelle gilt der Dank all den beteiligten Autoren sowie den wissenschaftlichen Mitarbeitern am Bereich Logistik der Technischen Universität Berlin. Besonders Frau Dipl.-Kffr. Cornelia Kaden sei für ihre redaktionelle Überarbeitung der Beiträge gedankt.

Berlin im Oktober 2003

Helmut Baumgarten
Inga-Lena Darkow
Hartmut Zadek

Inhalt

Abkürzungsverzeichnis

APS	Advanced Planning and Scheduling
ASP	Application Service Providing
BVL	Bundesvereinigung Logistik e.V., Bremen
CKD	completely knocked down
CRM	Customer Relationship Management
DRG	Diagnostic Related Group
DFÜ	Datenfernübertragung
EDI	Electronic Data Interchange
ERP	Enterprise Resource Planning
EAI	Enterprise Application Integration
Fifo	first in first out
HGS	Hermes General Service GmbH
IT	Informationstechnologien
IuK	Information und Kommunikation
JIT	Just In Time
KEP	Kurier-, Express-, Paketdienste
KrWG	Kreislaufwirtschaftsgesetzes
LDL	Logistik-Dienstleister
LLP	Lead Logistics Provider
MIS	Management-Informationssystem
NOOS	Never out of stock
OEM	Endprodukt-Hersteller/ Original Equipment Manufacturer
PPS	Produktionsplanungs- und Produktionssteuerungssystem

PoD	Print on Demand
SBS	Sendungsbegleitschein
SCM	Supply Chain Management
SCC	Samsonite Service Center
TUL	Transportieren, Umschlagen, Lagern
USP	Unique Selling Proposition
VAN	Value Added Networks
VAS	Value Added Services
VIS	Vertriebs-Informationssystem
WMS	Warehouse Management System
XML	Extensible Markup Language
3PL	Third Party Logistics Provider
4PL	Fourth Party Logistics Provider

Trends in der Logistik

Helmut Baumgarten[1]

Die Logistik übernimmt heute mehr Aufgaben denn je, bewegt dabei größere Güterströme und bahnt einer unermesslichen Flut an Informationen ihren Weg durch die Unternehmen. Innovative Konzepte und neue Gestaltungsansätze ermöglichen es der Logistik und den Logistikern dabei, effizient und flexibel zu agieren und die Komplexität beherrschbar zu machen. Zudem haben insbesondere strategische Fragestellungen in der Logistik in den vergangenen Jahren einen Bedeutungszuwachs erfahren. Gleichzeitig hat die Logistik ihren festen Platz in der strategischen Gestaltung des Unternehmens eingenommen (Baumgarten 2003). Seit der Begründung der Logistik als wissenschaftliche Disziplin und mit der Wahrnehmung der Logistik als eigenständiges und wichtiges Aufgabenfeld in der Praxis hat sich das Unternehmensumfeld jedoch gewandelt.

In jüngster Zeit haben nicht nur moderne Informationstechnologien Auswirkungen auf die logistischen Prozesse sondern auch Veränderungen in den politischen Rahmenbedingungen. Auch die allgemeine Tendenz zur verstärkten und weltweiten Zusammenarbeit zwischen Unternehmen bewirkt eine Anpassung bei den logistischen Abläufen. In diesem Zusammenhang ist die Logistik heute als strategisches Führungsinstrument in Unternehmen und Unternehmensnetzwerken zu begreifen (Ihde 2001 u. 1987, Baumgarten 2000). Sie nimmt damit Einfluss auf Unternehmensstrategien, deren Intention es ist, „Wettbewerbsvorteile zu erreichen beziehungsweise zu erhalten und damit die Überlebensfähigkeit eines Unternehmens im Markt dauerhaft zu sichern", (Hahn 1996). Die Logistik verknüpft dazu Unternehmensteile, Lieferanten und Kunden miteinander. Dabei obliegt ihr insbesondere die ganzheitliche Planung, Steuerung, Durchführung und Kontrolle aller unternehmensinternen und -übergreifenden Güter- und Informationsflüsse.

Logistik-Dienstleister sind bei der Sicherung einer hohen logistischen Qualität wesentliche Partner in der Supply Chain. Ihre Leistungen sind für die reibungslose Auftragsabwicklung im Endkunden- genauso wie im Business-to-Business-Geschäft maßgeblich für den Erfolg von Industrie- und Handelsunternehmen verantwortlich. Innerhalb weltweit gespannter Netzwerke haben die Logistik-Dienstleister in den vergangenen Jahren gelernt, ihre Kompetenzen in Planung, Steuerung und Durchführung logistischer Prozesse virtuos einzusetzen. Jedoch ist damit auch die Konkurrenz auf diesem augenscheinlich lukrativen Markt größer

---

[1] Leiter des Bereichs Logistik, Geschäftsführender Direktor des Instituts für Technologie und Management, Technische Universität Berlin

geworden. Zudem stellen die strukturellen Veränderungen des Logistikmarktes neue Herausforderungen an die Unternehmen.

Dabei spielt die Entwicklung der Logistik insbesondere im Bereich des Business-to-Business eine bedeutende Rolle für die globale Wertschöpfung sowie den Ausbau und die Verteidigung von Wettbewerbsvorteilen. Es können maßgebliche Trends in den Bereichen Industrie, Handel und Logistik-Dienstleistung ausgemacht werden. Die aktuelle Untersuchung des Bereichs Logistik der Technischen Universität Berlin gemeinsam mit der Bundesvereinigung Logistik (BVL) zu „Trends und Strategien in der Logistik – Supply Chains im Wandel" zeigt den aktuellen Status auf und gibt Anregungen für zukünftige Handlungsfelder. Die wichtigsten Ergebnisse werden im Folgenden beschrieben, nachdem die Entwicklung der Logistik und insbesondere der Logistik-Dienstleister dargestellt wurde.

Definition und Entwicklung der Logistik

Die Unternehmenslogistik umfasst die ganzheitliche Planung, Steuerung, Durchführung und Kontrolle aller unternehmensinternen und -übergreifenden Güter- und Informationsflüsse. Die Logistik stellt für Gesamt- und Teilsysteme in Unternehmen, Konzernen, Netzwerken und virtuellen Unternehmen kunden- und prozessorientierte Lösungen bereit (Baumgarten 2000). Sie befasst sich deshalb mit der Entwicklung und Anwendung von Methoden und Werkzeugen zur Koordination von Güter- und Informationsflüssen. Diese überschreiten innerhalb des Leistungserstellungsprozesses immer auch Bereichsgrenzen. Die Logistik überwindet demnach Unternehmensschnittstellen und findet Lösungsansätze im Umgang mit dieser Problemstellung.

Art und Umfang der Aufgaben, die der Logistik zugerechnet werden, waren in der Vergangenheit wesentlichen Veränderungen unterworfen und sind auch gegenwärtig in den Unternehmen wie in der Literatur unterschiedlich (Baumgarten 2001).

Phase 1 – Klassische Logistik

In den 1960er und 1970er Jahren umfasste die sogenannte Klassische Logistik hauptsächlich material- und warenflussbezogene Aufgaben und Funktionen. Dazu gehören Transportieren, Umschlagen, Lagern („TUL-Leistungen") sowie Verpacken und Kommissionieren. Einen höheren Stellenwert erhielt die Sicherstellung der Verfügbarkeit von Materialien und Waren innerhalb des Produktionsprozesses in den 1970er Jahren (siehe Abb. 1 u. Baumgarten 2003).

In dieser Phase wurde die Logistik als Funktion angesehen, die den Erfolg des Unternehmens im Markt nur unwesentlich beeinflussen kann. Sie war in die funktionale Unternehmensorganisation eingebettet und daher selbst auch an der funktionalen Struktur orientiert.

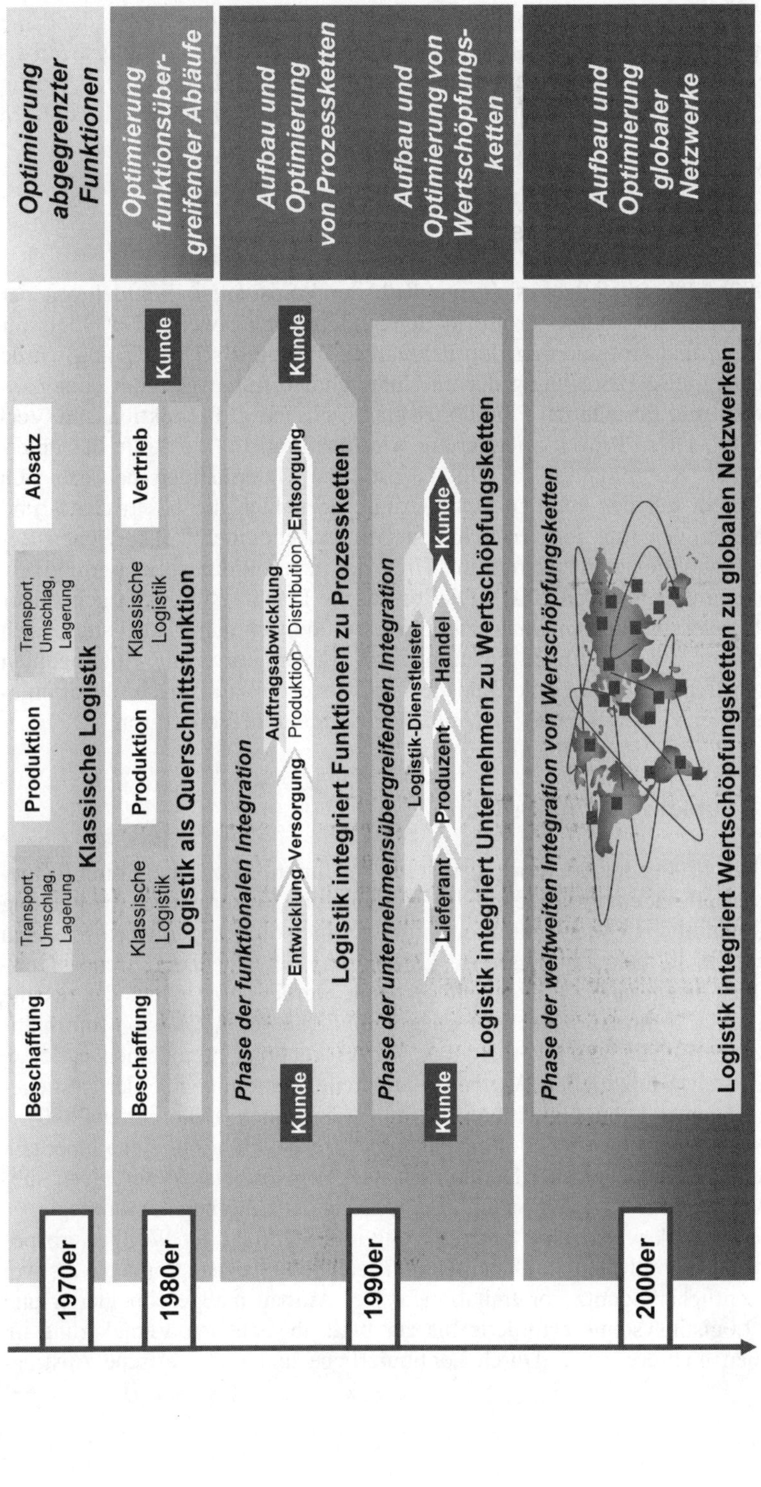

Abb. 1. Die Entwicklung der Logistik

Durch diese organisatorische Zersplitterung bestanden zum Teil redundante Arbeitsstrukturen, unwirtschaftliche Teilprozesse und lange Auftragsbearbeitungszeiten. Aus Sicht der Unternehmensleitung stand der Bereich der Logistik teilweise für hohe Kapitalbindung bei Beständen und Terminüberschreitungen (Schulte 1995).

Phase 2 – Logistik als Querschnittsfunktion

In den 1980er Jahren vollzog sich innerhalb der Logistik ein Wandel von der funktionsorientierten zu einer flussorientierten Betrachtungsweise. Das Ziel war die Gestaltung und Optimierung von Prozessen. Die logistische Leistung wurde durch die integrierte Betrachtung der im Unternehmen früher getrennt voneinander geplanten und gesteuerten Funktionen in Beschaffung, Produktion und Vertrieb optimiert. Diese Prozessorientierung wies der Logistik die Rolle der unternehmensweiten Koordination zu. Die Logistik im Unternehmen befasste sich somit vor allem mit der internen Optimierung. So sollten die effektivitäts- und effizienzmindernden funktionalen Schnittstellen zwischen den Teilbereichen Beschaffung, Produktion und Vertrieb mit Hilfe der neuen Prozessorientierung verbessert werden (Baumgarten 2001). Die logistische Leistungsfähigkeit gegenüber Kunden als Alleinstellungsmerkmal zu definieren und sich damit auch strategisch gegenüber dem Wettbewerb zu positionieren – davon waren die Unternehmen noch weit entfernt. Bei Logistik-Dienstleistern stand die strategische Positionierung des eigenen Unternehmens im Wettbewerbsumfeld im Vordergrund.

Phase 3 – Funktionale Integration

In den frühen 1990er Jahren wurde der Trend der funktionalen Integration fortgesetzt und vertieft, indem die Bereiche Entwicklung und Entsorgung in die Planung und Koordination von Güter- und Informationsströmen einbezogen wurden. Durch diese ganzheitliche Betrachtungsweise konnte eine bereichsübergreifende Optimierung über die gesamte Prozesskette erreicht werden. Vor allem die rasante Entwicklung der Informationstechnologien ermöglichte den Abbau von Informationsdefiziten zwischen und innerhalb von Prozessketten. Unternehmen erzielten mit dem kritischen Faktor Zeit Wettbewerbsvorteile und konnten so den gestiegenen Erwartungen an Schnelligkeit und Flexibilität begegnen (Baumgarten 2000).

Der Verankerung logistischer Aufgaben und Verantwortungsbereiche innerhalb eines Unternehmens gelang der Durchbruch: Die Logistik leistete nun einen substantiellen Beitrag zur Konzeption und Realisierung der Unternehmensstrategie.

Von der Logistik wurde eine Unterstützung und Stärkung der Wettbewerbsposition erwartet (Schulte 1995). Dabei dienten realisierte Logistikkonzepte als wesentlicher zeitlicher Schutz vor Imitationen. Der Aufbau maßgeschneiderter und effektiver Logistiksysteme erforderte bis zur breit abgestützten Verankerung im Unternehmen mehrere Jahre. Durch kontinuierliche und systematische Anstrengungen über viele Jahre konnte zudem ein an Prozessen ausgerichtetes Management realisiert werden.

Logistik-Dienstleister erzielten strategische Wettbewerbsvorteile durch eine im Vergleich zu den Konkurrenten überlegene Leistung. Der Leistungsparameter musste für den Kunden bedeutsam sein, als Vorteil wahrgenommen werden und von der Konkurrenz nicht schnell eingeholt werden können. Wettbewerbsvorteile aus Logistikstrategien konnten besonders nachhaltig verteidigt werden, da sie nicht über partielle Anpassungen des Geschäftssystems nachzuahmen waren.

Phase 4 – Unternehmensübergreifende Integration

In den späten 1990er Jahren übernahm die Logistik die übergreifende und ganzheitliche Koordination der Nahtstellen zwischen Unternehmen. Güter- und Informationsflüsse wurden nicht nur zwischen Funktionsbereichen sondern auch über Unternehmensgrenzen hinweg geplant, gesteuert und kontrolliert. Es fand eine verstärkte Einbindung von Lieferanten und Kunden in den elektronischen Informationsfluss statt. Diese Integration wurde auch durch das Konzept des Supply Chain Managements (SCM) vorangetrieben, realisiert durch Enterprise Resource Planning (ERP) Systeme verknüpft mit Advanced Planning and Scheduling (APS) Systemen und direkten Verbindungen mittels Electronic Data Interchange (EDI). Da dabei nicht nur Prozessketten einzelner Unternehmen optimiert wurden, konnten Ineffizienzen bei anderen Teilnehmern der Wertschöpfungskette verhindert und Leistungssteigerungen für das gesamte System erreicht werden (Baumgarten 2001).

Die Logistik erhielt nun eine Schlüsselfunktion auf der Ebene der Unternehmens- und Konzernstrategie. Sie wurde eine notwendige Kernkompetenz in dem Geschäftsfeld der Unternehmen. Bei der Formulierung der Unternehmensstrategie trat die Logistik gleichberechtigt neben die anderen Funktionen. Mit dem Konzept des Supply Chain Managements verfolgten die Unternehmen die mittel- bis langfristige Kooperation mit ausgewählten Partnern, um sie fester an sich zu binden und eine bessere Zusammenarbeit sowie signifikante Kosteneinsparungen zu erzielen.

Bei Logistik-Dienstleistern stellte die Logistik das Kerngeschäft des Unternehmens dar. Folglich beruhte die Wettbewerbsstrategie stark auf der Logistikkompetenz. Die hierarchisch weiter oben angesiedelte Entscheidungskompetenz in der Logistik eröffnete den Logistik-Unternehmen die Möglichkeit, langfristiger und intensiver mit Industrie und Handel zusammenzuarbeiten. Eine dort verstärkte Besinnung auf die Kernkompetenzen ergab neue Aufgabenfelder für Dienstleister und mündete in deren Integration.

Phase 5 – Integration von Wertschöpfungsketten zu globalen Netzwerken

Die Veränderungen in der Welt fordern seit Ausgang des letzten Jahrzehnts des 20. Jahrhunderts ein neues Bild von Unternehmen und ihrer strategischen Führung. Strategien nehmen durch die Beschleunigung des Wandels eine einflussreichere Stellung ein, indem unternehmerische Innovation und Flexibilität eine zunehmende Rolle spielen. Diese Entwicklungen sind heute fester Bestandteil im Unternehmensalltag.

Die Einflüsse von Digitalisierung, Deregulierung und Globalisierung verändern die Strukturen von Märkten und Branchen. So brechen Branchengrenzen auf und Unternehmen weiten ihre Kompetenzen auf neue Geschäftsfelder aus. Sie werden gezwungen, nicht nur ihre direkten und bekannten Wettbewerber zu berücksichtigen, sondern auch gänzlich neue. Auch die traditionellen Grenzen der Unternehmen verschwimmen zunehmend. Stattdessen rücken horizontale und vertikale Integration und Entflechtung in den Vordergrund. Der Wettbewerb zwischen Wertschöpfungsketten, Allianzen und Netzwerken überlagert den Wettbewerb zwischen einzelnen Unternehmen auf der Ebene ihrer Endprodukte. Somit stehen Kooperation und Konkurrenz nebeneinander (Friedrich 2000).

Aufgrund ihrer ganzheitlichen, systemischen und integrativen Betrachtungsweise ist die Logistik prädestiniert für die Steuerung und das Management von Unternehmensnetzwerken und Kooperationen. Die Integration von Wertschöpfungspartnern in Unternehmensnetzwerke erfordert in der Regel eine konsequente Neustrukturierung der gesamten Wertschöpfungskette im Sinne eines Business Process Reengineerings. Ziel ist es, kleinere und flexible Unternehmenseinheiten zu schaffen, die in einem dezentral gesteuerten Netzwerk miteinander kooperieren. Wichtigste Voraussetzung für eine solche Neustrukturierung ist die Bestimmung und Festlegung der Kernkompetenzen der einzelnen Teilnehmer. Im Unternehmen verbleiben jeweils die Tätigkeiten und Prozesse, die für das Unternehmen strategisch relevant sind und/oder bei denen aufgrund führender Technologien oder bestehender Erfahrungen klare Kosten- bzw. Wettbewerbsvorteile realisiert werden können. Dabei wird das Unternehmensnetzwerk in der Regel an einem Systemkopf – einem Unternehmen, das „die Spinne im Netz" darstellt – ausgerichtet (Baumgarten et al. 2000).

Durch zunehmendes Outsourcing logistischer Leistungen ist die Nachfrage nach Value Added Services auf Seiten der Hersteller gestiegen. Systemdienstleister oder Third Party Logistics Provider mit Eigenverantwortung und Gestaltungsfreiheiten für große Teile der Wertschöpfungskette bieten daher zusätzliche wertsteigernde Dienstleistungen wie den Entwurf, die Implementierung und den Betrieb von Informations-, Kommunikations- und insbesondere Sendungsverfolgungssystemen oder die Unterstützung bei der Logistikplanung an (Baumgarten u. Zadek 2002). Die Weiterentwicklung von Informations- und Kommunikationstechnologien ermöglicht zudem die Realisierung von neuen Logistikkonzepten. Dabei kann die informatorische Verknüpfung von Unternehmensteilen und Unternehmen immer durchgängiger realisiert werden.

E-Business beinhaltet den Einsatz des Internets zur effizienteren Gestaltung der Kommunikation und des Informationsaustausches zwischen Unternehmen insbesondere zur Steuerung globaler Netzwerke und zur stärkeren Integration des Endkunden in die Geschäftsprozesse. Wettbewerbsvorteile durch E-Business lassen sich jedoch erst mit einer effizienten Logistikabwicklung gewinnbringend umsetzen. E-Logistics beinhaltet dabei die strategische Planung und Entwicklung aller für die elektronische Geschäftsabwicklung erforderlichen Logistiksysteme und -prozesse sowie deren administrative und operative Ausgestaltung für die physische Abwicklung (Baumgarten 2001).

Trends in Supply Chain Steuerung und Services

Das Spektrum logistischer Dienstleistungen hat sich in den letzten Dekaden deutlich erweitert (siehe Abb. 2). Das Verständnis der Logistik bei Industrie und Handel und das angebotene Leistungsspektrum der Logistik-Dienstleister wirken dabei wechselseitig aufeinander. So sind einerseits logistische Dienstleistungen als abgeleitete Nachfrage stark von den Entwicklungen in Industrie und Handel abhängig. Andererseits beeinflussen die Logistik-Dienstleister mit den Erweiterungen ihres Leistungsspektrums wiederum das Verständnis der Logistik und induzieren damit bei Industrie und Handel Outsourcing-Potenzial. Maßgeblich für diese Entwicklungen waren und sind Innovationen im technologischen Umfeld, insbesondere im Bereich der Informationssysteme.

In Abbildung 2 ist die Entwicklung von Logistik-Dienstleistungen dargestellt, die einen steigenden Komplexitätsgrad, einen größeren Anteil an zusätzlichen Serviceleistungen und einen wachsenden Ressourcen-Bedarf widerspiegelt. So finden sich neben den klassischen (TUL-) Leistungen erweiterte Kernleistungen, wie kundenindividuelle Montagedienstleistungen im Rahmen von Late-Fit-Strategien oder Qualitätskontrollen im Standardportfolio der Logistik-Dienstleister. Einer erheblich größeren Ressourcenverfügbarkeit bedürfen ganzheitliche Logistik-Dienstleistungen, bei denen komplette Logistikprozesse, wie die Auftragsabwicklung inklusive Retourenmanagement, das Customer-Relationship-Management oder der gesamte innerbetriebliche Materialfluss im Mittelpunkt stehen. Hier haben sich in bestimmten Branchen hochspezialisierte Dienstleister mit einer überdurchschnittlichen Dienstleistungstiefe etabliert.

Unternehmensübergreifende Logistik-Leistungen im Rahmen eines Supply-Chain-Steuerungskonzeptes bilden eine weitere Kategorie von Dienstleistungen, deren Komplexität nur noch durch entsprechend spezialisierte Logistik-Dienstleister in engster Kooperation mit den an der Supply Chain beteiligten Unternehmen wahrzunehmen ist. Katalysator dieser Entwicklungen waren und sind die Quantensprünge im technologischen Umfeld, insbesondere im Bereich der Informations- und Kommunikationssysteme. Die politischen und infrastrukturellen Rahmenbedingungen determinieren die Spielräume für die Realisierung des logistischen Leistungsangebotes in den Netzwerken von Industrie und Handel.

Eines der komplexesten Aufgabenfelder in der Logistik ist die Steuerung unternehmensübergreifender Versorgungs- und Distributionsketten. Steuerung beinhaltet in diesem Zusammenhang die zielgerichtete Beeinflussung der gesamten Supply Chain durch Variation ihrer Einflussparameter, wie die in der Wertschöpfungskette verteilten Kapazitäten, Sicherheitsbestände und Einsatztermine. Supply-Chain-Steuerung umfasst demnach alle übergreifenden Maßnahmen, die eine Ergebnisverbesserung über die gesamte Wertschöpfungskette zum Ziel haben. Dazu zählen auf der strategischen Ebene Aufgaben wie Netzwerkplanung und Enterprise Application Integration, im taktischen Bereich beispielsweise Lager- und Bestandsplanung bzw. -management sowie auf der operativen Ebene die Transport- und Tourenplanung sowie die Auftragssteuerung.

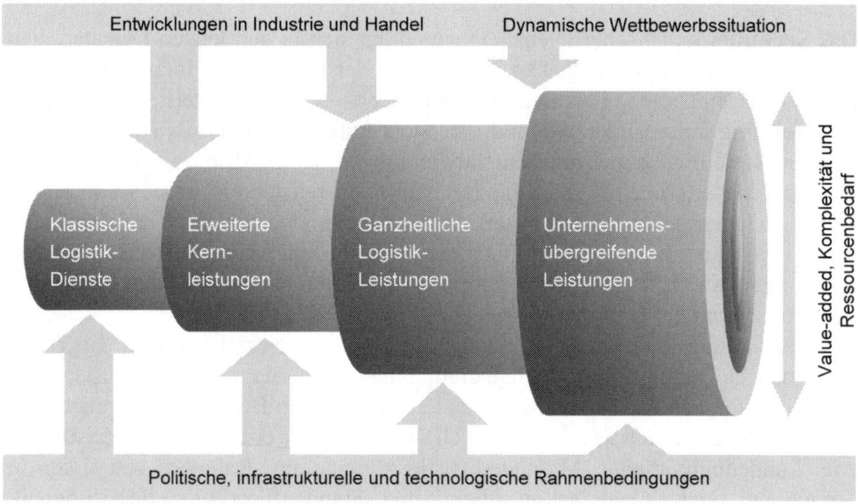

Abb. 2. Entwicklung der Logistik-Dienstleistungen (Baumgarten u. Thoms 2002)

Für die Aufgabe der Steuerung sind verschiedene Modelle in der Diskussion. Grundsätzlich kommen als Supply-Chain-Steuerer ein Unternehmen bzw. eine Kooperation aus der bestehenden Wertschöpfungskette oder ein externer Dienstleister in Betracht. Bisher wird die Steuerung vorrangig durch den dominierenden Partner der Supply Chain getrieben und implementiert. In den Versorgungsketten der Industrie sind dies vor allem die Hersteller (OEM), während in den Distributionsketten des Handels die führenden Handelsketten diese Aufgabe an sich ziehen. In beiden Fällen werden oft auch spezialisierte Tochterunternehmen mit der Steuerungsaufgabe betraut. Gleichzeitig bilden sich auf dieses Aufgabenfeld spezialisierte Unternehmen heraus, die als unabhängige Dritte die Steuerung als komplexe Systemdienstleistung anbieten.

Entsprechend der verschiedenen Bedürfnisse aus Industrie und Handel hinsichtlich der nachgefragten Dienstleistungstiefe und -breite haben sich verschiedenartig spezialisierte Logistik-Dienstleistungsunternehmen am Markt positioniert. Diese unterscheiden sich in ihrer Ausrichtung vor allem hinsichtlich des Charakters und Fokus der Dienstleistungserbringung. Auf der operativen Ebene sind Transportunternehmen, Spediteure und Software-Anbieter mit der Erbringung bzw. Besorgung von Transport-, Lager-, Kommissionierungs- aber auch IT-Dienstleistungen betraut. Als Full-Service-Anbieter agieren Third Party Logistics Provider (3PL) durch die optimale Verknüpfung des Leistungsangebots aus dem eigenen Unternehmen mit dem von strategischen Partnern sowie Subunternehmern zur Realisierung der operativen Leistungen.

Auf der administrativen Ebene stehen Planungsleistungen, wie die Gestaltung von Logistikprozessen und die Auslegung der zur Umsetzung benötigten Infrastrukturen im Mittelpunkt. Dazu zählen aber auch das Geschäftsfeldmanagement und die Beurteilung der Logistik-relevanten Auswirkungen bei Industrie und Handel. Systemführerschaft wird von solchen Unternehmen erreicht, die in der Lage sind, für die Kunden konzeptionell tätig zu sein, die aber auch die Umsetzung der Konzeption aus eigenen Ressourcen bzw. durch die Integration weiterer spezialisierter Dienstleister realisieren können.

Fazit

Die Entwicklung der Logistik lässt sich als ein Weg zu umfangreicheren und strategisch wichtigeren Aufgaben und Funktionen beschreiben. Heute kann die Logistik in vielen Unternehmen mit ihrer an Prozessen orientierten und ganzheitlichen Vorgehensweise als ein strategisches Instrument der Unternehmensführung angesehen werden. Die verstärkte Zusammenarbeit verschiedener Wertschöpfungsstufen in verschiedenen Regionen der Welt bei höheren und individuelleren Ansprüchen der Kunden forciert diese Bedeutung weiterhin. Die Etablierung des Supply Chain Managements und entsprechend integrierender und steuernder Logistik-Dienstleister ist demnach eine sinnvolle und notwendige Ergänzung dieser Entwicklung.

In den folgenden Kapiteln werden die relevanten Herausforderungen und Konzepte für Gestaltung, Steuerung und Kontrolle der Wertschöpfungsketten sowie deren Integration vorgestellt. Zunächst wird dazu im ersten Kapitel der Markt für Logistik-Dienstleistungen erläutert. Struktur und Potenziale sind dabei ebenso von Interesse, wie das zielgerichtete Vorgehen bei der Strategischen Geschäftsfeldplanung.

Das zweite Kapitel beschäftigt sich im Schwerpunkt mit den Herausforderungen in Wertschöpfungskette und -netzwerk. Dazu werden zunächst die Entwicklungsphasen im Supply Chain Management aufgezeigt. Anschließend werden die Felder E-Procurement, Anlaufmanagement und Entsorgungsdienstleistungen als Herausforderungen für das Supply Network beschrieben. Die zugrundeliegenden und notwendigen Konzepte der relevanten Informationssysteme – dezentrale Lösungen und EAI-Ansätze – werden anschließend genauso thematisiert wie der

Bereich des Supply Chain Controllings, der in vielen Wertschöpfungsketten heute eine große Herausforderung darstellt. Schließlich werden die Themen Collaboration Management und Outsourcing-Tendenzen von logistischen Steuerungsaufgaben aufgegriffen.

Die bisher aufgezählten Beiträge betrachten vor allem auch allgemeine Entwicklungen und Konzepte der Logistik und des Supply Chain Managements, die alle Partner der Wertschöpfungskette betreffen. Das dritte Kapitel beschäftigt sich nun schwerpunktmäßig mit Aufgaben und Funktionen der Logistik-Dienstleister innerhalb einer Supply-Chain-weiten Steuerung und Gestaltung der Güter- und Informationsflüsse. Das Leistungsspektrum eines solchen Netzwerkintegrators oder auch Fourth Party Logistics Providers (4PL) wird dabei genauso betrachtet wie die Entwicklungsmöglichkeiten verschiedener Supply-Chain-Partner auf dem Wege dorthin. Der folgende Beitrag stellt die Notwendigkeit einer verstärkten Kundenorientierung und den professionellen Marktauftritt von Logistik-Dienstleistern dar. Abschließend werden Strategien für in diesem Bereich engagierte Logistik-Dienstleister vorgestellt, die sich auch aus der aktuellen Studie zu „Trends und Strategien in der Logistik" ergeben.

Das vierte Kapitel stellt konkrete Lösungen aus der Praxis vor. Namhafte Vertreter der Logistik-Dienstleisterbranche präsentieren Beispiele für eine erfolgreiche Wertschöpfungsketten-weite Zusammenarbeit. Sie nennen dabei ihre Strategien im Umgang mit den formulierten Herausforderungen im Supply Network und erläutern anhand konkreter Fallbeispiele bei Industrie und Handel ihr Vorgehen. Dabei wird deutlich, dass es erste sehr positive Beispiele für eine gute Zusammenarbeit in der Wertschöpfungskette gibt, von der alle beteiligten Partner profitieren. Zugleich wird jedoch sichtbar, dass auch hier noch viele auf konzeptioneller und strategischer Ebene diskutierte Themen auf eine Umsetzung warten. Auch die Wissenschaft ist für einige Problemstellungen Lösungen bisher schuldig geblieben.

Literatur

Baumgarten, H. (2003): Verankerung der Logistik in der strategischen Unternehmensführung; in: Merkel, H.; Bjelicic, B. (Hrsg.): Logistik und Verkehrswirtschaft im Wandel – Unternehmensübergreifende Versorgungsnetze verändern die Wirtschaft – Festschrift für Gösta B. Ihde; Verlag Vahlen; München 2003; S. 21-36

Baumgarten, H. (2001): Trends und Strategien in der Logistik – Die Entwicklung und die Zukunft der Logistik; in: Baumgarten, H. (Hrsg.): Logistik im E-Zeitalter – Die Welt der globalen Logistik-Netzwerke; Frankfurter Allgemeine Zeitung Verlagsbereich Buch; Frankfurt; 2001; S. 9-32

Baumgarten, H. (2000): Terminologie der Logistik und die hierarchische Einordnung in das Unternehmen; In: Baumgarten, H.; Wiendahl, H.-P.; Zentes, J. (Hrsg.): Logistik-Management, Strategien - Konzepte - Praxisbeispiele; Springer Verlag; Berlin Heidelberg New York; 2000; Abschnitt 2.01.01, S. 1-15

Baumgarten, H.; Thoms, J. (2002): Trends und Strategien in der Logistik – Supply Chains im Wandel; Berlin 2002

Baumgarten, H.; Zadek, H. (2002): Struktur des Logistik-Dienstleistungsmarktes in: Baumgarten, H.; Wiendahl, H.-P.; Zentes, J. (Hrsg.): Logistik-Management, Strategien – Konzepte – Praxisbeispiele; Springer; Berlin et al.; 2002; lfd. aktualisiert; Abschnitt 9.01.01, S. 1-18

Friedrich, S. A. (2000): Quo vadis Strategisches Management?; in: Hinterhuber, H. H. et. al. (Hrsg.): Das Neue Strategische Management; 2. Auflage; Gabler; Wiesbaden; 2000; S. 10-17

Hahn, D. (1996): Planung und Kontrolle; 5., überarbeitete und erweiterte Auflage; Gabler; Wiesbaden 1996

Ihde, G. B. (1987): Stand und Entwicklung der Logistik; in: Die Betriebswirtschaft; Heft 6 (1987); S. 703-716

Ihde, G. B. (2001): Transport, Verkehr, Logistik: Gesamtwirtschaftliche Aspekte und einzelwirtschaftliche Handhabung; 3. völlig überarbeitete und erweiterte Auflage; Vahlen; München 2001; S. 549-552

Schulte, C. (1995): Logistik – Wege zur Optimierung des Material- und Informationsflusses; 2. Auflage; Vahlen; München; 1995

Kapitel I

Der Logistik-Dienstleistungsmarkt

Struktur des Logistik-Dienstleistungsmarktes

Hartmut Zadek[1]

Der Logistik-Dienstleistungsmarkt hat sich in den letzten Jahren rasant entwickelt und stellt heute ein bemerkenswertes Umsatzvolumen dar. Das Marktwachstum zeigt sich nicht nur in klassischen Logistikleistungen, sondern auch verstärkt in neuen Leistungsfeldern. Die zunehmende Dienstleistungstiefe und -breite führt dazu, dass der Outsourcing-Anteil logistischer Aktivitäten beständig steigt. Dieser Trend wird durch neue Technologien wie Internet und E-Business-Anwendungen gefördert. Dabei ist die Logistik eine notwendige Voraussetzung für erfolgreiche und effiziente E-Business-Anwendungen.

Diese Entwicklung ruft eine Vielzahl altbekannter aber auch neuer Logistik-Dienstleistungsunternehmen herbei, die daran partizipieren wollen. Nicht zuletzt die verstärkten Aktienplatzierungen von einigen Logistik-Dienstleistern seit 1999 an der Börse und speziell die durch aufwändiges Marketing begleitete Emission der Deutschen Post AG sowie die verstärkten Unternehmenszusammenschlüsse im Bereich Logistik (Baumgarten et al. 2001) bezeugen die Attraktivität des Logistik-Dienstleistungsmarktes. Die Folge war und ist auch eine Anreicherung der Logistik-Fachtermini und deren vermehrt unsachgemäße Anwendung aus Marketinggründen. Angesichts dieser Tatsachen ist eine Strukturierung des Marktes und der darin agierenden Unternehmen – Logistik-Dienstleister – erforderlich und hilfreich: Erforderlich, um Marktpotenziale Anforderungen und Aufgabenfelder für Logistik-Dienstleister besser ableiten zu können. Hilfreich, weil es Logistik-Dienstleistern ermöglicht wird, sich im Gesamtmarkt einzuordnen, wiederzuerkennen und (neu) zu positionieren. Die Strukturierung des Logistik-Dienstleistungsmarktes dient daher als eine Grundlage für die nachfolgenden Beiträge in diesem Buch.

Kriterien zur Strukturierung

Bezüglich der Strukturierung des Logistik-Dienstleistungsmarktes muss vorausgeschickt werden, dass eine eineindeutige Bildung von Segmenten nur aus Sicht der Theorie möglich ist (Kleinaltenkamp 1998). In der Praxis kommt es natürlich zu

---

[1] Partner der Visality Consulting GmbH, Berlin

Überschneidungen in den Segmenten. Der Logistik-Dienstleistungsmarkt kann nach unterschiedlichen Kriterien aus Anwendersicht sinnvoll gegliedert werden:

- Leistungsspektrum,
- Supply-Chain-Network-Integration,
- Logistik-Assets sowie
- Branchen und Aktionsraum.

Nicht jedes Kriterium ist geeignet, um mit dem Logistik-Dienstleistungsmarkt gleichzeitig auch die agierenden Unternehmen – die Logistik-Dienstleister – zu strukturieren.

Logistisches Leistungsspektrum

Das Spektrum der Logistikleistungen kann nach Leistungsprozessen differenziert werden. Hierzu bieten sich die Prozessketten Entwicklung, Versorgung, Auftragsabwicklung einschließlich Produktion und Distribution sowie Entsorgung an (Baumgarten 2001). Für Logistik-Dienstleister ist diese prozessorientierte Betrachtung wichtig, um strategische Geschäftsfelder zu planen. Für eine Einteilung der Unternehmen kommt dies aber nicht in Betracht, da hiervon alle Logistik-Dienstleister betroffen sind.

Eine andere leistungsbezogene Strukturierungsmöglichkeit des Logistik-Dienstleistungsmarktes ergibt sich in der Einteilung nach operativen, koordinierenden und strategischen Leistungen. Einher geht damit das Angebot von Value Added Services. Bei den weitgehend operativ agierenden Logistik-Dienstleistern finden sich nur wenige dieser Mehrwertleistungen. Mit der Zunahme des Aufgabenspektrums und der Verantwortungsbereiche wachsen auch die Anforderungen an die Kompetenz hinsichtlich der Informations- und Kommunikations (IuK)-Systeme. Dieses Kriterium zur Segmentierung wird unterstützt von den Ergebnissen mehrerer Studien des Bereiches Logistik der Technischen Universität Berlin, in der Unternehmen danach befragt wurden, welche Leistungen sie der Logistik zuordnen. Im Laufe der Zeit werden immer mehr Leistungen in den Verantwortungsbereich der Logistik eingeordnet (siehe Abb. 1).

Während früher nur weitestgehend klassische Logistikleistungen und Kernleistungen wie Lagerung, Kommissionierung, Transport und Umschlag – die einen stark operativen Charakter aufweisen – genannt wurden, finden sich heute zunehmend ganzheitliche Aufgaben, die koordinierenden und strategischen Leistungscharakter haben (Baumgarten 2003). Da auch Logistik-Dienstleister dahingehend unterschieden werden können, ob sie eher operativ, koordinativ oder strategisch tätig sind, ist dieses leistungsbezogene Kriterium für eine Strukturierung geeignet.

Eine weitere Möglichkeit der leistungsbezogenen Differenzierung besteht in der Herausarbeitung spezieller logistischer Leistungsfelder. Beispiele hierfür sind die Schwerlastlogistik, oder die Kurier-, Express- und Paket (KEP)-Logistik (Hirsch 2001). Branchenbezogene Beispiele sind der Transport von temperatur- oder erschütterungsempfindlichen Gütern, die Baulogistik, die Chemie- und Gefahrgutlogistik sowie die Healthcare-Logistik (Emmermann et al. 2001). Auch wenn in den genannten Beispielen oftmals nur Spezial-Logistik-Dienstleister am Markt agieren, können diese ebenso bezüglich ihrer operativen, koordinierenden und strategischen Leistungen unterschieden werden.

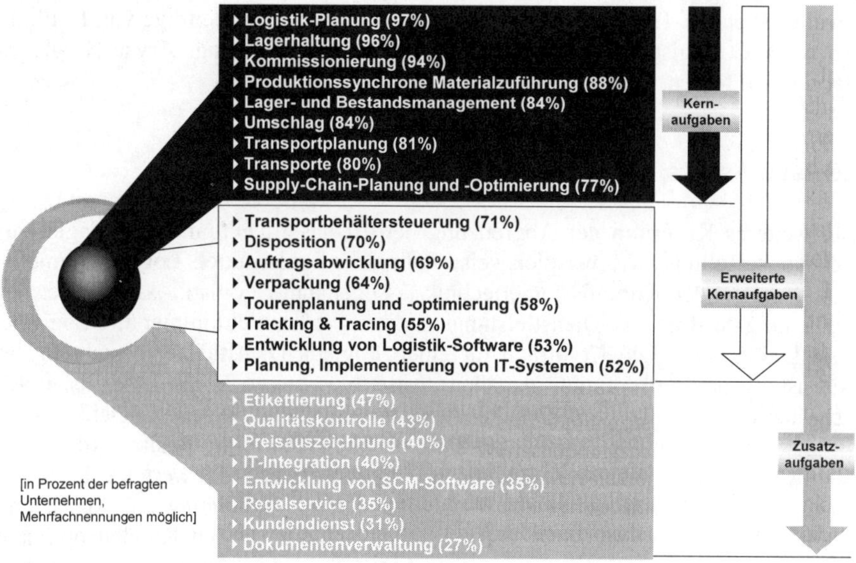

Abb. 1. Logistische Leistungen in Unternehmen (Baumgarten 2003)

Supply-Chain-Network-Integration

Wie in der Einführung dieses Buches dargelegt, ist die Bildung von globalen Produktions- und Dienstleistungsnetzwerken mit einer Vielzahl beteiligter Industrie- und Dienstleistungsunternehmen zunehmend zu beobachten. So besteht ein Wertschöpfungsnetzwerk der Automobilindustrie neben dem Automobilhersteller aus 500 bis 1.500 Lieferanten und mehreren Hundert involvierten Logistik-Dienstleistern. Diese Logistik-Dienstleister sind aufgrund ihrer Netzwerk-Kompetenz unterschiedlich weit eingebunden. Sie können auf einen Lieferanten oder den Automobilhersteller ausgerichtet sein oder ein regionales Netz von Lieferanten abdecken. In anderen Fällen betreuen sie eine einzelne Supply Chain über mehrere Lieferantenstufen – vom Leder bis zum Sitz – oder das globale Ersatzteilmanagement.

Will ein Logistik-Dienstleister weniger in singulären Leistungsbeziehungen sondern stärker multilateral in einem Supply Network agieren, erfordert dies umso mehr Kompetenz und Integrationsfähigkeit auf diesem Feld. Dazu gehören beispielsweise Prozess-Know-how und die Fähigkeit, Kundenanforderungen und -wünsche zu adaptieren. Für die Abdeckung der Steuerungsaufgaben im Netzwerk ist ein sogenannter Collaboration Fit erforderlich, d.h. beispielsweise Fähigkeiten zur Vernetzung der IT-Systeme, zum Zusammenbringen der Menschen in der Supply Chain und zum Überwinden der psychologischen Barrieren in der Zusammenarbeit der Partner (Baumgarten u. Thoms 2002). Hinsichtlich der Supply-Network-Integration lassen sich daher Logistik-Dienstleister gut differenzieren. Im Best-Practice-Teil des Buches sind dazu beispielsweise Beiträge von Detthold Aden, BLG Logistics Group und von Hans-Joachim Herzog, Arvato Logistics Services zu finden.

Logistik-Assets

Ein weiteres Kriterium der Abgrenzung betrifft das Eigentum von Anlagen zur Leistungserfüllung, wie beispielsweise Fuhrpark, Fördermittel, Logistik-Immobilien, Lager- oder Kommissioniertechnik – sogenannte Logistik-Assets. Bei der Bedienung des Logistik-Dienstleistungsmarktes werden nicht immer alle Logistik-Assets eingesetzt. Die Kernfrage für einen Logistik-Dienstleister besteht in der Auslastung und anforderungsgemäßen Ausstattung seiner Logistik-Assets. Folglich überlegen sich Logistik-Dienstleister sehr eingehend, welche Logistik-Assets sie sich in welchem Umfang zulegen bzw. behalten. Der Asset-Besitz wird je nach Sichtweise der Dienstleister-Kunden unterschiedlich bewertet: Logistik-Dienstleistern mit hohem Asset-Anteil wird häufig die Neigung zur Auslastung eigener Ressourcen unterstellt, die den Blick auf die für den Kunden optimale Allokation verstellt. Dienstleistern ohne Assets wird dagegen das entsprechende Know-how in der Ausführung abgesprochen. Demnach hat jeder Logistik-Dienstleister entsprechend den Kundenwünschen seine Stärken auf dem Gebiet der Logistik-Assets, so dass sich dieses Kriterium ebenfalls für die Strukturierung anbietet.

Branchen und Aktionsraum

Sowohl das Kriterium Branchen als auch das Kriterium Aktionsraum sind nur bedingt zur Strukturierung geeignet. In den drei Wirtschaftssektoren Industrielogistik, Handelslogistik und Dienstleistungslogistik gibt es sehr spezifische Leistungsprozesse, die aus Marktsicht und bei der Leistungsausgestaltung eine Differenzierung sinnvoll erscheinen lassen. Mit Blick auf die in den jeweiligen Sektoren agierenden Logistik-Dienstleister fällt jedoch auf, dass die Unternehmen aufgrund einer Vielzahl ähnlicher Leistungsprozesse in allen drei Sektoren präsent sind. Im Einzelfall auftretende Logistik-Dienstleister, die auf einen Sektor spezialisiert sind, sind dies nicht aufgrund des Wirtschaftssektors, sondern aufgrund der spezifisch zu erbringenden Leistungen. Wenn es darum geht, für Logistik-Dienstleister strategische Geschäftsfelder zu definieren, ist eine differenzierte Betrachtung der Branchen hinsichtlich Marktchancen und -wachstum vorzunehmen. Für eine Strukturierung der Unternehmen kommt dies nicht in Betracht, da alle Logistik-Dienstleister prüfen und entscheiden müssen, mit welchen Leistungen sie in welchen Branchen am Markt agieren (Baumgarten et al. 2002).

Die Logistik-Dienstleister richten sich ihrerseits strategisch auf einen Aktionsraum, der in werksbezogene, regionale, nationale, kontinentale und weltweite Leistungsumfänge aufgeteilt werden kann, aus. Es gibt beispielsweise so genannte Global Player, die weltweite Produktionsnetze versorgen, oder auch regionale Transporteure, die nur in der angestammten Region ausliefern bzw. einsammeln. Während Transporteure oder Einzeldienstleister noch gut einem Aktionsraum zugeordnet werden können, ist dies bei Spediteuren oder Systemdienstleistern sehr schwierig geworden.

Segmente für Logistik-Dienstleister

Die Bildung von Segmenten für Logistik-Dienstleister basiert auf den aufgezeigten, sich eignenden Kriterien zur Strukturierung des Logistik-Dienstleistungsmarktes: Leistungsspektrum, Supply-Network-Integration und Logistik-Assets. Zu berücksichtigende Aspekte bei der Segmentierung sind zudem die Veränderungstendenzen im Logistik-Dienstleistungsmarkt: Ausweitung der logistischen Leistungsfelder und Reduzierung der Schnittstellen zwischen Herstellern und Logistik-Dienstleistern. Dieser Vorgang verläuft analog zu der seit einigen Jahren laufenden Einbindung von Lieferanten. So werden hier Teile- und Komponentenlieferanten direkt vom Hersteller eingebunden und koordiniert, was beispielsweise bei Automobilherstellern zu mehr als 1.000 direkten Lieferantenbeziehungen führt. Diese Anzahl kann in den meisten Fällen mehr als halbiert werden, indem sukzessive Modul- und Systemlieferanten eingebunden werden. Diese Lieferanten übernehmen heute oftmals die komplette Entwicklung von Modulen oder Systemen und die Verantwortung für die zeit-, mengen- und qualitätsgenaue Anlieferung beim Endprodukthersteller (OEM).

Mit Zunahme des logistischen Leistungsspektrums wächst die Anzahl der eingebundenen Dienstleister. Durch Zusammenlegung von Leistungen und die Herausgabe der Koordination von Leistungen entstehen Systemdienstleister, sogenannte Third Party Logistics Provider (3PL), die heute ihrerseits Sub-Dienstleister einbinden und die Verantwortung für die zeit-, umfang- und qualitätsgenaue sowie serviceorientierte Erstellung der Gesamtleistung für ihren Kunden übernehmen (Baumgarten 2001). Diese Systemdienstleistungen bestehen aus überwiegend operativen und zum Teil koordinierenden Leistungen.

Da das Spektrum der Logistikleistungen mit steuernden und strategischen Aufgaben breiter gefächert ist als die originären Produktionsleistungen der Lieferanten, wird sich der Trend zur Reduzierung der Schnittstellen zu Logistik-Dienstleistern weiter fortsetzen und zu Netzwerkintegratoren, sogenannten Fourth Party Logistics Providern (4PL) führen (siehe Abb. 3). Der Beitrag von Andreas Janetzko, UPS Logistics Group, gibt dazu Einblicke in ein Beispiel aus der Chemiebranche.

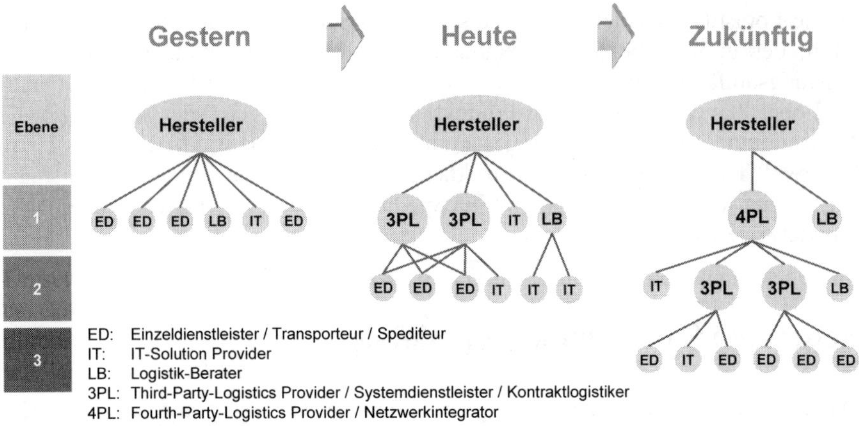

Abb. 3. Entwicklung der Logistik-Dienstleisterstruktur

In Summe lassen sich sechs Segmente von Logistik-Dienstleistern definieren, auf die im Folgenden näher eingegangen wird:

- Einzeldienstleister (Transporteure),
- Spediteure,
- Systemdienstleister (3PL),
- Netzwerkintegratoren (4PL),
- SCM-IT-Dienstleister sowie
- Logistik-Berater.

Diese können nach den drei oben präferierten Kriterien strukturiert werden (siehe Abb. 4). Die Transporteure und Spediteure decken am Markt die klassischen Logistikleistungen Transport, Umschlag und Lagerung ab. Die Systemdienstleister (3PL) erweitern das Leistungsspektrum um die sogenannte Kontraktlogistik. Durch die zunehmend unternehmensübergreifende Sichtweise und Praktizierung des Supply Chain Managements verknüpft mit dem Datenaustausch über IT-Systeme bildet sich das Feld der Netzwerkintegratoren (4PL). Die SCM-IT-Dienstleister bieten Software zum Betrieb von Logistiksystemen bis hin zur Planungs- und Steuerungssoftware für die Supply Chain. Auch Betreiber von Marktplätzen für Logistikleistungen können hier eingeordnet werden. Die Logistik-Berater erbringen vornehmlich strategische Logistikleistungen durch Entwicklung von Strategien und Konzepten, um die logistischen Prozesse zu verbessern und effizienter zu gestalten.

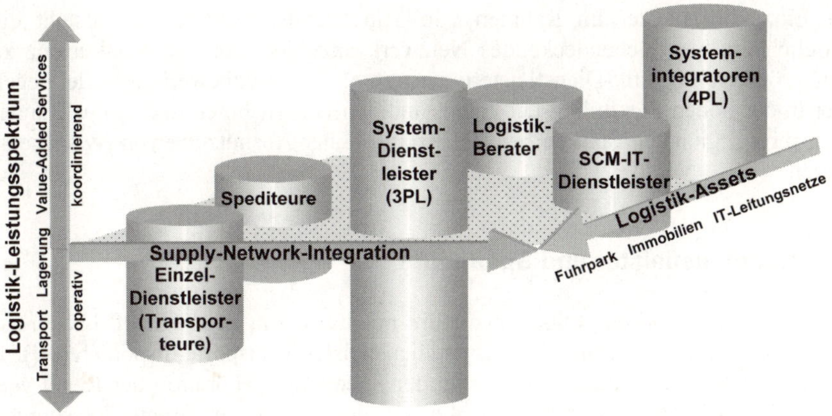

Abb. 4. Segmente der Logistik-Dienstleister (Baumgarten u. Thoms 2002)

Einzeldienstleister und Transporteure

In Deutschland sind ca. 42.000 Unternehmen des gewerblichen Güternah- und -fernverkehrs registriert (BGL 1999). Rund 90% davon agieren als Einzeldienstleister und erbringen jeweils die klassischen Logistikleistungen – hauptsächlich Transport, aber auch Umschlag und Lagerung. Sie verfügen in der Regel auch über die zur Leistungserbringung erforderlichen Logistik-Assets.

Die Transporteure als Einzeldienstleister sind prädestiniert für Sammel- und Verteilverkehre in einem regionalen Aktionsraum, dem sogenannten Vor- und Nachlauf in einer Transportkette. Je nach Größe des Transportunternehmens werden verschiedene nationale, europaweite oder globale Routen als Hauptlauf betrieben. Der Betrieb eines weltweiten oder europäischen Logistik-Netzwerkes wird für Unternehmen unterhalb einer bestimmten kritischen Umsatzgröße zu einer nahezu unlösbaren Aufgabe, so dass der größte Anteil der Transporteure einen regionalen und nationalen Fokus aufweist. Die Transporteure sind fachlich fokussiert auf das benötigte technische Spezialwissen. Der Zeitraum zur Erstellung der Leistung und die Dauer der Geschäftsbeziehung sind in der Regel eher kurz. Der Grad der Integration in ein Supply Chain Network ist tendenziell gering, denn das Geschäft basiert vornehmlich auf singulären Aufträgen. Gerade vor dem Hintergrund einer relativ geringen Kundenbindung und unregelmäßig anfallender Einzelaufträge wird eine effizientere Auslastung der eigenen Kapazitäten und Ressourcen zur vordringlichen Aufgabe.

Die Teilnahme an Internet-Frachtbörsen und Logistik-Marktplätzen, wie in dem Beitrag von Frauke Heistermann, AXIT AG beschrieben, führt heute zwar zu einer Erweiterung des Kundenkreises und der Auftragssituation, jedoch sehen sich kleine und mittelständische Dienstleister durch die damit verbundene erhöhte Preistransparenz einem deutlich verschärften Preiswettbewerb ausgesetzt. Chancen liegen in der Bündelung von Leistungen, Kapazitäten und Know-how mehrerer Einzeldienstleister im Rahmen von Mittelstandsinitiativen. So besteht die Möglichkeit, ein flächendeckendes Netzwerk anzubieten und in Konkurrenz zu den größeren Logistik-Dienstleistern zu treten. Die Wettbewerbsvorteile liegen hier in der hohen Flexibilität der eigenständigen Unternehmen und in der Bündelung ihrer regionalen Stärken bei gleichzeitig hoher Ausnutzung von Synergieeffekten.

Verbunddienstleister und Spediteure

In Deutschland sind ca. 4.000 Spediteure mit insgesamt rund 18.000 Niederlassungen zu verzeichnen, die als Verbunddienstleister Transporte disponieren (BSL FIATA 1999). Zum Leistungsspektrum der Spediteure gehören in der Regel verkettete Logistik-Dienstleistungen, wobei sie eigene und/oder fremde Ressourcen disponieren. Spediteure übernehmen die Organisation nationaler, europaweiter oder globaler Transporte einschließlich weiterer klassischer Logistikleistungen wie beispielsweise Lager- und Umschlagleistungen.

Während die großen Spediteure oftmals ein nationales, europäisches oder globales Netzwerk eigenständig oder durch Kooperationen aufgebaut haben, sind kleine Spediteure eher regional und national, oft mit einem spezialisierten Leistungsangebot, angesiedelt. Die Assets der Spediteure in Bezug auf einen Fuhrpark sind in der Regel gering. Für die Transportleistungen werden oftmals Einzeldienstleister preisgünstigst eingesetzt. Die Spediteure sind jedoch an ihren Standorten mit Lager- und Umschlagsflächen stark vertreten. Ihre Stärken liegen in der Bündelung von Güterströmen sowie der Organisation intermodaler Verkehre einschließlich der Transportmittelauswahl. Mittlerweile gehören die Erstellung von Zoll- und Frachtdokumenten, die Planung von Umschlagprozessen oder die elektronische Kennzeichnung sowie die elektronische Avisierung der Fracht zum Standardleistungsangebot. Sie nehmen somit eine wichtige Intermediärfunktion war.

Die Organisationsstruktur der Spediteure ist in der Regel nach den Verkehrsträgern Land, See und Luft gegliedert. Ihr Kernziel ist die Auslastung des aufgebauten Netzes, um angesichts der geringen Gewinnmargen in diesem Marktsegment den Unternehmenserfolg langfristig zu sichern. Diese Zielsetzung erschwert es den Speditionen aber auch, höherwertige Leistungen der Kontraktlogistik oder des Supply Chain Managements wahrzunehmen. Für diese Leistungsfelder müssten Kapazitäten im Voraus reserviert werden, wobei nicht genau bekannt ist, wie die Auslastung später tatsächlich sein wird. Hier hilft nur die strategische Entscheidung, sich entweder weiter als Spediteur am Markt zu positionieren oder sich als Systemdienstleister mit einer Neuausrichtung seiner Leistungen zu etablieren.

Logistik-Systemdienstleister (3PL)

Viele Logistik-Dienstleister haben ihr Leistungsspektrum kontinuierlich erweitert und konzentrieren sich nun auf das wachstumsstarke Segment der Kontraktdienstleistung, das Leistungsfeld der Systemdienstleister (3PL). Auf die Marktgröße und Marktpotenziale wird im nächsten Beitrag detailliert eingegangen. Momentan ist der Markt noch sehr fragmentiert. Da sich viele Industrie- und Handelsunternehmen zunehmend auf ihre Kernkompetenzen wie etwa Forschung und Entwicklung, Produktion und Marketing konzentrieren, werden von Logistik-Dienstleistern zunehmend Value Added Services und koordinierende Leistungen gefordert. Die outsourcenden Unternehmen erwarten für sich eine Kostenreduzierung oder zumindest Variabilisierung ihrer sprungfixen Kostenanteile, eine Steigerung der Flexibilität und eine Vermeidung eigener Investitionen.

Die Anzahl der Leistungen entlang der Auftragsabwicklung, die in den Verantwortungsbereich der Logistik-Systemdienstleister fallen, nehmen zu. Beispiele sind das Bestellwesen, die Auftragsverarbeitung, der Zahlungsverkehr, die Zustellung zum Endkunden sowie die Kundenbetreuung und der After Sales Service. Gefördert wird der Trend zur Kontraktlogistik durch weiter zunehmende Outsourcing-Bestrebungen seitens Industrie und Handel, z. B. in den Bereichen Warehousing, C-Teile-Management, Inbound- oder Outbound-Logistics. Auch das Streben nach höherer Individualisierung der Logistik-Dienstleistung im Zusammenhang mit dem Mass-Customization-Streben wirkt sich positiv auf den Kontraktlogistikmarkt aus (Piller u. Meier 2001).

Die Kontraktlogistik ist gekennzeichnet durch das Angebot von Systemleistungen mit Eigenverantwortung und Gestaltungsfreiheiten für Teile der Wertschöpfungskette und Anbindung des Dienstleisters an die Auftraggeber durch langfristige Partnerschaften Sie lässt sich daher nicht per Auftrag und Auftragsbestätigung vereinbaren, sondern bedarf eines mittel- oder langfristigen Rahmenvertrages. Die Kontraktlogistik erfordert die Beherrschung mehrerer Teilprozesse des Kunden sowie das Einbringen von IT- und Prozess-Know-how. Der Systemdienstleister ist auf Kundenbedürfnisse eingespielt und daher schwerer austauschbar (Baumgarten u. Zadek 2000; Zadek 2000).

Weltweit agierende KEP-Dienstleister, die bereits über globale Transportnetze und ausgereifte IT-Systeme verfügen, sind derzeit bemüht, durch die Übernahme zusätzlicher Gütersegmente in das Geschäftsfeld der Kontraktlogistik einzudringen (Gatzke 2000). Darüber hinaus hat es in jüngster Zeit insbesondere in Europa einen starken Trend zu Fusionen und Übernahmen – angeführt durch die ehemals staatlichen Postunternehmen – gegeben, die in erster Linie dem Aufbau eines europaweit flächendeckenden Servicenetzwerkes dienten (Baumgarten et al. 2001). Hier ergeben sich erhebliche Synergien, die auf einer effizienteren Bündelung der Güterströme und höheren Auslastung der Systemressourcen beruhen.

Logistik-Netzwerkintegratoren (4PL)

Die Diskussion im Themenfeld Supply Chain Management führte zu der Fragestellung, wer die Steuerungsaufgabe in Supply Chains wahrnehmen sollte. Da hierunter in erster Linie Dienstleistungen für die Partner in der Supply Chain zu verstehen sind, hat sich für das theoretische Konstrukt dieses Steuerers in Analogie und Erweiterung des Begriffs des Third Party Logistics Providers (3PL) die

Bezeichnung Fourth Party Logistics Provider (4PL) oder Netzwerkintegrator etabliert. Der Begriff des 4PL wurde 1996 durch die Unternehmensberatung Andersen Consulting, heute unter Accenture firmierend, geschaffen und als Markenzeichen ™ registriert (Copacino 2001). Andersen definierte den Begriff wie folgt: „Ein 4PL-Provider ist ein Supply Chain Manager, der die Ressourcen, Kapazitäten und Technologien seiner eigenen Organisation mit denen anderer beteiligter Dienstleister zusammenführt und managt, um dem Kunden eine vollständige Supply Chain Lösung anbieten zu können." Synonym wird in diesem Buch der Begriff des Netzwerkintegrators verwendet.

Eine wirklich funktionierende kollaborative Steuerung und Synchronisation der Abläufe zwischen Auftraggeber, Hersteller und Zuliefernetz findet heute so gut wie nicht statt. Eine Einbeziehung der Logistik-Dienstleister in das Gesamtnetzwerk erfolgt weder konsequent noch weitgehend genug. Abhilfe sollen geeignete Supply-Chain-Management-Konzepte schaffen.

Im Mittelpunkt des SCM-Konzepts steht die unternehmensübergreifende Optimierung der gesamten Kette, ausgehend vom Endkunden bis hin zum Lieferanten der Rohstoffe. Die in den letzten Jahren zu beobachtende zunehmende Fokussierung der beteiligten Unternehmen auf ihre jeweiligen Kernkompetenzen hat dabei zu einer erhöhten Fragmentierung von Wertschöpfungsprozessen durch Outsourcing der Nichtkernaktivitäten über verschiedene Unternehmen hinweg geführt (Baumgarten u. Zadek 2000). Mit der wachsenden Verbreitung von kostengünstigen Möglichkeiten der elektronischen Datenübertragung, vor allem durch die Verbreitung des Internets, ergeben sich neue Möglichkeiten, der Fragmentierung entgegenzuwirken. Eine geeignete IT-Infrastruktur zählt also zu den Schlüsselfaktoren für ein erfolgreiches SCM.

Die Verbindung von E-Business-Konzepten und Supply Chain Management ermöglicht die Entstehung eines E-Supply Chain Managements. Für die dabei entstehenden Potenziale in der Abstimmung und Synchronisation von Prozessen entlang der gesamten Supply Chain bedarf es eines übergreifenden Managements, welches die Kette als Ganzes betrachtet und die jeweiligen Unternehmen nicht als einzeln zu optimierende Funktionen wahrnimmt. 4PL werden zunehmend gefordert sein, die gesamte Planung und Steuerung aller logistischen Aktivitäten entlang der Logistikkette vom Lieferanten bis zum Endkunden zu übernehmen.

SCM-IT-Dienstleister

Ohne Informationstechnologie (IT) laufen logistische Prozesse heute kaum noch. Der hohe Stellenwert zeigt sich daran, dass in der Industrie rund 10% und im Handel ungefähr 20% der externen Logistikkosten für IT-Dienstleister aufgewendet werden (Baumgarten u. Thoms 2002). Die rasante Weiterentwicklung der IT hat dazu geführt, dass sich die Möglichkeiten in der Ausgestaltung des Informationsflusses gravierend erweitert haben. Stand früher spezielle Software für spezifische Logistiksysteme – wie z.B. ein Lagerverwaltungssystem oder ein Tourenplanungssystem – im Vordergrund, so geht es heute um komplexe Planungs- und Steuerungssysteme für die Supply Chain. Heutige Anforderungen liegen nicht nur in der Vernetzung von Teilsystemen sondern auch von Partnern im gesamten Netzwerk. Siehe dazu auch der vertiefende Beitrag von Stommel sowie Emmermann und Özdemir in diesem Buch.

SCM-IT-Dienstleister bieten ihre Software zum Verkauf an und begleiten in der Regel deren Implementierung, die aufgrund der firmenspezifischen Anpassungen nicht selten den größeren Anteil eines Investments ausmacht. In letzter Zeit treten IT-Dienstleister immer öfter auch als Betreiber der Software auf. Sie stellen ihre Rechenzentren und Software den Kunden im Rahmen eines Application Service Providing (ASP) zur Verfügung, die ihrerseits eine Nutzungsgebühr pauschal oder transaktionsbasiert entrichten. Dies ist vor allem für kleinere Unternehmen interessant, die sich die hohen Investitionen in eigene IT-Systeme nicht leisten können.

Oftmals werden IT-Dienstleister auch als sogenannte Konnektoren im Supply Network eingesetzt. Hierzu erhalten sie beispielsweise Bestelldaten vom Automobilhersteller für seine Lieferanten und konvertieren die Daten in für die Lieferanten kompatible Systeme, gegebenenfalls auch in ein konventionelles Fax. Gerade der unternehmensübergreifende Datenaustausch zeigt so viele Facetten auf, dass sich hier ein lukrativer Markt ergibt. Beispiele für derartige IT-Dienstleister werden auch im Best-Practice-Teil dieses Buches dargestellt.

Eine weitere Form der IT-Dienstleister findet sich in den Betreibern internetbasierter Marktplätze. Hier wird ein Datenaustausch zwischen Partnern des Supply Network oder einer bestimmten Community via Internet ermöglicht. Diese Marktplätze werden häufig für Beschaffungs- oder Distributionsaufgaben eingesetzt. In diesem Rahmen können auch ergänzend ASP-Dienste angeboten werden. Welchen Stellenwert die Marktplätze zukünftig einnehmen werden, bleibt abzuwarten.

Logistik-Berater

Die Logistik-Berater begleiten Industrie- und Handelsunternehmen sowie Logistik- und Verkehrs-Dienstleister in Aufgabenfeldern wie strategische Planung von Geschäftsfeldern oder Logistiksystemen, die Prozessanalyse und -optimierung, die Outsourcing-Analysen und das Tender Management, die IT-Gestaltung sowie die Projektrealisierung und das Projektmanagement. Industrie und Handel wenden ca. 2-3% ihrer externen Logistikkosten für Berater auf (Baumgarten u. Thoms 2002). Die Vorteile bei der Beauftragung von Logistik-Beratern liegen häufig in der Fachexpertise und Neutralität sowie dem Durchsetzungsvermögen und der Akzeptanz für die dargestellten Aufgabenfelder innerhalb des beauftragenden Unternehmens.

Das Feld der Logistik-Berater ist breit gestreut. Sowohl die großen internationalen Management- und Strategie-Beratungen – in jüngster Zeit verstärkt – als auch kleine und auf das jeweilige Themenfeld spezialisierte Fachberater werden von Industrie- und Handelsunternehmen nachgefragt. Letzteren wird häufig spezifischeres Know-how, hohe Branchenkompetenz und eine größere Aufmerksamkeit gegenüber dem Kunden zugeschrieben. Aber auch die Logistik-Systemdienstleister widmen sich heute stärker dem Feld der Logistik-Beratung. Deren potenzielle Kunden erwarten zunehmend nicht nur Leistungsangebote sondern zielle Kunden erwarten zunehmend nicht nur Leistungsangebote sondern auch logistische Lösungskonzepte. Um diese Anforderung zu erfüllen, haben einige Logistik-Dienstleister Fachberater-Abteilungen aufgebaut oder Logistik-Beratungen als Tochterunternehmen gegründet bzw. hinzugekauft. Nachteile dabei sind jedoch der Zwang zur Auslastung dieser Kapazitäten und die Wahrung des Neutralitätsaspekts bei unabhängig vom Systemgeschäft durchgeführten Beratungsprojekten. Andere Logistik-Dienstleister konzentrieren sich auf die Leistungserbringung und binden externe Logistik-Berater für die Konzepterstellung ein. Bei ihnen entfällt das Vorhalten ungenutzter Kapazitäten und zusätzlich kann damit geworben werden, dass von einem neutralen Berater das beste Lösungskonzept für die zu erbringende Logistikleistung erarbeitet wurde.

Die Logistik kann als ein strategischer Erfolgsfaktor mit wettbewerbsdifferenzierender Auswirkung angesehen werden. Daher werden auch in Zukunft die Logistik-Berater ihren Anteil am Logistikmarkt haben, um Prozessanalysen und -optimierungen zu begleiten oder innovative Ideen für Logistiklösungen zu erarbeiten.

Fazit

Der Logistik-Dienstleistungsmarkt ist attraktiv wie nie zuvor und wird es auch in den nächsten Jahren bleiben, wie der nachfolgende Beitrag aufzeigen wird. Interessant werden die Veränderungen der Leistungsangebote und der Logistik-Dienstleister sein. Die dargestellte Segmentierung soll helfen, sich in der Landschaft der Logistik-Dienstleister besser orientieren zu können. Sie stellt keine Wertung in dem Sinne dar, dass ein bestimmtes Segment besser, geeigneter oder profitabler sei. Jedes Segment hat seinen Stellenwert und gewissen Marktanteil. Jeder Logistik-Dienstleister muss sich entscheiden, wo er vornehmlich agieren will und sich dann entsprechend mit seinem Leistungsangebot und Marktauftritt ausrichten.

Einige Logistik-Involvierte vertreten die Ansicht, dass das Konzept des 4PL nicht funktioniert und nur eine Kreation der Unternehmensberater ist. Dem kann entgegen gestellt werden, dass erst durch das Entstehen und Abgrenzen des 4PL eine wichtige Entwicklung der Logistik-Dienstleistungsbranche eingesetzt hat: Während bisher die Logistik-Dienstleister in der Regel abwartend und auf Kundenanfragen reagierend in Erscheinung traten, zeigen sich nun immer mehr Dienstleister proaktiv mit neuen Logistikkonzepten und -angeboten, die in die Richtung Netzwerkintegrator gehen. Die wissenschaftlich getriebene Darstellung des 4PL sorgt also für einen neuen Ausgestaltungsraum für Logistik-Dienstleister. Erkennbar ist das an der Vielzahl von Dienstleistern, die weder nur dem 3PL noch ganz dem 4PL zuordenbar sind. Viele Mischformen sind inzwischen am Markt präsent. Dies bestätigt, dass sich Dienstleister strategisch in Richtung eines 4PL positionieren wollen. Insbesondere eine Mischform hat sich in der Logistikszene namentlich verankert: Lead Logistics Provider (LLP). Der LLP ist als Antwort seitens der Asset-basierten Logistik-Dienstleister auf die eigenernannten 4PL-

Aspiranten zu verstehen. Dies ist zu erkennen bei großen, etablierten Logistik-Dienstleistern, die über ein globales und profitables Netzwerk als Asset verfügen. Diese Dienstleister wären auch schlecht beraten, sich einfach von den Assets zu trennen, um 4PL zu werden. Stattdessen behält man das Eine, ohne das Andere zu lassen: Es werden zusätzlich Steuerungs- und Integrationsleistungen angeboten mit Verweis auf die Kompetenz und Beherrschung der Prozesse in der Abwicklung. Der Best-Practice-Teil dieses Buches wird verschiedene Beispiele für 3PL, 4PL und LLP aufzeigen.

Bezüglich der Segmentierung ist noch ein Aspekt anzumerken: Es gibt Autoren, die meinen, dass die durch E-Business resultierenden Veränderungen bei der Logistik ein neues Segment der 5PL als E-Logistics-Provider rechtfertigen würden (Koch 2001). Die Veränderungen durch Internet und E-Business haben aber auf alle oben definierten Segmente Einfluss und sind daher integrativ zu betrachten. Ein erfolgreiches E-Business erfordert auch neue Logistiksysteme. In diesem Zusammenhang beinhaltet E-Logistics die strategische Planung und Entwicklung aller für die elektronische Geschäftsabwicklung erforderlichen Logistiksysteme und -prozesse sowie deren administrative und operative Ausgestaltung für die physische Abwicklung (Straube u. Zadek 2000). E-Logistics ist in diesem Zusammenhang somit kein weiteres Segment und auch kein sinnvolles Strukturierungskriterium für Logistik-Dienstleister, sondern führt zu weiteren Leistungsangeboten insbesondere bei 3PL und 4PL.

Literatur

Baumgarten, H. (2003): Verankerung der Logistik in der strategischen Unternehmensführung; in: Merkel, H; Bjelicic, B. (Hrsg.): Logistik und Verkehrswirtschaft im Wandel – Unternehmensübergreifende Versorgungsnetze verändern die Wirtschaft – Festschrift für Gösta B. Ihde; Verlag Vahlen; München 2003; S. 21-36

Baumgarten, H. (2001): Trends und Strategien in der Logistik – Die Entwicklung und die Zukunft der Logistik; in: Baumgarten, H. (Hrsg.): Logistik im E-Zeitalter; Buchreihe des FAZ-Verlages; Frankfurt am Main 2001; S. 9-32

Baumgarten, H.; Kasiske, F.; Zadek, H. (2002): Logistik-Dienstleister – Quo Vadis? Stellenwert der Fourth Party Logistics Provider (4PL); in: Logistik Management; 4. Jg. (2002); Heft 1; S. 27-44

Baumgarten, H.; Thoms, J. (2002): Trends und Strategien in der Logistik – Supply Chains im Wandel, Technische Universität Berlin; Berlin 2002

Baumgarten, H.; Zadek, H. (2000): Kundenintegration in logistische Prozessketten; in: Hossner, R. (Hrsg.): Jahrbuch der Logistik 2000; Verlagsgruppe Handelsblatt; Düsseldorf 2000; S. 128-133

Baumgarten, H.; Zadek, H.; Keller, Th. (2001): Mergers & Acquisitions – Logistik als Erfolgsfaktor; in: Hossner, R. (Hrsg.): Jahrbuch der Logistik 2001; Verlagsgruppe Handelsblatt; Düsseldorf 2001; S. 14-18

BGL (1999): Verkehrswirtschaftliche Zahlen 1999; Broschüre vom Bundesverband Güterkraftverkehr, Logistik und Entsorgung (BGL) e.V. (Hrsg.); Frankfurt/Main 1999; S. 2

BSL/FIATA (1999): Offizielles Spediteur-Adressbuch; Bundesverband Spedition und Logistik (BSL) e.V.; Fédération Internationale des Associations de Transitaires et Assimilés (FIATA) (Hrsg.); Deutscher Verkehrs-Verlag; Hamburg 1999; S. 26-624

Copacino, W. C. (2001): 3PLs narrow the gap; in Logistics Management & Distribution Report 03/01/2001; Cahners Business Information; www.manufacturing.net; 2001

Emmermann, M.; Matthias, P.; Risse, J. (2001): End-to-End-Logistiklösungen für den Krankenhaussektor; in: Hossner, R. (Hrsg.): Jahrbuch der Logistik 2001; Verlagsgruppe Handelsblatt; Düsseldorf 2001; S. 96-100

Gatzke, E. (2000): Der KEP-Markt wandelt sich zu KEAV; in: Baumgarten, H. (Hrsg.): Logistik im E-Zeitalter; Buchreihe des FAZ-Verlages; Frankfurt am Main 2000; S. 236-246

Hirsch, T. (2001): KEP-Markt – der dynamischte Wachstumsmarkt im Transportgewerbe; in: Hossner, R. (Hrsg.): Jahrbuch der Logistik 2001; Verlagsgruppe Handelsblatt; Düsseldorf 2001; S. 122-125

Kleinaltenkamp, M. (1998): Begriffsabgrenzungen und Erscheinungsformen von Dienstleistungen; in: Bruhn, M.; Meffert, H. (Hrsg.): Handbuch Dienstleistungsmanagement; Gabler-Verlag; Wiesbaden 1998

Koch, J. (2001): Logistik im Wandel; in: Andersen; DEG; FAZ-Institut; Manager-Magazin (Hrsg.): Chancen in Emerging Markets – Logistik – Fokus Mittel- und Osteuropa/Asien; Frankfurt am Main 2001; S. 10-15

Piller, F. T.; Meier, R. (2001): Strategien zur effizienten Individualisierung von Dienstleistungen; in: Industrie Management; 17. Jahrgang; Heft 2; Berlin; 2001; S. 13-17

Straube, F.; Zadek, H. (2000): Mit E-Logistics zum End-to-End im E-Business; in: Technologie und Management (t&m); 49. Jahrgang (2000); Heft 7/8; S. 24-28

Zadek, H. (2000): Kundenorientierung und Kundenintegration; in: Baumgarten, H.; Wiendahl, H.-P.; Zentes, J. (Hrsg.): Logistik-Management; Springer Verlag; Berlin Heidelberg New York; Abschnitt 4.03.01; S. 1-27

Marktpotenziale für Logistik-Dienstleister

Inga-Lena Darkow[1] und Daniel Kieffer[2]

Logistik-Dienstleister sind bei der Sicherung einer hohen logistischen Qualität wesentliche Partner in der Supply Chain. Ihre Leistungen sind für die reibungslose Auftragsabwicklung im Endkundengeschäft genauso wie im Business-to-Business maßgeblich für den Erfolg von Industrie- und Handelsunternehmen verantwortlich. Innerhalb weltweit gespannter Netzwerke haben die Logistik-Dienstleister in den vergangenen Jahren gelernt, ihre Kompetenzen in Planung, Steuerung und Durchführung logistischer Prozesse virtuos einzusetzen. Jedoch ist damit auch die Konkurrenz auf diesem augenscheinlich lukrativen Markt größer geworden. Zudem stellen die strukturellen Veränderungen des Logistikmarktes, wie in dem vorangehenden Beitrag von Baumgarten und Zadek beschrieben, neue Herausforderungen an die Unternehmen.

Zum Ausbau der Wettbewerbsfähigkeit ist eine strategische Neuausrichtung bzw. die Überprüfung der strategischen Geschäftsfeldplanung für viele Logistikunternehmen erforderlich. Voraussetzung zur Beurteilung der Situation des eigenen Unternehmens sind eine Analyse des Marktes und eine Abschätzung möglicher Potenziale. Dazu geben die folgenden Erläuterungen Hilfestellung. Es werden in diesem Kapitel zunächst das Volumen und das prognostizierte Wachstum für den Logistikmarkt vorgestellt, wobei in einem Exkurs die Problematik der Marktabgrenzung dargestellt wird. Die Potenziale des deutschen Logistikmarkts und die europäische Dimension werden anschließend aufgezeigt.

Marktvolumen und Marktwachstum

Der Logistik-Dienstleistungsmarkt hat sich in den letzten Jahren rasant entwickelt und stellt heute ein attraktives Umsatzvolumen dar. Das Marktwachstum zeigt sich nicht nur in klassischen Logistikleistungen, sondern auch verstärkt in neuen Leistungsfeldern. In der Europäischen Union betrug der Gesamtmarkt für operative und administrative Logistikleistungen im Jahr 2002 ca. 585 Mrd. Euro. Ein Drittel der Umsätze ist Deutschland zuzuordnen. Diese 585 Mrd. Euro stellen das maximal für Logistik-Dienstleistungsunternehmen zugängliche Potenzial dar. Das

---

[1] Unternehmensberaterin und Dozentin

[2] Partner der Visality Consulting GmbH, Berlin

übrige Umsatzvolumen des Logistikmarktes wird durch Industrie und Handel zurzeit selbst abgewickelt.

Heute wird für Deutschland von einem Outsourcing-Anteil von bis über 50% in führenden Industrien und im Handel von knapp 40% ausgegangen (siehe Abb. 1 und Baumgarten u. Thoms 2002). Die zunehmende Dienstleistungstiefe und -breite geht damit einher, dass die industrielle Fertigungstiefe weiter fällt. Damit steigt der Outsourcing-Anteil logistischer Aktivitäten beständig. Dieser Trend wird durch neue Technologien wie das Internet und E-Business-Anwendungen gefördert, denn die Logistik ist eine notwendige Voraussetzung für erfolgreiche und effiziente E-Business-Lösungen.

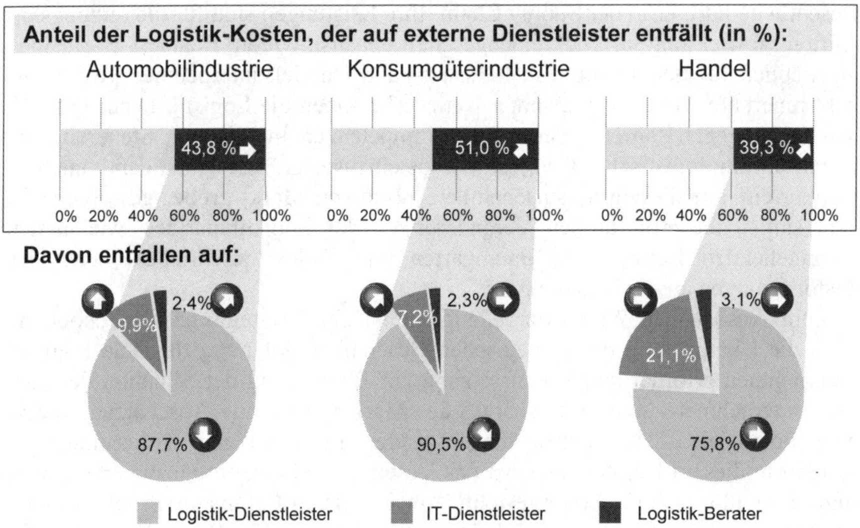

Abb. 1. Outsourcing-Anteil in der Logistik (Baumgarten u. Thoms 2002)

Das Volumen und vor allem auch das Wachstum im Logistikmarkt eindeutig zu bestimmen, ist kaum möglich. Die zunehmende Vielfalt der Logistikleistungen und die Frage der freien Zugänglichkeit für Dritte machen eine klare Abgrenzung des Markts und der Marktsegmente schwierig. Angesichts der aktuellen wirtschaftlichen Entwicklungen in den Jahren 2002/2003 ist zu erwarten, dass der Gesamtmarkt für Logistikleistungen tendenziell stagniert. Entgegen dieser Entwicklungen ist der Anteil der outgesourcten Leistungen steigend, so dass das Umsatzpotenzial für Logistik-Dienstleister steigt. Danach wächst der Markt für fremd vergebene Logistik-Dienstleistungen durchschnittlich um 5-6% pro Jahr. Diese Entwicklung wird durch das Angebot von neuartigen Leistungen, wie sie Netzwerkintegratoren vorhalten, zudem verstärkt.

Der Vergleich verschiedener Quellen (BSL 2000; Deutsche Bank 2000; Katheder 2000; Hesse u. Kunert 2001; Steininger 2000) führt zu einer vorsichtigen Abschätzung und Differenzierung des Marktwachstums nach Marktsegmenten. Das prognostizierte Wachstum ist vielschichtig und die Profitabilität entsprechend der

Leistungsumfänge: Während in den Segmenten der outgesourcten Transport-, Umschlag- und Lagerleistungen mit einer Wachstumsrate von 2-5% gerechnet werden kann, wird für das Segment Kontraktlogistik eine Rate von 10-15% erwartet. Eine weitere Facette des Wachstums auf dem Logistikmarkt findet sich in neuen Leistungsfeldern der Logistik. Die höchste Wachstumsrate von 15-20% wird deshalb auch in den komplexen Logistikleistungen im Bereich der Systemintegration und Steuerung der Supply Chain erreicht. Eine ähnliche Staffelung ergibt sich für den erzielbaren EBIT: Hier erreichen selbst Top-Performer wie Hays und Exel aufgrund des notwendigen Angebots-Mixes „nur" eine EBIT-Marge von 8-9%. Der Logistik-Dienstleistungsmarkt ist somit ein sich sehr dynamisch entwickelndes Feld (Baumgarten et al. 2002).

Exkurs: Problematik der Marktabgrenzung

Aus marketingtheoretischer Sicht werden Märkte als Zusammenfassung von Kunden mit gleichartigem Bedürfnis verstanden (Kotler u. Bliemel 1995). Auf die Logistik übertragen, bedeutet dies, z.B. unter dem Markt für Kurier-, Express- und Paketdienste (KEP) alle Kunden zu verstehen, die einen einheitlichen Bedarf nach zeitsparendem Transport kleinteiliger Sendungen haben. Da es hierfür gesonderte Dienstleistungsprodukte und auch eine Vielzahl spezialisierter Anbieter gibt, ist die Datenlage zum KEP-Markt vergleichsweise gut (Manner-Romberg Consultancy 2002). Sollen dagegen andere Teilmärkte der Logistik erfasst werden, wird die Datenbeschaffung ungleich schwieriger.

Ein Beitrag hierzu sind die Ergebnisse der Studie "Die Top 100 der Logistik" (Klaus 2003, Klaus u. Müller-Steinfahrt 1999), die versucht, ein umfassendes Bild des deutschen Logistikmarktes mit Informationen zum europäischen Markt zu geben. Die hier vorgenommenen Berechnungen zum Logistikmarkt basieren auf zwei Logistikdefinitionen, der operativen Logistik mit den Schwerpunkten Transport, Lagerung und Umschlag sowie der Koordinationslogistik mit dem Fokus auf administrative Dispositions-, Auftragsabwicklungs- und Kundendienstaktivitäten sowie Dispositions- und Kapitalkosten für Bestände. Die hier vorgenommene Markteinteilung ist hinsichtlich ihrer Trennschärfe nicht unproblematisch. So werden zur Abgrenzung unterschiedliche Arten von Kriterien, wie die Art der transportierten Güter (z.B. Schüttgüter) oder die Verkehrsträger (z.B. Land-, Luft- oder Seetransporte) herangezogen. Zudem gibt es Teilmärkte, wie den des allgemeinen nationalen Stückgutverkehrs, die aufgrund fehlender weiterer Aufschlüsselung sehr inhomogen erscheinen. Angaben zu diesen Teilmärkten können die strategischen Entscheidungen eines Logistik-Dienstleisters nur bedingt unterstützen. Im Falle einer Entscheidung über neue Märkte müssen folglich die interessanten Segmente quantitativ näher spezifiziert werden. Hierfür kann das in der Studie dargebotene Zahlenmaterial als Ausgangsbasis dienen.

Sonstige quantitative Aussagen zu logistischen Teilmärkten in Deutschland und Europa sind aufgrund des Charakters der Logistik als Querschnittsfunktion und der damit verbundenen Abgrenzungsprobleme meist nur vereinzelt zu finden.

Hinzu kommt, dass die häufig widersprüchlichen Ergebnisse von veröffentlichten Studien die Logistik-Dienstleister vor Schwierigkeiten bei vorzunehmenden Marktabschätzungen für die strategische Planung stellen. Das in diesem Beitrag dargestellte Zahlenmaterial basiert auf zahlreichen Studien, die konsolidiert wurden, um einen möglichst objektiven Marktüberblick zu geben.

Marktpotenzial

Die industrielle und die Konsumgüter-Kontraktlogistik gelten mit Abstand als die umsatzstärksten Teilmärkte der Logistik. Der Markt für Kontraktlogistik oder auch Systemdienstleistungen wird damit als hoch attraktiv erachtet und zahlreiche Dienstleister streben ein stärkeres Engagement gerade in diesem Segment an. Hier muss beachtet werden, dass die Neigung zur Fremdvergabe stark von der Art der Logistiktätigkeit abhängt. Laut Erfahrungswerten werden zwar bereits 60% der Transport- und Lagertätigkeiten durch Dienstleister abgewickelt, im Bereich der interessanten Kontraktlogistik liegt dieser Wert aber erst bei rund 30% (Baumgarten u. Walter 2001). Wird ein deutsches Marktvolumen der Logistik im Jahr 2002 von 157 Mrd. Euro angenommen, so ergibt sich ein Dienstleistermarkt in der Kontraktlogistik von 17 Mrd. Euro mit einem jährlichen Wachstumspotenzial von 1,7 bis 2,5 Mrd. Euro (siehe Abb. 2).

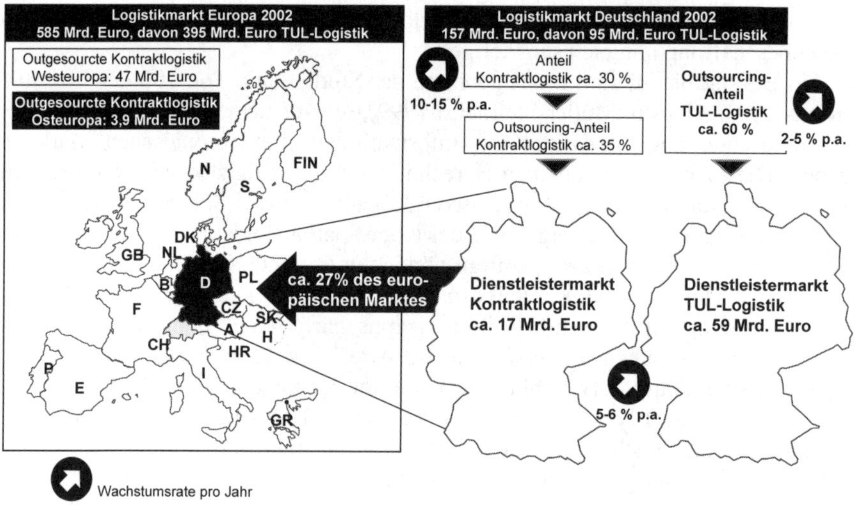

Abb. 2. Marktdaten der Logistik in Europa und Deutschland (Deutsche Bank 2000; DG Bank; Klaus 2003; Klaus u. Müller-Steinfahrt 1999; eigene Recherchen)

Die starke Fragmentierung des Marktes zum jetzigen Zeitpunkt zeigt sich darin, dass die Marktanteile der größten Logistik-Dienstleister in diesem Segment, Exel Logistics und Danzas jeweils nur rund 3% betragen. Der kumulierte Marktanteil der 13 größten Unternehmen in der europäischen Kontraktlogistik in diesem Segment beträgt lediglich 15%. Die Fragmentierung fällt in Europa recht unterschiedlich aus: In Deutschland erzielen die Top 5 Anbieter einen Marktanteil von knapp 60%, in Frankreich dagegen nur von 20% im Bereich der Kontraktlogistik (Lehman Brothers 2002).

Obwohl auch die Schätzungen bezüglich der Wachstumsraten des KEP-Markts sich zwischen 5-15% belaufen, wird die zunehmende Konzentration das Engagement in diesem Segment erschweren. Der Transportmarkt für Massengüter ist ebenfalls durch einen harten Preiswettbewerb gekennzeichnet, was sich in sehr geringen Renditen widerspiegelt. Auch der Markt für Schwerlasttransporte kann aufgrund der vorherrschenden Konzentration und der stagnierenden Wachstumsraten zu den weniger attraktiven Segmenten gezählt werden (Baumgarten et al. 2002).

Werden die Teilmärkte nach Branchen der Kunden klassifiziert so ergeben sich folgende Anteile an den Umsätzen in Deutschland (siehe Abb. 3). Weitere Aussagen zu Logistikdaten lassen sich branchenspezifisch nur nach einer detaillierten Betrachtung des branchentypischen Outsourcing-Verhaltens, der Kundenanforderungen sowie der Rahmenbedingungen ermitteln. Dies wird detailliert in dem Beitrag der Autoren zur Strategischen Geschäftsfeldplanung für Logistik-Dienstleister beschrieben.

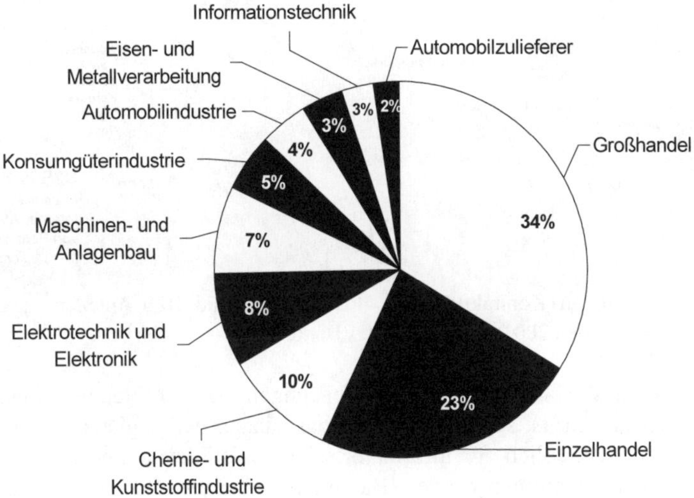

Abb. 3. Verteilung des deutschen Gesamtmarktvolumens auf Teilmärkte (Deutsche Bank 2000; Klaus 2003; Klaus u. Müller-Steinfahrt 1999; Baumgarten u. Walter 2001)

Für ausgewählte Branchen ist in Abbildung 4 dargestellt, wie das Marktpotenzial für Dienstleister in der B2B-Abwicklung auf der Beschaffungsseite und auf dem Gebiet der informatorischen Logistik (4PL) einzuordnen ist, wobei zudem die Marktgröße im Bereich der Kontraktlogistik für die jeweilige Branche angegeben ist. Dabei haben der Großhandel und die Automobilindustrie als Vorreiter bei der Vergabe informationslogistischer Dienstleistungen gleichzeitig einen deutlichen Vorsprung bei der Abwicklung ihrer beschaffungsseitigen Transaktionen per EDI bzw. Internet. Die Grafik legt eine Korrelation insofern nahe, dass B2B-Transaktionen z.B. im E-Procurement in den Unternehmen eine vorbereitende Funktion für die spätere Vergabe von Dienstleistungen an Fourth Party Logistics Provider haben und letztere nicht gerade das Fehlen einer effizienten Lieferantenanbindung ersetzen sollen. Die Grafik zeigt am Beispiel der Automobilindustrie auch, dass Zulieferer an solchen Trends jeweils nur mit erheblicher Verzögerung teilnehmen bzw. die Unternehmensgröße noch als Ausschlusskriterium wirkt.

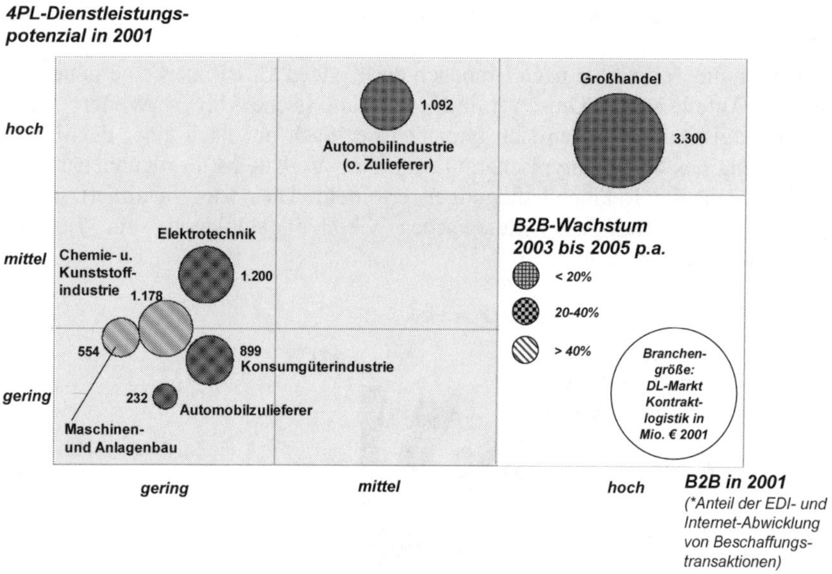

Abb. 4. Portfolio zu Kontraktlogistik, 4PL-Potenzial und B2B-Anteilen ausgewählter Branchen (Baumgarten 2001; BMWi/InfratestBurke 2001)

Ein absolutes Marktpotenzial für Leistungen solcher Netzwerkintegratoren (4PL) abzuschätzen, ist schwierig, kann aber anhand der Logistikkosten, die Unternehmen ausschließlich für informatorische Logistikleistungen aufwenden, als Annäherung vorgenommen werden (Baumgarten u. Zadek 2002). Aufgrund empirischer Studien können ca. 3% für informatorische Logistikleistungen bezogen auf die Umsätze der wichtigsten Branchen in Deutschland in Höhe von 1.200 Mrd. Euro im Jahr 2000 angesetzt werden (Baumgarten et al. 2002). Damit können ca. 36 Mrd. Euro als Marktpotenzial für Netzwerkintegratoren angesehen werden (Baumgarten u. Walter 2001). Wird für die relevanten Leistungen mittelfristig der gleiche Outsourcinggrad von ca. 30% wie im Kontraktlogistik-Bereich erreicht, so könnten angehende Netzwerkintegratoren vorerst ein Marktvolumen von ca. 12

Mrd. Euro in den nächsten Jahren unter sich aufteilen (Baumgarten u. Walter 2001).

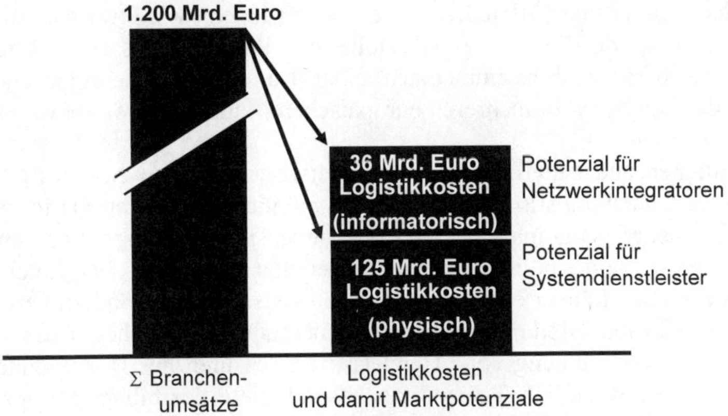

Abb. 5. Marktpotenziale für Systemdienstleister und Netzwerkintegratoren in Deutschland

Diese Zahlen geben nur den Teil der vermutlich durch die Netzwerkintegratoren eigenerstellten Leistungen wieder. Da Unternehmen ihre informatorischen und physischen Logistikleistungen gemeinsam an diese Integratoren vergeben werden, werden deren potenzielle Umsätze höher sein. Ein Großteil davon wird jedoch ein durchlaufender Posten mit der Weitergabe von Aufträgen an Subdienstleister sein. Als Umkehrschluss kann vermutet werden, dass die größten Outsourcingzuwächse im Bereich der Leistungsfelder der Netzwerkintegratoren liegen werden. Es wird jedoch im Vergleich zur Kontraktlogistik deutlich schwerer sein, dieses Marktpotenzial von den Industrie- und Handelsunternehmen zu erobern (Baumgarten et al. 2002). Im Detail nehmen Klinkner und Möller in dem Kapitel IV dieses Buches dazu Stellung. Auf der Angebotsseite ist festzustellen, dass derzeit viele Unternehmen die Behauptung aufstellen, bereits Netzwerkintegratoren zu sein. Werden die im Kapitel III genannten Kriterien als Maßstab angelegt, so wird schnell ersichtlich, dass bisher kein Unternehmen allen Anforderungen zum Netzwerkintegrator genügt. Aktuelle Untersuchungen des Bereichs Logistik der Technischen Universität Berlin haben dies bestätigt (Zadek 2001). Es gibt jedoch eine deutliche Anzahl von Unternehmen in Europa, die auf dem Wege sind, Netzwerkintegratoren für spezifische Teilprozesse zu werden (Carstensen 2001). Die Beiträge aus den Unternehmen in Kapitel 4 dieses Buches geben einen Überblick über die aktuellen Entwicklungen aus der Anwendungspraxis.

Entwicklungen auf dem europäischen Logistikmarkt

Die bisherigen Ausführungen bezogen sich im Kern auf den Stand und die Entwicklungen auf dem deutschen Logistikmarkt. Die stetig wachsende Verflechtung innerhalb des europäischen Wirtschaftsraums legt eine Kurzanalyse der Nachbarländer für eine Beurteilung der Marktsituation nahe. Das länderübergreifende Engagement wird für viele Logistikunternehmen auch deshalb notwendig, weil ihre Kunden sich an internationalen Standorten ansiedeln, wie etwa die Automobilindustrie, und dort mit ihren etablierten Partnern aus der Logistik-Dienstleistung bereit sind zusammenzuarbeiten. Damit wird paneuropäische Präsenz bzw. das Operieren in mehreren europäischen Märkten ein wettbewerbskritischer Faktor.

Kooperationen und Unternehmenszusammenschlüsse stellen zum Aufbau von länderübergreifenden logistischen Netzwerken mögliche Wege dar. Dafür und für die Auswahl neuer geographischer Aktionsräume sind allerdings nicht nur das Marktvolumen sowie die politischen, rechtlichen und soziokulturellen Rahmenbedingungen einzelner Länder entscheidend. Auch zwischen den Ländern vergleichbare, logistikrelevante Merkmale sind von Bedeutung. Dazu gehören das Transportumfeld, die Verzahnung von Handelsstrukturen und die Homogenität der Kundenwünsche hinsichtlich Transportzeiten und Lieferflexibilität. Europa lässt sich diesbezüglich in vier Cluster einteilen, in denen eine ähnliche Entwicklung in der Logistik stattgefunden hat bzw. stattfindet.

Großbritanniens und Irlands Logistik wurde maßgeblich durch die geographische Bevölkerungsverteilung mit dem Schwerpunkt der Logistikaktivitäten im Umkreis von London bzw. Dublin geprägt. Ein starker Kundenfokus, ein umfassendes Angebot von logistischen Mehrwertdienstleistungen und hohe Innovationsfähigkeit sind charakteristisch für die führende Stellung Großbritanniens in der Logistik.

Deutschland, Frankreich, Belgien, Luxemburg und die Niederlande gelten in der Logistik als sehr weit entwickelte Länder. Alle Länder verfügen über eine sehr gute Infrastruktur. Industrie und Handel zeigen hier nach Großbritannien die größte Bereitschaft zum Fremdbezug logistischer Komplettdienstleistungen. Der Wunsch nach Mehrwertdienstleistungen, nach Abwicklung logistischer Prozesse in engen Zeitfenstern sowie nach über Ländergrenzen hinausgehender Leistungserstellung stellen hohe Anforderungen an die in diesen Märkten operierenden Dienstleister. Österreich und insbesondere die Schweiz mit ihren großen Vertretern der Logistik-Dienstleistungsunternehmen stellen sich ähnlich auf.

Schweden weist einen verhältnismäßig hohen Anteil ausgelagerter Kontraktlogistik und eine gewichtige Rolle logistischer Leistungen am Bruttoinlandsprodukt auf. Norwegen und Finnland gehören aufgrund ihrer Wirtschaftsstruktur neben Luxemburg und Belgien zu den transportintensivsten Ländern Europas. Ein hohes Potenzial ist bereits durch die Logistik-Dienstleister erschlossen.

Im Vergleich zu den zuvor vorgestellten europäischen Regionen sind die Länder der iberischen Halbinsel und der mediterranen Regionen hinsichtlich der Logistik noch schwach entwickelt. Hier dominieren derzeit kleine und mittelständische Transportunternehmen den Markt, der jedoch als wachsend eingeschätzt wird. Insbesondere Italiens Logistikbranche ist durch sehr geringe Konzentration und Internationalität gekennzeichnet. Für internationale Logistik-Dienstleister gelten diese Märkte aufgrund der niedrigen Konzentration sowie der guten wirtschaftlichen Entwicklung als sehr attraktiv.

In den Ländern Ost-Europas ist die Logistik vergleichsweise am geringsten entwickelt. Nahezu ausnahmslos werden einfache Logistikleistungen, wie Transport und Lagerung, von kleinen Unternehmen erbracht. Eine Nachfrage nach höherwertigen Logistikleistungen ist allerdings in diesen Ländern von ausländischen Unternehmen zu verzeichnen, die Produktionsstandorte nach Ost-Europa verlegt haben. Im Vergleich zu den Ländern der Iberischen Halbinsel und der mediterranen Regionen sind allerdings die osteuropäischen Märkte aufgrund der noch relativ schwierigen wirtschaftlichen Situation nicht gleichermaßen attraktiv. Auch der schlechte Zustand der Infrastruktur macht das Operieren in diesen Ländern schwierig. Spätestens mit der EU-Osterweiterung Mitte nächsten Jahres werden diese Märkte jedoch zunehmend attraktiv. Entsprechend vorbereitende Studien und Marktanalysen dazu sind auf den Weg gebracht.

Die Ausführungen lassen auch in der Kürze Unterschiede hinsichtlich der jeweiligen Marktattraktivität und des Entwicklungsstands der in einzelnen Ländern bzw. Regionen angebotenen Logistik-Dienstleistungen erkennen. Logistik-Dienstleister sollten diese Charakteristika bei der Ausdehnung ihrer internationalen Präsenz in ausreichendem Maße berücksichtigen.

Fazit

Die eindeutige Bestimmung des Volumens und vor allem auch des Wachstums im Logistikmarkt ist kaum möglich. Dieser Umstand wird durch die Vielfalt der Logistikleistungen und deren Zurechenbarkeit zum Logistikmarkt bedingt. Feststellbar ist jedoch, dass der Logistikmarkt sich in den vergangenen Jahren nicht nur strukturell verändert hat. Er zeichnet sich zudem durch ein stetiges Wachstum aus. Diese Potenziale steigern die Attraktivität eines Engagements auf diesem Markt. Weil diese Wachstumstrends aber nicht undifferenziert gelten, sollten Logistik-Dienstleister ihr Engagement in bestimmte Leistungen und Branchen trotz der schwierigen Datenlage auf solide Potenzialanalysen aufbauen.

Zur Beurteilung der Marktsituation kommt neben der Betrachtung der deutschen Situation eine europäische Dimension hinzu, die der zunehmenden Verflechtung innerhalb des europäischen Wirtschaftsraums geschuldet ist. Die paneuropäische Präsenz bzw. das Operieren in mehreren europäischen Märkten ist bereits heute ein wettbewerbskritischer Faktor für Logistik-Dienstleister.

Literatur

Baumgarten, H. (2001): Globale Trends und Strategien in der Logistik – Fit For Future? – Logistikdienstleister im Wandel; in: Bundesvereinigung Logistik (Hrsg.): 18. Deutscher Logistik-Kongress – Vision real – Lösungen für die Praxis; Berichtsband 2001; Band 2; Huss-Verlag; München; 2001; S. 813-825

Baumgarten, H.; Thoms, J. (2002): Trends und Strategien in der Logistik – Supply Chains im Wandel, Berlin 2002

Baumgarten, H.; Walter, S. (2001): Trends und Strategien in der Logistik 2000+; Ergebnisse einer Untersuchung des Bereiches Logistik; 2., unveränderte Auflage; Technische Universität Berlin; Berlin; 2000

Baumgarten, H.; Zadek, H. (2002): Struktur des Logistik-Dienstleistungsmarktes; in: Baumgarten, H.; Wiendahl H.-P.; Zentes, J. (Hrsg.): Logistikmanagement – Strategien-Konzepte-Praxisbeispiele; Springer Verlag; Berlin et al. 2002; lfd. aktualisiert; Abschnitt 9.01.01, S. 1-18

Baumgarten, H.; Kasiske, F., Zadek, H. (2002): Logistik-Dienstleister – Quo Vadis? Stellenwert der Fourth Party Logistics Provider (4PL); in: Logistik-Management 4. Jg. (2002), Ausgabe 1, S. 27-44

Bundesministerium für Wirtschaft und Technologie mit Infratest Burke (2001): Monitoring Informationswirtschaft; München; 2001.

BSL (2000): Zahlen, Daten, Fakten aus Spedition und Logistik 2000; Studie vom Bundesverband Spedition und Logistik (BSL) e.V. (Hrsg.); Bonn; 2000

Carstensen, T. (2001): E-Business und E-Commerce – neue Anforderungen an die logistische Leistungsfähigkeit; in: Krieger, W. (Hrsg.): E-Business – Praxisleitfaden für Speditionen und Logistikdienstleister; Verlag Heinrich Vogel; München; 2001; S. 107-138

Deutsche Bank (2000): Logistics – On the Move ... on the Rise; Studie der Deutschen Bank (Hrsg.); Franktfurt/Main; August 2000

DG Bank: Branchenreport Nr. 3 – Supply Chain Management: Zukunftsmarkt und Herausforderung für die Speditionsbranche; Frankfurt/Main November 1999

Hesse, M., Kunert, L. (2001): Logistik – Neuer Markt; Branchen-Analyse der HypoVereinsbank; München; Juli 2001

Katheder, M. (2000): Logistik – Das Rückgrat der New Economy; Studie der HypoVereinsbank; München; 2000

Klaus, P. (2003): Die Top 100 der Logistik; 4. Auflage; Deutscher Verkehrsverlag; Hamburg; 2003

Klaus, P.; Müller-Steinfahrt, U. (1999): Die »TOP 100« der Logistik 1998/99 mit Europa; in: Gesellschaft für Verkehrsbetriebswirtschaft und Logistik (GVB) (Hrsg.); Deutscher Verkehrsverlag; Hamburg; 1999

Kotler, P.; Bliemel, F. (1995): Marketing-Management, Schäffer-Poeschel; Stuttgart 1995

Manner-Romberg Consultancy (2002): Die Top 101 des europäischen KEP-Marktes; 3. Auflage; Hamburg 2002

Lehman Brothers (2002): The e-Logistic Opportunity. Chancen und Risiken von Electronic-Logistics aus der Sicht einer Investment Bank; Vortrag von Dr. Jochen Vogel, März 2002

Steininger, S. (2000): Lead Logistics Provider; in: Hossner, R. (Hrsg.) Jahrbuch der Logistik 2000; Verlagsgruppe Handelsblatt; Düsseldorf; 2000; S. 112-114

Zadek, H. (2001): Strategische Neuausrichtung von Logistikdienstleistern – Steuerung globaler Produktions- und Dienstleistungsnetzwerke; in: Industrie Management; 17. Jahrgang; Heft 5; Berlin; 2001; S. 28-31

Strategische Geschäftsfeldplanung

Inga-Lena Darkow[1] und Daniel Kieffer[2]

Als Konsequenz aus der Umstrukturierung des Logistikmarktes sind die Logistik-Dienstleister zunehmend gefordert, sich strategisch neu auszurichten. Ein strukturiertes Vorgehen ist dafür die strategische Geschäftsfeldplanung, zu deren definierten Phasen unter anderem die Bestimmung der Marktpotenziale zukünftiger Geschäftsfelder zählt. Der Stellenwert dieser Geschäftsfeldplanung ist hoch, da sie bei der Identifizierung derjenigen Aktionsfelder in der Logistik unterstützt, die unter Rendite- und Wettbewerbsgesichtspunkten einen hohen Beitrag zum Unternehmenserfolg versprechen.

Ein Ziel dieses Beitrages ist es somit, den Weg von der generellen Segmentierung des Logistikmarktes in eine unternehmensindividuelle Auswahl attraktiver Zielmärkte aufzuzeigen. Einfache Verfahren zur Abschätzung von Logistikmarktdaten werden dazu vorgestellt. Wie eine Zusammenführung von Markt- und Innensicht aussehen kann, wird anschließend erläutert. Aus den externen Daten können im Abgleich mit den bereits bestehenden und geplanten Leistungen des eigenen Unternehmens realistische Potenziale für eine fundierte Umsatz- und Erfolgsplanung gewonnen werden. Dieser Prozess in der strategischen Planung verläuft iterativ. Marktpotenziale haben damit Auswirkungen auf die Strukturierung neuer Geschäftsfelder und umgekehrt.

Vorgehen bei der strategischen Geschäftsfeldplanung

Eine strategische Neuausrichtung der Geschäftsfelder sollte nicht aus dem hohlen Bauch heraus vorgenommen werden, sondern bedarf einer fundierten Analyse und Ergebnisableitung. Ein Logistikunternehmen, das diesen Prozess beginnt, ist einer Vielzahl von interagierenden Einflussfaktoren ausgesetzt. Hierzu soll im Folgenden ein Instrumentarium vorgestellt werden, das den sehr vielschichtigen Vorgang transparent darstellt (siehe Abb. 1). Eine stärkere Strukturierung des Planungsprozesses und die Berücksichtigung aller notwendigen Schritte sind hierdurch möglich. Die Entscheidungsfindung für die beteiligten Mitarbeiter ist zudem leichter nachzuvollziehen.

---

[1] Unternehmensberaterin und Dozentin

[2] Partner der Visality Consulting GmbH, Berlin

Die strategische Geschäftsfeldplanung lässt sich in folgende Phasen gliedern (Zadek 2001):

1. Leistungs-Check-up,
2. Marktanalyse,
3. Prozessorientierte Produktkreation,
4. Entwicklung strategischer Geschäftsfelder und Ableitung von Umsetzungswegen in ausgewählten strategischen Geschäftsfeldern,
5. Erstellung eines Business-Plans.

Der Leistungs-Check-up dient einer Statusbewertung des Logistik-Dienstleisters. Hierbei werden das Leistungsangebot, die Kundenstruktur – unter dem Aspekt der Umsatzbeiträge je Kunde beispielsweise –, die Personalstärke und -qualität, die Unternehmensressourcen und die informationstechnologischen Möglichkeiten untersucht und im Abgleich mit den Kundenanforderungen aus Industrie und Handel bewertet. Dies zeigt die bereits heute vorhandenen Lücken in der Leistungsfähigkeit auf. Zum Check-up des bestehenden Leistungsprofils sollten auch eine Lebenszyklus-Analyse zum Reifestatus der angebotenen Leistungen und eine möglichst umfassende Stärken-Schwächen-Analyse (SWOT-Analyse) aus Sicht verschiedener Unternehmensbereiche, insbesondere Vertrieb, Informationstechnologien und Geschäftsleitung, gehören. Abrundend kann eine Gap-Analyse den Handlungsbedarf verdeutlichen, indem Umsatzziele der Fortschreibung des laufenden Geschäfts gegenüber gestellt werden.

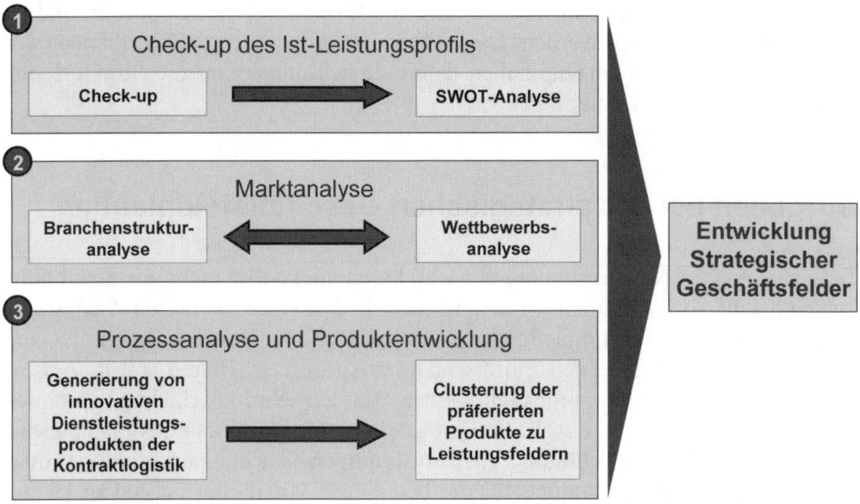

Abb. 1. Iterationsschritte bei der Bildung von strategischen Geschäftsfeldern (in Anlehnung an Kieffer 2003)

Im Folgenden werden die weiteren Phasen beschrieben. Dabei bedürfen insbesondere die Marktanalyse, die konkrete Entwicklung der strategischen Geschäftsfelder und die Erstellung eines Business-Plans einer detaillierteren Erläuterung, da sie für Logistik-Dienstleister spezifisch ausfallen müssen.

Marktanalyse

Die Marktanalyse fokussiert den Blick nach außen. Auf Basis der Logistikmarkt-Daten erfolgt im Rahmen einer Branchenstrukturanalyse die Identifizierung von attraktiven Branchen und Märkten für Logistikleistungen inklusive Kundenanforderungen. Diese Analyse kann auf dem bisherigen Leistungsangebot des Logistik-Dienstleisters aufbauen oder davon völlig losgelöst erfolgen, um keine eventuelle Ausgrenzung interessanter Märkte vorzunehmen. Ein weiterer Schritt in der Marktanalyse ist die Wettbewerbsanalyse. In diesem Rahmen werden die Wettbewerber identifiziert und deren Leistungsspektrum, insbesondere deren strategische Ausrichtung untersucht und bewertet. Dies ist erforderlich, um bei der strategischen Neuausrichtung im Sinne eines Alleinstellungsmerkmals eine Differenzierung vom Wettbewerb zu erreichen. Die eigene Wettbewerbsposition kann darauf aufbauend bestimmt und Zielmärkte können definiert werden. Im Rahmen der Marktpotenzial-Bestimmung werden die Angebotsstärke der Konkurrenz aggregiert und der damit erreichbare Marktanteil bewertet. Chancen und Risiken werden abgewogen. In dieser Phase bietet sich die Unterstützung Externer an, um die notwendigen unterschiedlichen Daten zu identifizieren, zu beschaffen, von neutraler Seite einzuschätzen und zu bewerten.

Die Bestimmung von Marktpotenzialen als wesentliches Ergebnis einer Marktanalyse spielt dabei nicht erst zum Ende der strategischen Planung, also bei der Erstellung eines Business-Plans, eine Rolle. Vielmehr tangiert sie den Prozess bereits bei der Marktabgrenzung und als intervenierende Variable bei der Produktkreation. Nicht selten steht nämlich die Produktentwicklung gerade unter der Vorgabe, Leistungen zu kreieren, die den Bedarf der attraktivsten Märkte abdecken. Märkte können dabei als attraktiv definiert werden, wenn sie entweder ein besonders großes Umsatzvolumen versprechen, wenn sie über das größte relative oder absolute Marktwachstum verfügen oder wenn eine Marktführerschaft – evtl. in einer Nische – möglich ist.

Logistikmarkt-Daten und Branchenstrukturanalyse

Der Logistikmarkt wird häufig über die Umsätze der Logistik-Dienstleister zu fassen gesucht, also über die bereits fremd vergebenen oder outgesourcten Logistikanteile von Industrie und Handel. Eine Potenzialbestimmung der Logistikmärkte darf aber nicht bei der Betrachtung der Logistik als eigene Branche stehen bleiben, sondern muss die zukünftige Outsourcing-Bereitschaft von Industrie und Handel sowie weitere Faktoren einbeziehen. Siehe dazu auch der Beitrag von Darkow und Kieffer zu Marktpotenzialen für Logistik-Dienstleister in diesem Buch.

Das zentrale Element für die Bestimmung der Nachfrage nach Logistikleistungen ist die Bereitschaft eines bestimmten Industriesegments oder einer Handelssparte, Leistungen fremd zu vergeben, wofür der Begriff der Outsourcing-Affinität geeignet ist. Denn die Neigung zur Auslagerung von Logistik kann wiederum von verschiedenen Faktoren beeinflusst werden, wie von der Gesellschaftsform der Unternehmen, beispielsweise inhabergeführt oder kapitalisiert, dem bisherigen Outsourcing-Verhalten, der Verfügbarkeit von Instrumenten für komplexere Ausschreibungen usw.

Der Weg zur Bestimmung der Marktnachfrage führt also von der Umsatzkraft der einzelnen Branchen und deren Logistikkostenanteil an den Gesamtkosten über die Outsourcing-Bereitschaft. Die Schwierigkeit liegt hier wie bei der gesamten Branchenstrukturanalyse aus Sicht der Logistik-Dienstleister in der Gewinnung plausibler Daten, da die Werte allesamt branchenspezifisch sind und im Zweifelsfall nur dann vorliegen, wenn bereits Erfahrungen in der betreffenden Branche gemacht wurden. Eine sinnvolle Auswahl von Branchen und die entsprechende Aufbereitung der Daten bedarf hier häufig der externen Unterstützung.

Wettbewerbsposition und Alleinstellungsmerkmal

Die Erzeugung eines Alleinstellungsmerkmals ist gerade bei Logistikleistungen schwierig, da diese Unique Selling Proposition (USP) in verschiedenen Dimensionen – dem Aktionsraum des Logistik-Dienstleisters, dem Technikeinsatz und den Kosten – gesucht werden kann. Dadurch ergeben sich zahlreiche Möglichkeiten eines Alleinstellungsmerkmals, z.B.

- Kostenführerschaft
- Qualitätsführerschaft
- Branchen- oder Segmentführerschaft
- Innovationsführerschaft
- (IT-)Integrator
- Local Player usw.

Dabei steht immer das gesamte Unternehmen im Fokus der Betrachtung. Der Kunde bezieht Aspekte wie die Unternehmensstabilität, die Kundennähe, die Flexibilität ebenso mit ein wie Zeitaspekte und das Leistungsprogramm in seiner Breite und (Wertschöpfungs-)Tiefe.

Bestimmung von Zielmärkten

Markt- und Wettbewerbsanalyse, Alleinstellungsmerkmal und die eigene Position im Wettbewerb führen auf die Vielzahl der zu betrachtenden Aspekte bei der Festlegung zukünftiger Zielmärkte hin. Je nach Art und Zielstellung des eigenen Unternehmens werden unterschiedliche Aspekte als entscheidend empfunden und gewichtet berücksichtigt. Die wichtigsten sind:

- Branchengröße in Umsatz des Vorjahres;
- Branchenwachstum in % gegenüber dem Vorjahr;
- Logistikkosten Anteil;
- Outsourcing-Affinität;
- Komplexität der Logistikprozesse;
- Globalisierungsgrad der Beschaffung und Distribution;
- Wettbewerbsintensität und
- E-Business-Potenzial.

Die Bedeutung der Aspekte Branchengröße und Branchenwachstum sowie Logistikkosten-Anteil in der betrachteten Branche sind eingängig und dienen als Basisdaten für eine Marktanalyse. Die Outsourcing-Affinität definiert die Bereitschaft eines bestimmten Industriesegments oder einer Handelssparte, Leistungen fremd zu vergeben und ist damit ein Indiz für die Attraktivität der Branche für Logistik-Dienstleister. Zur Abschätzung der Komplexität der jeweiligen Logistikprozesse in der Branche sind deren typische Prozessketten aus logistischer Sicht zu untersuchen. Komplexität wird in diesem Zusammenhang als der Bedarf nach stark verzahnten Leistungen wie Just-in-Sequence oder einem Behältermanagement definiert, die z.B. die Automobilindustrie von der Metall verarbeitenden Industrie abheben. Der Grad der Globalisierung von Beschaffung und Distribution einer Branche sollte zur Größe des eigenen Netzwerkes und angestrebten Internationalisierung passen. Die Wahl einer stark global organisierten Branche wie z.B. der Luftfahrtindustrie (Aviation) stellt zudem besondere Anforderungen an die Leistungsfähigkeit der eigenen IT-Systeme.

Aufwändig gestaltet sich die Abschätzung der Wettbewerbsintensität einer Branche. Hier spielen nicht nur die Anzahl und Marktmacht etablierter Logistik-Dienstleister eine Rolle, sondern auch die Art der von ihnen erbrachten Leistungen. Dabei muss immer davon ausgegangen werden, dass derzeit mit Transportleistungen beauftragte Konkurrenten auch Just-in-Time-Lösungen anbieten können, wenn Lagerkapazitäten vorhanden und Steuerungskompetenzen ausreichend sind. Eine deutlich flachere Lernkurve und entsprechend weniger Substitutionsgefahr darf bei komplexen Leistungen wie dem C-Teile-Management vorausgesetzt werden. Aus einer starken Wettbewerbsintensität rühren auch die Marktbarrieren her, die letztlich ausschlaggebend für die Bestimmung des tatsächlich zugänglichen Marktes sind. Die Reduktion der Marktnachfrage um bereits „vergebene“ Potenziale auch quantitativ zu bestimmen, ist jedoch kaum durchführbar und wenig zweckmäßig, da Dienstleistungen regelmäßig neu ausgeschrieben werden und somit innerhalb des zugänglichen Marktvolumens bleiben.

Wie bereits bei der Beschreibung der Marktteilnehmer in dem vorhergehenden Beitrag von Baumgarten und Zadek zur Struktur des Logistik-Dienstleistungsmarktes in diesem Buch deutlich wird, wird über alle Dienstleisterkategorien hinweg eine mehr oder weniger starke Veränderung des Leistungsangebots in Richtung Mehrwertleistungen und damit Komplettdienstleistungsangebot als erstrebenswert erkannt. In diesem Zusammenhang fällt häufig der Begriff E-Business bzw. E-Services zur Unterstützung oder vollständigen Abwicklung der (logistischen) Geschäftsprozesse mithilfe elektronischer Mittel und Medien. Dazu dient intelligente Middleware wie Enterprise-Application-Integration-Systeme (EAI-Systeme) genauso wie das Internet bzw. TCP/IP als bereits weit verbreitetes Protokoll. Das Potenzial solcher Dienste in den einzelnen Branchen hängt von deren Entwicklungsstand in Bezug auf Ausschreibungsplattformen im Rahmen des E-Procurements und One-Stop-Shopping-Konzeptes ab. Letztere bieten dem Kunden eine große Angebotsvielfalt und geben damit auch dem Logistik-Dienstleister Prozesshoheit. Eine Weiterentwicklung sind konzern- oder branchenweite Plattformen zur Integration von Dienstleistern. Ein Beispiel findet sich in dem Beitrag von Frauke Heistermann, Axit AG, im Best-Practice-Teil dieses Buches.

Nicht zuletzt ist die Affinität der Branchen zu den bisherigen eigenen Kerngeschäftsfeldern zu bewerten, damit bestehende Branchenkenntnisse und Referenzen genutzt werden können. Da in obiger Liste nur Branchengröße, Branchenwachstum und Logistikkosten-Anteil quantitativ bestimmbar sind, müssen die verbleibenden Aspekte von Branchenexperten subjektiv eingeschätzt werden. Jährliche Branchenberichte der großen Verbände und Kreditinstitute helfen, das Bild abzurunden. Im Ergebnis eines an die Nutzwertanalyse angelehnten Verfahrens lassen sich damit die Zielbranchen auswählen. Die Rangfolge ihrer Bearbeitung bleibt zu diskutieren, da sie von eher taktischen Gesichtspunkten geprägt sein kann.

Herleitung von Marktchancen und Marktrisiken

Die Ermittlung der Chancen und Risiken in dem betrachteten Markt und die Herleitung von Potenzialen basiert auf den in den ersten Schritten der Marktanalyse hergeleiteten Erkenntnissen. Mit Hilfe der genauen Kenntnisse der eigenen Stärken und derjenigen der engsten Wettbewerber – heute und zukünftig – ist recht genau zu ermitteln, wo die Risiken aber auch Chancen liegen. Risiken ergeben sich zum einen aus einer Überschätzung der eigenen Ressourcenaustattung im Hinblick auf Know-how und Informationstechnologie, zum anderen aus einer Fehleinschätzung der zeitlichen Anlaufkurven bis zur Produktreife. Hier sind Logistik-Produkte noch schwerer zu kalkulieren als andere Dienstleistungsprodukte und bedürfen deshalb eines begleitenden Controllings schon in der Pilotierungsphase. Die Chancen liegen in den Umsatzpotenzialen und in etwaigen Entwicklungsvorsprüngen gegenüber dem Wettbewerb. Risiken und Chancen können gleichermaßen aus der Integration branchenspezifischer Trends und einer groben Lebenszyklus-Einschätzung der Dienstleistungs-Produkte erwachsen. Um Potenziale für das eigene Unternehmen abzuschätzen, sind zudem die Erläuterungen aus dem Beitrag von Darkow und Kieffer zu Marktpotenzialen heran zu ziehen.

Prozessorientierte Produktkreation

Nach der notwendigerweise umfangreichen Marktanalyse und bevor die eigentliche Entwicklung neuer oder auch die Bestätigung bereits bestehender strategischer Geschäftsfelder beginnen kann, erfolgt in der Phase der prozessorientierten Produktkreation die Generierung neuer Produktideen. Beste Erfahrungen sind hier mit Kreativ-Workshops gesammelt worden, in denen Szenarien diskutiert und entlang eines Prozesskettenmodells sämtliche Prozesse aus Industrie und Handel beleuchtet werden (Baumgarten 2000). Auch in dieser Phase ist externe Unterstützung hilfreich, um sich aus der internen Sichtweise und dem Tagesgeschäft zu lösen. Ideal sind Know-how-Träger, die es verstehen, Prozessähnlichkeiten in unterschiedlichen Branchen herauszuarbeiten. Dies erleichtert dem Logistik-Dienstleister später die Produktvermarktung in unterschiedlichen Zielmärkten. Im Rahmen einer anschließenden Produktbewertung erfolgt die Selektion attraktiver Produkte.

Entwicklung strategischer Geschäftsfelder

Auf Basis der vorangegangenen Phasen erfolgt die Entwicklung strategischer Geschäftsfelder. Hierzu sind erfolgversprechende – eventuell neue – Produkte mit den definierten, attraktiven Branchen aus der Marktanalyse abzugleichen. Es ist dabei zu prüfen, in welchen Zielmärkten welche Leistungen aussichtsreich platziert werden können.

Um ein hohes Maß an Sicherheit in der Bewertung zu gewährleisten, kann die Methode der Konzentrationsanalyse angewendet werden. Hier beurteilen Experten die Eignung von Produkten für die ausgewählten Branchen. Über einen Konzentrationsindex können dann mehrere Produkte und Branchen zu strategischen Geschäftsfeldern zusammengesetzt werden. Die auf diese Weise definierten strategischen Geschäftsfelder müssen nun nach unterschiedlichen Erfolgskomponenten bewertet werden, wobei das Marktvolumen und das jährliche Neupotenzial – im Sinne eines Umsatzwachstums unter Berücksichtigung der Logistikkostenveränderung und der Outsourcing-Entwicklung – sowie Outsourcing-Affinitäten und Wettbewerbsstruktur einige der wichtigen Größen sind. Aus Sicht des Logistik-Dienstleisters entscheidend und darum auch Ziel der Konzentrationsanalyse ist eine möglichst hohe „Multiplizierbarkeit" gleicher Logistikleistungen auf unterschiedliche Anwendungsfelder. Damit wird von Beginn an auf einen breiteren Roll-Out der einmal entwickelten Leistungen gezielt – mit entsprechend hohem Return on Investment.

Die Bewertung der strategischen Geschäftsfelder endet mit einer Auswahl der attraktivsten Felder. Für diese gilt es nun, Umsetzungswege abzuleiten. Hier gibt es grundsätzlich zwei Arten, die auch miteinander kombiniert werden können. Zum einen existiert der interne Weg der Eigenentwicklung im Unternehmen, zum anderen der externe durch Zukauf oder Kooperation. Welcher Weg sich lohnt, hängt von den strategischen Zielsetzungen des Unternehmens sowie den internen

Voraussetzungen im Hinblick auf die vorhandenen Ressourcen ab. Für den externen Weg ist eine differenzierte Marktanalyse und Bewertung potenzieller Unternehmen erforderlich. Die Aufwände der verschiedenen Umsetzungswege fließen in den Business-Plan ein (Baumgarten et al. 2002).

Erstellung eines Business-Plans

Mit der Erstellung eines Business-Plans werden in verschiedenen Szenarien Ertrag und Aufwand für unterschiedliche Kombinationen von strategischen Geschäftsfeldern kalkuliert. Die Analysen werden heute oftmals im Hinblick auf den Economic Value Added, d.h. mit Blick auf die Erhöhung des Unternehmenswertes durchgeführt. Bei diesem Vorgehen lässt sich bestimmen, in wie weit sich eine Investition in bestimmte strategische Geschäftsfelder steigernd auf den Unternehmenswert auswirkt.

Anhand des Business-Plans und unter Reflektion der Ergebnisse der vorangegangenen Phasen können die Verantwortlichen des Logistik-Dienstleisters eine weitgehend fundierte Entscheidung zur Neuausrichtung des Unternehmens vornehmen, die für die kommenden Jahre von essentieller Bedeutung ist. Die Entscheider unterschätzen oftmals die Komplexität bei der Entscheidungsfindung und den hohen Stellenwert dieser Neuausrichtung. Aber die aufgezeigten Phasen machen deutlich, welche Hürden zu nehmen sind und dass der Prozess der Neuausrichtung auch ein gewisses Maß an Zeit und Ressourcen erfordert.

Zusammenführung von Markt- und Innensicht

Für die Marktpotenzialbestimmung ist wie im Nicht-Dienstleistungssektor die Nachfrage nach bestimmten Produkten entscheidend, d.h. für einen Business-Plan ausreichende Potenzial-Aussagen wird man erst nach einer sorgfältigen Abgrenzung von Leistungen zu Geschäftsfeldern erhalten. Hierzu ist nach einer Analyse der bestehenden Produkte im Hinblick auf ihre Prozessabdeckung und Ertragschancen auch die Integration der Marktsicht in Form von branchenspezifischen Prozessketten und der Ableitung von Kundenforderungen ebenso notwendig wie die Berücksichtigung wesentlicher Wettbewerber. Beispielsweise konnten nach diesem Verfahren für einen großen Dienstleister die Potenziale der geplanten Geschäftsfelder als Kreuzung aus den Daten ausgewählter Zielbranchen mit den leistungsbezogenen Prozesssegmenten abgeschätzt werden.

Marktbarrieren und Renditechancen

Zweifellos können durch das Angebot von Mehrwertleistungen die Gewinnmargen ausgeweitet und damit die Unternehmensprofitabilität gesteigert werden. Dies belegen insbesondere Erfahrungen aus dem britischen Logistikmarkt. Der wesentlich höhere Anteil an nachgefragten Mehrwertleistungen trägt dazu bei, dass die in Großbritannien operierenden großen Logistik-Dienstleister durchschnittliche Umsatzrenditen von etwas mehr als 7 % erzielen, während diese Firmen in anderen europäischen Ländern lediglich knapp über 2 % realisieren können (Katheder 2000). Sofern nicht bereits Mehrwertleistungen auf Kundenseite nachgefragt werden, versuchen Unternehmen der Logistikbranche, den Markt in dieser Hinsicht zu entwickeln.

Untersuchungen für Projektpartner, die sich am Ende der Planungen die Frage nach den realistischen Marktanteils- und EBIT-Zielen stellen, haben ergeben, dass die Marktanteile selbst der größten Wettbewerber in Europa in der attraktiven Kontraktlogistik nicht über 3% hinausragen. Die langfristigen EBIT-Grenzen liegen bei den Best-Practice-Unternehmen selten über 6%.

Fazit

Vor allem der immer intensivere Wettbewerb und der Preisverfall bei klassischen Logistik-Dienstleistungen zwingen die Unternehmen zu einer stetigen Überprüfung ihrer Marktausrichtung. Die strategische Geschäftsfeldplanung kann Unternehmen der Logistikbranche als Basis dienen, die vorhandenen Marktpotenziale strukturiert zu erschließen. Da die Unternehmenszukunft durch die Auswahl attraktiver Zielbranchen nachhaltig geprägt wird, sind profunde Kenntnisse der branchenspezifischen Prozessketten und Kundenanforderungen gefragt. Diese gilt es mit den verfügbaren Daten und Fakten zur Marktlage zu kombinieren und einer Bewertung zu unterziehen. Realistische Zielvorgaben für die unternehmerische Planung können jedoch nur entstehen, wenn darüber hinaus bestehende Marktbarrieren durch identifizierte Wettbewerber ins Kalkül gezogen werden.

Die strategische Geschäftsfeldplanung ist damit heute mehr denn je notwendig, um die Wettbewerbsfähigkeit des Unternehmens nachhaltig zu sichern. Sie dient als Basis für eine zukunftsträchtige Produktpolitik, die innovative technologische und konzeptionelle Ansätze mit einem für den Kunden wahrnehmbaren Nutzen vereint.

Literatur

Baumgarten, H. (2000): Terminologie der Logistik und die hierarchische Einordnung in das Unternehmen; in: Baumgarten, H.; Wiendahl, H.-P.; Zentes, J. (Hrsg.): Logistik-Management, Strategien - Konzepte - Praxisbeispiele; Springer Verlag; Berlin Heidelberg New York; 2000; Abschnitt 2.01.01, S. 1-15

Baumgarten, H.; Kasiske, F., Zadek, H. (2002): Logistik-Dienstleister – Quo Vadis? Stellenwert der Fourth Party Logistics Provider (4PL); in: Logistik-Management 4. Jg. (2002), Ausgabe 1, S. 27-44

Katheder, M. (2000): Logistik – Das Rückgrat der New Economy; Studie der HypoVereinsbank; München; 2000

Zadek, H. (2001): Strategische Neuausrichtung von Logistikdienstleistern – Steuerung globaler Produktions- und Dienstleistungsnetzwerke; in: Industrie Management; 17. Jg. (2001); Heft 5; S. 28-31

Kieffer, D. (2003): Aus Dienstleistungen werden Produkte – moderne Produktpolitik in der Logistik; in: Päbst, L.; Wipki, B. (Hrsg.); Marketing in der Logistik; Deutscher Verkehrsverlag, Hamburg 2003; S. 115-129

Kapitel II

Herausforderungen im Supply Network

Entwicklungsphasen des Supply Chain Managements

Helmut Baumgarten[1]

Der zunehmende Wettbewerb verlangt effizientere Abwicklungsformen in der Wertschöpfungskette. Nachdem jahrelang die unternehmensinternen Potenziale angegangen, erarbeitet und in großen Teilen ausgeschöpft worden sind, gilt es nun unternehmensübergreifenden Verbesserungen zu erzielen. Diese weltweite Entwicklung im Supply Network führt auch zu neuen Herausforderungen für die Logistik. Durch Leistungsverlagerungen auf die Partner des Supply Network entstehen neue Abläufe, die zu bewältigen sind. Im Mittelpunkt steht dabei der Informationsaustausch über alle Unternehmensgrenzen hinweg. Die Umsetzung Internet-basierter Strategien schafft die Möglichkeit einer effizienten und optimalen Zielerreichung. Neue Informations- und Kommunikationssysteme gewährleisten die effiziente Verknüpfung aller Partner entlang der gesamten Wertschöpfungskette. Dies ermöglicht die übergreifende Planung, Steuerung, Kontrolle und Optimierung des gesamten Supply Network vom Endkunden bis hin zu den Sublieferanten der Vormaterialien. Nur in Verbindung mit effizienten und durchgängigen Logistiksystemen können die heutigen Aufträge auch termintreu und zuverlässig bewältigt werden. Daher ist die Einbindung leistungsfähiger Logistik-Dienstleister in das Netzwerk notwendige Voraussetzung für den Erfolg von Unternehmen und Produkten. Supply Chain Management wird durch die Möglichkeiten des E-Business wesentlich erweitert. Während Supply Chain Management allein schon ein stark IT-basiertes Konzept darstellt, nutzt die Verbindung von E-Business und Supply Chain Management zum E-Supply Chain Management die Internet-Technologie für die Realisierung weiterer Standardisierungsvorteile und den direkten Zugang zum Kunden.

Was ist Supply Chain Management?

Die Logistik folgt einem unternehmensübergreifenden und prozessorientierten Ansatz (Baumgarten 1999a), der sich von funktionalen Bereichen unterscheiden lässt. Aufgabe der Logistik ist die Gestaltung der Prozesse und die Einführung ganzheitlicher Logistiksysteme. Für die Leistungsfähigkeit der Logistiksysteme ist

---

[1] Leiter des Bereichs Logistik, Geschäftsführender Direktor des Instituts für Technologie und Management, Technische Universität Berlin

die Kenntnis der Prozess- und Wertschöpfungsstrukturen sowie der Informations- und Materialflüsse sehr wichtig. Ein Referenzmodell mit standardisierten Haupt- und Teilprozessen dient der Vergleichbarkeit von Unternehmen und deren Arbeitsumfängen.

Das ganzheitliche Logistik-Management von Unternehmen einer Wertschöpfungskette basierend auf den Haupt- und Teilprozessen wird heute auch als Supply Chain Management bezeichnet. Dahinter verbirgt sich eine Unternehmensstrategie, die sich aufgrund der neuen Möglichkeiten in der Informationstechnologie zunehmender Beliebtheit erfreut. Beim Supply Chain Management werden sämtliche Wirkungszusammenhänge und Schnittstellen zwischen den Prozessen analysiert und die gesamte logistische Versorgungskette optimiert. Weiterhin geht es um die unternehmensübergreifende Steuerung der physischen Prozesse unter Einbeziehung der Kunden, Hersteller, System- und Sublieferanten sowie Logistik-Dienstleister (Baumgarten 2000). Neben den physischen Prozessen sind auch die Informations- und Finanzströme zu betrachten (siehe Abb. 1). Vorreiter in der Nutzung von Supply Chain Management ist zweifelsfrei die Automobilindustrie. Jedoch kann festgestellt werden, dass viele andere Branchen den hohen Stellenwert gleichermaßen erkannt haben und die Nutzung verstärkt angehen. Dies zeigen auch die in Kapitel vier dargestellten Best-Practices.

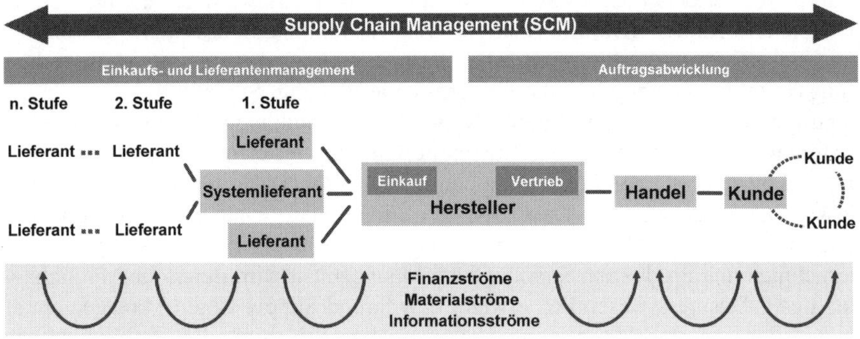

Abb. 1. Abgrenzung Supply Chain Management

Hauptziel des Supply Chain Management ist die Umsetzung von Available-to-Promise, d.h. bei Auftragserteilung durch den Kunden kann der Hersteller auf Basis einer real-time-Abstimmung sämtlich relevanter Produktions- und Materialverfügbarkeiten dem Kunden einen verbindlichen Liefertermin mitteilen. Damit einhergehend kann der Hersteller Engpässe in der Lieferkette erkennen und ein proaktives Bestandsmanagement vornehmen. Durch die Gleichzeitigkeit der Information werden die Geschäftsprozesse beschleunigt, die Lieferzeiten reduziert sowie die Planungssicherheit, die Flexibilität und die Kostentransparenz erhöht. Supply Chain Management dient also der effizienten und unternehmensübergreifenden Steuerung der physischen Prozesse unter Einsatz modernster Informations-

und Kommunikationssysteme zur Realisierung eines durchgängigen Informationsflusses (siehe Abb. 2).

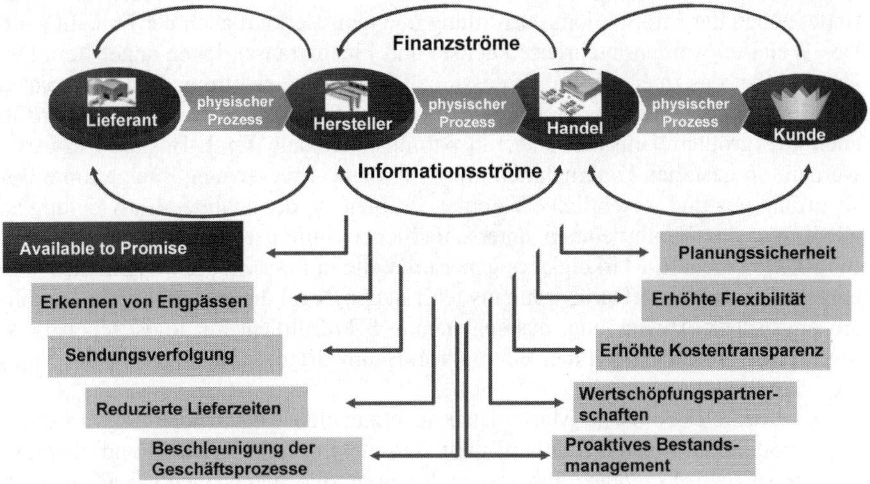

Abb. 2. Erfolgspotenziale des Supply Chain Management

Von diesem skizzierten Ideal ist die Realität aber noch relativ weit entfernt. Aufgrund gewachsener, oft funktionaler Organisationsstrukturen in den Unternehmen der Wertschöpfungskette gibt es selten funktionierende unternehmensübergreifenden Prozesse. Bei den einzelnen Partnern werden in der Regel unterschiedliche Informations- und Kommunikationssysteme isoliert eingesetzt, so dass es in der gesamten Kette zu zahlreichen Medienbrüchen, Informationsverlusten sowie ineffizienten und inkonsistenten Mehrfach-Datenhaltungen kommt. Des Weiteren ist die Koordinationsfrage der Supply Chain nicht hinreichend und im Sinne aller Wertschöpfungspartner geregelt. Wer steuert eigentlich die Supply Chain? Hersteller, Handel, Systemlieferant, Sublieferant oder Logistik-Dienstleister? Jeder Beteiligte hat für diese Aufgabe Vor- und Nachteile, vor allem aber bestehende Informationsdefizite bezüglich der gesamten Wertschöpfungskette. Vergleiche dazu den Beitrag des Autors in Kapitel III zum Leistungsspektrum für das Management der Supply Chain. Mit der Internet-Technologie und dem E-Business eröffnen sich für das Supply Chain Management auch neue Realisierungsmöglichkeiten zur Erreichung der genannten Erfolgspotentiale.

E-Business und Supply Chain Management

Zu Beginn der Internet-Revolution stand für Unternehmen im Vordergrund, im World Wide Web präsent zu sein. Auf den Websites fand eine reine Informationsvermittlung statt. Wenig später erweiterte sich das Angebot durch Transaktionen. So wurden Verkaufsfunktionalitäten über das Internet abgewickelt und die E-

Business-Welle nahm schwerpunktmäßig im Business-to-Consumer-Segment ihren Lauf.

In der nächsten Welle sind die sogenannten E-Marketplaces entstanden. Hier findet neben der Informationsvermittlung und dem Verkauf auch der Einkauf statt. Des Weiteren werden integrierte Dienste und Finanztransaktionen angeboten. Der Handel über das Internet wird professionalisiert. Diese elektronischen Markplätze sind insbesondere für das Business-to-Business-Segment relevant, wo zukünftig auch die größten Umsatz- und Einsparungspotenziale im E-Business erwartet werden. So gestalten Unternehmen mit Hilfe des E-Procurement ihre gesamte Beschaffung neu und wesentlich effizienter. Problem an der heutigen Entwicklung ist allerdings, dass Unternehmen unterschiedlicher Stufen in derselben Wertschöpfungskette eigene E-Marketplaces generieren, die in ihrer Zielrichtung nicht selten entgegengesetzt sind. Darüber hinaus fehlt in der Regel die Integration der gesamten physischen Abwicklung, das sogenannte E-Fulfillment mit logistischen Leistungen. Vergleiche hierzu den Beitrag von Baumgarten und Otto in diesem Kapitel.

Das über elektronische Marktplätze zu erzielende Umsatzpotential variiert je nach Produkt stark. Die Produktaffinität zum elektronischen Handel und die branchenspezifische Akzeptanz zum neuen Medium sind unterschiedlich ausgeprägt. So eignen sich Marktplätze für Computer und Elektronik-Produkte sehr gut. Bei Kraftfahrzeugen wird zwar eine hohe Affinität zum Online-Handel gesehen, jedoch liegt noch keine branchenspezifische Akzeptanz vor.

Zukünftig werden im E-Business sogenannte Supply-Chain-Portale entstehen, in denen alle Partner einer Wertschöpfungskette integriert werden können. Die Steuerung und Koordination der Supply Chain wird dann mit dem Ziel des Gesamtoptimums über alle Partner hinweg und nicht wie bisher nach unternehmensspezifischen Einzeloptimierungen erfolgen. Auch die Logistikleistungen und -Services werden integriert. Ein großer Vorteil dieser Portale ist die Neutralität der Partnerschaften sowie die Möglichkeit eines jeden flexibel und aktiv auf Engpässe und Bedürfnisse zu reagieren.

Voraussetzung ist die Verknüpfung der Informations- und Kommunikations-Systemlandschaften eines jeden Partners der Supply Chain. Da die Einführung ein und derselben Software bei allen Wertschöpfungspartnern aufgrund der hohen Investitionen sowie vielfacher Bindung in unterschiedliche Supply Chains unrealistisch ist, muss ein durchgängiger Informationskanal über das Internet als für alle Beteiligten leicht zu erschließendes Medium entwickelt werden.

Entwicklungspfad des Supply Chain Management

Historisch gesehen können vier Entwicklungsphasen bei der Umsetzung von Supply Chain Management unterschieden werden. In welcher Phase sich ein Unternehmen der Supply Chain befindet, hängt vom unternehmensinternen Verständnis des Supply Chain Management sowie daraus resultierender Aktivitäten in der Supply Chain ab. In der Regel durchschreitet aber ein jedes sich weiterentwickelndes Unternehmen die nachfolgenden Phasen (siehe Abb. 3).

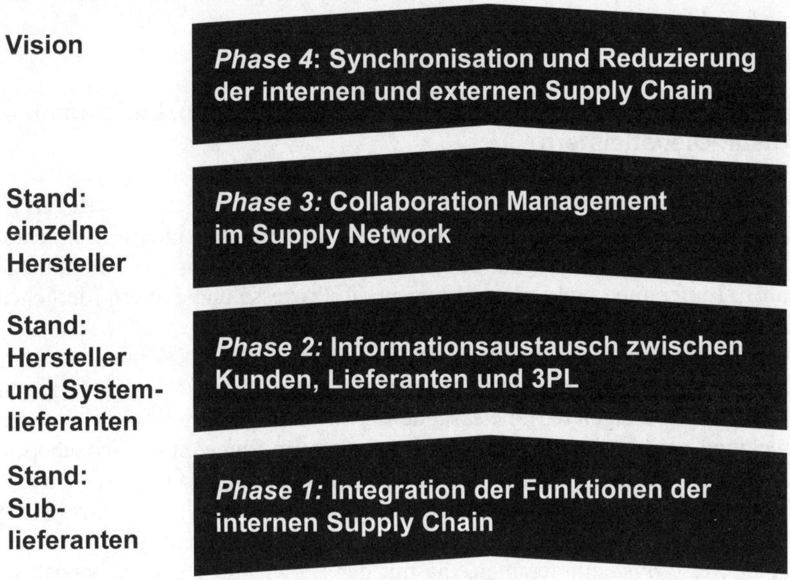

Abb. 3. Entwicklungsphasen im Supply Chain Management

Phase 1 – Integration der Funktionen der internen Supply Chain

In der ersten Phase Anfang der 1990er Jahre interpretierten die Unternehmen Supply Chain Management als Aufgabe, die unterschiedlichen unternehmensinternen Funktionen zu integrieren und somit eine interne Supply Chain aufzubauen. Dabei waren und sind vor allem interne Hürden zu überwinden.

Funktional gliedert sich ein Unternehmen in Bereiche wie Einkauf, Produktion, Vertrieb, Controlling etc. Dabei hat in der Regel nur der Vertrieb den Kontakt zum Kunden. Die Zufriedenstellung der Kundenbedürfnisse hängt davon ab, wie gut die einzelnen Funktionsbereiche im Unternehmen zusammenarbeiten. Oftmals können aber Fragen der Kunden nach Lieferterminen nur unzureichend beantwortet werden. Untersuchungen bei einem deutschen Automobilhersteller haben ergeben, dass lediglich ein Drittel der produzierten Fahrzeuge zum vorher avisierten Liefertermin beim Kunden ausgeliefert werden. Die Hälfte der Fahrzeuge gelangt mindestens eine Woche nach dem Liefertermin zum Kunden, ein sechstel davor. Die Abweichungen führen zu Verärgerungen beim Kunden und Mehrkosten in der daraus resultierenden Sonder-Abwicklung.

Die Einführung eines Prozesskettendenkens oder sogar –managements hilft hier weiter. Der Kundenauftrag und seine Erfüllung stellen eine Prozesskette dar. Eine Abstimmung der in den Kundenauftrag involvierten Beteiligten sorgt für eine höhere Qualität und Planbarkeit. Hierzu muss das funktionsorientierte Bereichsdenken aufgegeben werden. Mit Hilfe der ganzheitlichen, also funktionsübergreifenden Logistik kann eine prozessorientierte Betreuung des Kunden und der Auftragsabwicklung erfolgen.

Phase 2 – Informationsaustausch zwischen Kunden, Lieferanten und Logistik-Dienstleistern

Obgleich viele Unternehmen allein mit der Realisierung dieser ersten Phase vor großen Herausforderungen stehen, reicht der unternehmensinterne Betrachtungshorizont nicht aus. Daher geht es in der zweiten Phase um die Einbindung von Kunden, Lieferanten und Dienstleistern in die Prozesse und den erforderlichen Informationsaustausch (Baumgarten 1999b).

Für die erfolgreiche Einbindung der Partner sind die Fähigkeiten zur Kommunikation und zum Informationsaustausch sehr entscheidend. Nur die regelmäßige Abstimmung in Fragen der Prozessketten Entwicklung, Versorgung und Auftragsabwicklung ermöglichen das verzahnte Arbeiten im Sinne einer Wertschöpfungspartnerschaft. Je länger die Partner zusammenarbeiten, desto mehr Vertrauen entsteht und umso mehr Leistungen werden vom kernkompetenzorientierten Hersteller an seine Lieferanten und Logistik-Dienstleister übertragen. So entstehen beispielsweise Systemlieferanten, die mit der Entwicklung und verbaunahen Zulieferung von Produktmodulen und -systemen beauftragt sind. Auch die Logistik-Dienstleister erfahren einen Zuwachs im Stellenwert. Als Bindeglied zwischen Lieferanten, Herstellern und Kunden ergeben sich außer den klassischen Logistikleistungen viele Aufgaben, die von ihnen im Sinne einer unternehmensübergreifenden Supply Chain prädestiniert wahrgenommen werden. So können beispielsweise Versorgungsstrategien wie Just In Time (JIT) oder Konsignationslager mit einhergehenden Effizienzsteigerungen für seine Kunden realisiert werden. Auch die Aufgabe des Informationsaustausches kann unterstützt werden durch elektronische Datenübertragung verbunden mit der Datenkonvertierung vom herstellerseitigen in das lieferantenseitige Format.

Betrachtet man die Unternehmenslandschaft, so kann konstatiert werden, dass sich heute die meisten Unternehmen in dieser zweiten Phase befinden. Jedoch wird die Supply Chain noch nicht weitgehend genug betrachtet, sondern nur auf die unmittelbar angrenzenden Partner der Wertschöpfungskette bezogen. Der Weitblick über die gesamte Kette und die daraus ersichtliche Notwendigkeit der Durchsteuerung von Informationen über mehrere Wertschöpfungsstufen hinweg fehlt sehr häufig.

Phase 3 – Collaboration Management im Supply Network

Diesem Defizit soll in einer dritten Phase entgegen getreten werden. Im Vordergrund steht das Collaboration Management sowie die Durchgängigkeit und Gleichzeitigkeit der Informationen über alle Partner des Supply Network. Diese

Zielstellung resultiert aus der Tatsache, dass in der Praxis die Abweichung vom Planfall die Regel darstellt: Wenn beispielsweise im Produktionsplanungs- und -steuerungssystem Produktionsprogramm und Auftragsreihenfolge festgelegt worden sind, so ändern sich diese nicht selten kurzfristig. Entweder fehlt Material oder ein anderer Kundenauftrag erhält eine höhere Priorität und muss vorgezogen werden oder ein Ausfall der Produktionsmaschine zwingt zur Neuplanung. Diese Verschiebung der Auftragsreihenfolge wird heute bereits durch sogenannte Leitstandsoftware oder Advanced-Planning-and-Scheduling-Systeme unterstützt. Defizite bestehen aber in der zeitnahen Übermittlung dieser Änderungen an die Partner des Supply Network, sowohl in Richtung Kunden als auch in Richtung Lieferanten sowie Logistik-Dienstleister.

Ziel dieser dritten Phase ist es daher, die Realität der Änderungen in den Prozessketten Auftragsabwicklung und Versorgung besser verarbeiten zu können. Die zeitnahe Weiterleitung der erforderlichen Informationen erlaubt den Partnern, sich auf die neue Situation schnellstmöglich einzustellen oder sogar an der Problemlösung durch Änderung der eigenen Abläufe mitzuwirken. Prädestiniert für die Informationsübermittlung ist der Einsatz des Internets. Was sich noch in den Anfängen befindet, ist die Definition von standardisierten Schnittstellen und Datenaustauschformaten. Dieser Entwicklungsprozess ist in ersten Zügen heute erkennbar. So geht die Automobilindustrie als eine der ersten Branchen diesen Weg. Im Forschungsprojekt LiNet, gefördert durch das Bundesministerium für Bildung und Forschung, wird ein durchgängiger Informationskanal auf Basis der IT-Sprache XML geschaffen (siehe Abb. 4).

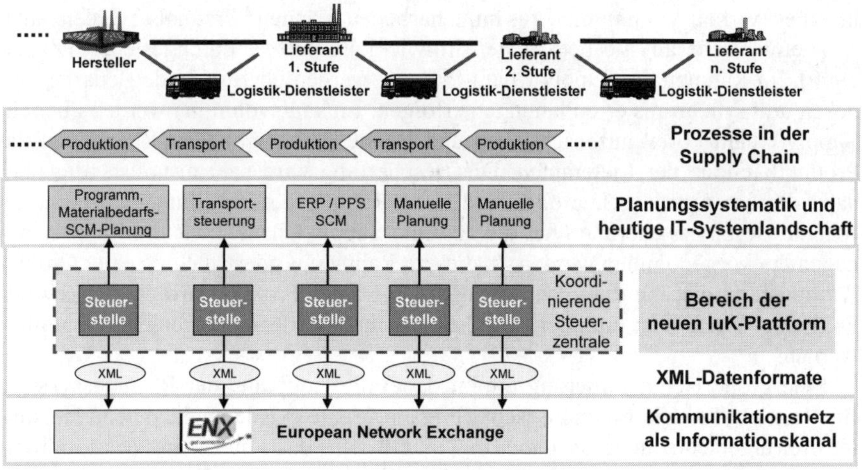

Abb. 4. Durchgängige IT-Systemlandschaft im Supply Network (LiNet 2002)

Die beteiligten Unternehmen haben erkannt, dass zukünftige Potenziale im Supply Network nur noch durch eine enge, vertrauensbildende Zusammenarbeit zu heben sind.

Die nachfolgenden Beiträge dieses Kapitels gehen auf verschiedene Herausforderungen im Supply Network ein und zeigen Potenziale zur Effizienzsteigerung sowie zur partnerschaftlichen Zusammenarbeit auf.

Phase 4 – Synchronisation der internen und externen Supply Chain

Visionär kann eine vierte Phase der Entwicklung abgeleitet werden, in der die Synchronisation der Prozesse über das Supply Network hinweg sowie eine Reduzierung der internen und externen Prozesse erfolgen wird (Baumgarten 2001). E-Business wird hierbei eine zentrale Rolle einnehmen, da die Prozesse wesentlich schlanker gestaltet werden können.

In heutigen Supply Chains der Industrie existieren eine hohe Komplexität und eine Vielzahl von System- und Sublieferanten. In der Automobilindustrie beispielsweise ist ein riesiges Netzwerk mit nicht selten über 1.000 Lieferanten mit relevanten Informationen zu versorgen. Der heutige Informationsprozess ist gekennzeichnet durch zahlreiche Schnittstellen, Intransparenz und diverse Medienbrüche in der Supply Chain, starre Planungssysteme, inflexible Lieferketten sowie eine nicht weit genug reichende Integration des Kunden in die Supply Chain (Baumgarten u. Zadek 2000).

Die konsequente Nutzung von E-Business wird Erfolgspotenziale in allen Unternehmensprozessen heben. So werden die Einsatzmöglichkeiten in der Entwicklung, Planung, Beschaffung, Distribution und After Sales liegen. Im Rahmen der Entwicklung werden Hersteller und Lieferanten schneller und standortunabhängig in einer Virtual Community zusammenarbeiten können. Erstmals werden auch Kundenwünsche an alle betroffenen Entwicklungspartner durchgesteuert (Zadek 1999). Im Rahmen der Supply Chain-Planung werden übergreifende Bedarfsprognosen und synchronisierte Planungen erfolgen. Einkaufsvolumina werden über ein Supply Chain Portal ausgeschrieben und Hersteller haben online Zugriff auf die Produktkataloge der Lieferanten. Die Beschaffung wird nahezu vollständig über das E-Procurement durchgeführt werden. Im Rahmen des Fulfillment wird eine effiziente Bestandssteuerung über die gesamte Supply Chain sowie ein Engpassmanagement vorgenommen werden. In diesem Rahmen wird es auch zu einer Online-Auftragsterminierung kommen. Für den After-Sales-Prozess wird eine Ersatzteil-Prognose sowie ein integriertes Bestands- und Order-Management eingeführt werden.

Eine große Herausforderung nimmt dabei die Kopplung der Planungssysteme für Vertrieb, Produktion und Beschaffung ein. Heute existieren dazu beim Hersteller drei unterschiedliche Systeme. In Zukunft wird das Forecasting des Produktionsprogramms über eine Internet-basierte Plattform laufen. Die Kundenaufträge werden über Internet-Applikationen beim Händler – zukünftig auch vom Endkunden online per Internet – eingespeist werden. Dabei wird die Absatzprognose stets aktualisiert. Auf dieser Basis erfolgt eine Ableitung des Produktionsprogramms, der erforderlichen Kapazitäten sowie des benötigten Materials. Online erfolgt dann die Einplanung der Kundenaufträge in einen Auftragskalender, der das Produktionsprogramm eines Werkes definiert. Gleichzeitig werden die aus den Kundenaufträgen resultierenden Bedarfe an alle vorgelagerten Stufen der Supply Chain weitergegeben. Nach einer Verfügbarkeitsprüfung wird dem Endkunden ein verbindlicher Liefertermin online zurückgemeldet. Durch ein derartiges Planungssystem können zukünftig die Lieferzeiten und Bestände in der Supply Chain nachhaltig reduziert werden (Wolff u. Geiger 2001).

Fazit

Führende Unternehmen – ständig auf der Suche nach Verbesserung ihrer Performance und Effizienz – befinden sich auf dem Entwicklungspfad des Supply Chain Managements. Hierin liegt die Chance, Wettbewerbsvorteile zu erlangen. Jedoch wird durch die vier Phasen deutlich, dass die Zeiten der Unternehmen als Alleingänger vorbei sind. Wertschöpfungspartnerschaften, die gemeinsam die Potenziale einzelner Supply Chains oder gar des Supply Network heben, werden die Zukunft gestalten. Nur durch diese gleiche Ausrichtung der Partner auf ein gemeinsames Ziel können große Herausforderungen angenommen und bewältigt werden.

Hierzu gehören Themen wie Anlaufmanagement, IT-Systeme im Supply Network, Enterprise Application Integration-Systeme, Supply Chain Controlling, Collaboration Management und E-Procurement. In diesen unternehmensübergreifenden Themengebieten, auf die in den nachfolgenden Beiträgen näher eingegangen wird, liegen auch die Chancen für Logistik-Dienstleister, neue Geschäftsfelder zu entwickeln und zu erschließen. Die Einsatzfelder für Logistik-Dienstleister werden weiter zunehmen. Die Kunden erwarten heute Lösungen für ihre komplexen logistischen Abläufe. Die Logistik-Dienstleister, die ihren potenziellen Kunden aufmerksam zuhören, werden sicher die Bedürfnisse und Anforderungen erkennen und in Angebote formen. Supply Chain Management kann demnach als Treiber im Logistik-Dienstleistungsmarkt und als Initiator des Kontraktlogistik- und 4PL-Marktes angesehen werden.

Literatur

Baumgarten, H. (1999a): Prozeßkettenmanagement in der Logistik; in: Weber, J.; Baumgarten, H. (Hrsg.): Handbuch Logistik – Management von Material- und Warenflußprozessen; Schäffer-Poeschel Verlag; Stuttgart; 1999a; S. 226-238

Baumgarten. H. (2000): Terminologie der Logistik und die hierarchische Einordnung in das Unternehmen; in: Baumgarten, H.; Wiendahl, H.-P.; Zentes, J. (Hrsg.): Logistik-Management, Strategien - Konzepte - Praxisbeispiele; Springer Verlag; Berlin Heidelberg New York; 2000; Abschnitt 2.01.01, S. 1-15

Baumgarten, H. (1999b): Supply Chain Management: Eine Welt voller Herausforderungen; in: Logistik Heute; 21. Jg. (1999b); Heft 7/8; München 1999b; S. 28-29

Baumgarten, H. (2001): Supply Chain Management im E-Zeitalter; in: W&P; Das RKW-Journal Wirtschaft & Produktivität; 52. Jg. (2001); Heft 1; S. 8

Baumgarten, H.; Darkow, I.-L. (2002): Konzepte im Supply Chain Management; in: Dangelmaier, W., Busch, A. (Hrsg.): Integriertes Supply Chain Management; Gabler; Wiesbaden 2002; S. 89-108

Baumgarten, H.; Zadek, H. (2000): Kundenintegration in logistische Prozessketten; in: Hossner, R. (Hrsg.): Jahrbuch der Logistik 2000; Verlagsgruppe Handelsblatt; Düsseldorf 2000; S. 128-133

LiNet (2002): „Netzwerkmanagement für die Automobilindustrie" ist ein vom BMBF unter der Projektträgerschaft des PFT in Karlsruhe gefördertes Verbundvorhaben im Rahmen des Förderprogramms „Forschung für die Produktion von morgen"; www.linet-automotive.de; 07.07.2003

Wolff, S.; Geiger, K. (2001): Die E-Supply Chain der Zukunft; in: Hossner, R. (Hrsg.): Jahrbuch der Logistik 2001; Verlagsgruppe Handelsblatt; Düsseldorf 2001; S. 139-142

Zadek, H. (1999): Kundenorientierung in logistischen Prozeßketten - Ein Instrumentarium zur Entscheidungsunterstützung und zum Controlling für die strategische Logistiktiefengestaltung in Industrieunternehmen; Dissertation Technische Universität Berlin; Bereich Logistik; Berlin 1999

Zadek, H. (2000): Kundenorientierung und Kundenintegration; in: Baumgarten, H.; Wiendahl, H.-P.; Zentes, J. (Hrsg.): Logistik-Management; Springer Verlag; Berlin Heidelberg New York; 2000; Abschnitt 4.03.01; S. 1-27

E-Procurement für Logistik-Dienstleistungen

Matthias M. Otto[1]

Die Zergliederung des Logistikmarktes, sowohl auf Anbieter als auch auf Nachfragerseite führt zu einer geringen Markttransparenz, aus der sich Allokations-, Informations- und Kontrollprobleme ergeben. Zum Beispiel bezieht die verladende Industrie ihre Logistik-Dienstleistungen von Verbund- oder Systemdienstleistern, welche sich ihrerseits mit den erforderlichen, hauptsächlich einfachen Logistikleistungen versorgen. Daraus erwächst eine starke Stellung der Intermediäre, die einen hohen Koordinations- und Steuerungsbedarf des Logistik-Dienstleistungsmarkts verdeutlicht.

Das *Allokationsproblem* entsteht, weil bei geringer Markttransparenz Angebot und Nachfrage nur unzureichend zusammengeführt werden. Leerfahrten beispielsweise werden dem Markt in der Regel vorenthalten. Die Kosten der Vermarktung solcher besonders kurzfristigen Leistungen würden in den meisten Fällen bereits den Wert der Leistung überschreiten. Das *Informationsproblem* basiert auf einerseits einem hohen Such- und Kommunikationsaufwand, bedingt durch die geringe Markttransparenz, und andererseits auf den vielen interorganisatorischen Schnittstellen, die zu Medienbrüchen, erhöhter Fehleranfälligkeit und Intransparenz in der Leistungskette führen. Das *Kontrollproblem* zeigt sich in häufig nicht durchgängigen interorganisatorischen Informationsaustauschen hinsichtlich Status- und Steuerungsinformationen. Das führt zu Ineffizienzen in der Leistungssteuerung und dem Qualitätsmanagement. Zudem werden durch die erforderliche manuelle Abstimmung die Beschaffungsprozesse verlangsamt und qualifizierte Mitarbeiter gebunden.

Bereits in den 1960er Jahren entwickelten Logistik-Dienstleister interne Systeme zur Prozessrationalisierung sowie zur Erstellung, Verteilung und Verwaltung sendungsbegleitender Dokumente. Um den Marktineffizienzen zu begegnen, wurden schon damals für verschiedene Teilfunktionen des Beschaffungsprozesses elektronische Systeme angewendet. Der Austausch von sendungsbegleitenden Dokumenten zwischen aufwendig vernetzten Organisationen per Electronic Data Interchange (EDI) wurde in den 1970er Jahren mit der Öffnung der internen Systeme infrastrukturell z. B. über Value Added Networks (VAN) möglich. In den 1980er Jahren konnten durch sog. Clearing Center, die die Übersetzung inkompa-

[1] Wissenschaftlicher Mitarbeiter am Bereich Logistik, Institut für Technologie und Management, Technische Universität Berlin

tibler elektronischer Daten heterogener EDV-Systeme übernahmen, eine größere Anzahl von Systemen verknüpft werden. Diese herkömmlichen Unterstützungssysteme wurden in den 1990er um verschiedenste Funktionalitäten erweitert, konnten sich jedoch nicht oder nur bedingt durchsetzen. Der Grund liegt in der geringen Wirtschaftlichkeit der Systeme, was einerseits auf fehlende Standards für den automatisierten Datenaustausch und andererseits auf das Ausbleiben von positiven Netzwerk-Externalitäten durch eine relativ geringe Beteiligung zurückzuführen ist. Diese Unzulänglichkeiten werden in den letzten Jahren durch die Entwicklung der Systeme überwunden, die heute das Internet bilden, so dass sich der Einsatz von Informations- und Kommunikationstechnologien zur Unterstützung der Beschaffungsprozesse stark ausweitet. Auf Basis einheitlicher TCP/IP-Protokoll-Standards bildet das Internet ein offenes Kommunikationssystem, dessen größtes Potenzial in der Fähigkeit liegt, mit wenig Aufwand nahezu flächendeckend Informationen automatisch austauschen, interpretieren und weiterverarbeiten zu können. Dabei wird z. B. die Extensible Markup Language (XML) eingesetzt, die hinsichtlich Flexibilität, Klarheit und Erweiterbarkeit Informationen so strukturiert darstellt, dass sie für Anwendungen leicht zu interpretieren sind.

Beschaffung von Logistik-Dienstleistungen

Unter Berücksichtigung der Bedarfsplanung und -ermittlung erfasst das Beschaffungsmanagement alle Prozesse, die das Unternehmen mit Gütern, Informationen, Energie und Leistungen aus externen Quellen versorgen. Eine wichtige Aufgabe ist dabei die Gestaltung der Beziehungen zwischen den externen Anbietern und den Bedarfsträgern im Unternehmen. Mit der Umsetzung von Service-, Qualitäts- und Kostenzielen soll das Beschaffungsmanagement einen nachhaltigen Wettbewerbsvorteil für das Unternehmen realisieren. Abbildung 1 zeigt exemplarisch wichtige Aktivitäten des Beschaffungsprozesses, die zusammen das Beschaffungsmanagement bilden.

Sind die Beschaffungsziele und -strategien unter Berücksichtigung der Unternehmensstrategie festgelegt, lässt sich der Beschaffungsprozess in drei Phasen der Markttransaktion abstrahieren:

- In der *Wissens-* bzw. *Informationsphase* werden Markt-Informationen über die Beschaffungsobjekte und deren Anbieter gesammelt.
- In der *Vereinbarungsphase* werden konkrete Tausch- und Kooperationsabsichten in Form von Anfragen und Angeboten sowie auf einen Vertragsabschluss gerichtete Verhandlungen durchgeführt.
- In der *Abwicklungsphase* werden schließlich die im Vertrag und durch Angebotsannahme festgelegten Leistungen ausgeführt.

Logistik-Dienstleistungen aus Sicht der Beschaffung erfordern – ergänzend zu der Kategorisierung in Kapitel I nach dem Leistungsspektrum – die Unterteilung in drei Kategorien. Dabei werden die für einen konkreten, kurzfristigen Bedarf einmalig beschafften einfachen Logistikleistungen als *Spotlogistik* bezeichnet. Unter standardisierter *Kontraktlogistik* werden die meist eher einfachen Standardleistungen, die für einen geplanten Bedarf innerhalb längerfristiger Rahmenverträge wiederholt beschafft werden, gefasst. Die Spezifizierung der benötigten Leistungen im Rahmen der Spot- und Kontraktlogistik ist aufgrund des hohen Standardisierungsgrads der Einzelleistungen unproblematisch. Aufgrund des großen Angebots standardisierter Leistungen gilt gleiches für die Suche eines Anbieters. Jedoch ist aufgrund der relativen Marktintransparenz fraglich, ob es sich bei einem identifizierten Anbieter auch um den leistungsfähigsten handelt. Besonders aufwändig gestalten sich bei der Kontraktlogistik die Bedarfsplanung, Vertragsverhandlungen, Rahmenverträge sowie die Zusammenstellung von einzelnen Leistungen zu Beschaffungslosen. In dieser Terminologie werden schließlich individuelle Systemleistungen als individualisierte *Systemlogistik* bezeichnet – deren Beschaffung für Unternehmen eine erhebliche Herausforderung darstellt. Beide Leistungsfelder – Kontrakt- und Systemlogistik – bilden das in Kapitel I beschriebene Profil der Third Party Logistics Provider (3PL).

Dieses gilt besonders hinsichtlich der Komplexität, des hohen Individualitätsgrads und der großen strategischen und finanziellen Bedeutung des Beschaffungsobjekts sowie der geringen Anzahl geeigneter Anbieter. Wurde ein Partner identifiziert, erfordert der permanent hohe Abstimmungsbedarf eine enge Kooperation und Integration von Systemen und Prozessen innerhalb verschiedener Abteilungen der Unternehmen sowie unternehmensübergreifend.

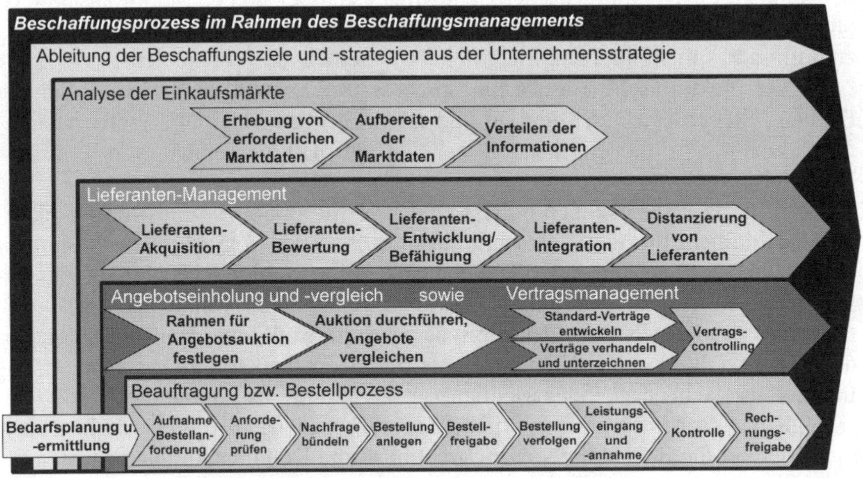

Abb. 1. Wichtige Aktivitäten des Beschaffungsmanagements

Es zeigt sich, dass der Einfluss auf das Unternehmensergebnis und das Versorgungsrisiko für das Unternehmen mit der Komplexität einer beschafften Logistikleistung steigt. Daraus ergibt sich die Notwendigkeit im Rahmen der verschiedenen Logistik-Dienstleistungen unterschiedliche Beschaffungsstrategien anzuwenden. Für die Beschaffung einfacherer, unkritischer Logistikleistungen z. B. im Rahmen der Spotlogistik empfiehlt sich eine Ausschöpfungsstrategie, bei der unter Ausnutzung des Wettbewerbs unter den Dienstleistern günstige Beschaffungspreise zu erzielen sind. Bei der Beschaffung von Logistikleistungen, die größeren Einfluss auf das Unternehmensergebnis haben, jedoch ein noch relativ geringes Versorgungsrisiko aufweisen – wie z. B. die Kontraktlogistik –, empfiehlt es sich durch die Anwendung einer kombinierten Optimierungs- und Ausschöpfungsstrategie die Effizienz des Beschaffungsprozesses in den Mittelpunkt zu stellen. Werden dagegen strategisch bedeutsame Logistikleistungen, z. B. im Rahmen der Systemlogistik beschafft, ist eine Risikovermeidungsstrategie zu verfolgen, damit die Risiken den Nutzen der Auslagerung der Logistikleistungen nicht überwiegen. Dieses erfolgt meist durch das Eingehen einer strategischen Partnerschaft mit dem Dienstleister, bei der die beteiligten Prozesse und Systeme konsequent integriert werden.

E-Procurement

Unter Electronic Business (E-Business) werden alle Geschäftsprozesse verstanden, bei denen Informations- und Kommunikationssysteme wie das Internet unterstützend zum Einsatz kommen. Steht der Einsatz der Informations- und Kommunikationssysteme primär in einem direkten Zusammenhang mit dem Kauf oder Verkauf von Produkten und Leistungen, handelt es sich um Electronic Commerce (E-Commerce). Kommen wiederum in mindestens einer der Markttransaktionsphasen des Beschaffungsprozesses Informations- und Kommunikationssysteme zum Einsatz, spricht man von Electronic Procurement (E-Procurement).

Ist der elektronische Beschaffungsprozess auf Leistungen gerichtet, die der Planung, Steuerung, Durchführung und Kontrolle von Material-, Wert- oder Informationsflüssen dienen, handelt es sich um E-Procurement von Logistik-Dienstleistungen.

Der Einsatz von Lösungen mittels moderner Informations- und Kommunikationstechnologien für den Beschaffungsprozess von Logistik-Dienstleistungen eines Unternehmens bietet große Potenziale. Eine erfolgreiche Umsetzung von E-Procurement Lösungen kann zu Zeitersparnissen, Kostensenkungen und Qualitätsverbesserungen führen. Elektronische Systeme in der Vergangenheit konnten diese Potenziale nicht ausschöpfen. Heute steht jedoch allen Marktteilnehmern das Internet als flächendeckendes Medium zur Verfügung. Der durch die Vernetzung ermöglichte Austausch von Informationen zwischen nahezu allen Marktteilnehmern steigert die Bedeutung von Informations- und Kommunikationssystemen für den Einsatz in der Beschaffung von Logistik-Dienstleistungen. Das internetbasierte E-Procurement bietet in Abhängigkeit von der Markttransaktionsphase voneinander differierende Potenziale für die drei Kategorien der Logistik-Dienstleistungen – Spot-, Kontrakt- und Systemlogistik. Im Folgenden wird eine Übersicht der Bewertung der Potenziale von E-Procurement-Lösungen anhand unterschiedlicher Beschaffungsfälle dargestellt.

Informationsphase

Die Instrumente und Dienste der Informationsphase beziehen sich in erster Linie auf die Suche, Identifikation und Bewertung von Dienstleistern. Hier sind besonders bei den folgend aufgegliederten Diensten Potenziale zur Verbesserung des Beschaffungsprozesses festzustellen.

- Potenziale der *Branchenverzeichnisse* sind im Wesentlichen die Erhöhung der Markttransparenz, die Beschleunigung des Auffindens potenzieller Dienstleister sowie die Qualitätsverbesserung des Beschaffungsprozesses infolge der umfassenderen Beschaffungsmarktkenntnis.
- *Vergleichsdienste* erhöhen die Transparenz und Qualität sowie beschleunigen die Anbieterauswahl durch automatisierte Vergleichsmöglichkeiten der Leistungsprofile.
- *Ratingdienste* hingegen beschleunigen die Auswahl geeigneter Anbieter durch automatisierte Bewertungsarbeiten und darüber hinaus durch weitergehende Analysearbeiten, die einzelne Nachfrager selbst aus technischen oder wirtschaftlichen Gründen nicht leisten könnten. Potenziale liegen also hauptsächlich bei einer Prozessverkürzung und Erhöhung der Prozessqualität.

Diese Dienste helfen den Verladern bei der Überwindung der Ineffizienzen des Beschaffungsprozesses, die sich aus der Marktintransparenz für Logistik-Dienstleistungen ergeben.

Hinsichtlich der drei unterschiedlichen Beschaffungsfälle ergeben sich daraus folgende Implikationen. Für die *Spotlogistik* weisen Branchenverzeichnisse oder ähnliche Dienste nur ein geringes Verbesserungspotenzial auf, da hier eine große Anzahl Dienstleister zur Verfügung steht. Vergleichs- und Ratingdienste bringen jedoch z. B. durch eine automatisierte Lieferantenvorauswahl besonders hinsichtlich der Sonderbeschaffungsfälle eine deutliche zeitliche Prozessentlastung. Die meist durch einen höheren Vertragswert und eine längere Bindungsdauer charakterisierte *Kontraktlogistik* wird in der Informationsphase der Beschaffung besonders durch Dienste zur automatisierten Lieferantensuche und -auswahl für die Ausschreibung nach definierbaren Kriterien unterstützt. Bei der *Systemlogistik* bereitet die Identifikation von geeigneten Dienstleistern aufgrund der an diese gestellten hohen Anforderungen einen besonders großen Aufwand. Obwohl die Systemlogistik für die elektronische Beschaffung eher ungeeignet ist, stellt die automatisierte Suche, Auswahl und Bewertung geeigneter Dienstleister – sofern die Plattform die hohen Anforderungen abbilden kann – ein außerordentlich großes Potenzial dar.

Vereinbarungsphase

Auch für die Vereinbarungsphase ergeben sich aus den vorgestellten Instrumenten und Diensten Verbesserungsmöglichkeiten.

- So führen über *Buchungssysteme* gerichtete Anfragen an einen Anbieter durch die Echtzeitbearbeitung besonders schnell zu einer qualifizierten Antwort bei gleichzeitig geringem Kommunikationsaufwand. Eine weitergehende Reduzierung der Prozesszeit und Verbesserung der Prozessqualität kann durch die automatische Verknüpfung und Optimierung von Einzel- oder Verbundleistungen erzielt werden.
- Durch die elektronische Einstellung von Anfrage- und Angebotsdaten auf einer Plattform in Form einer *Ausschreibung* lassen sich Kommunikationsaufwand und -zeit reduzieren sowie in Kombination mit Ratingdiensten ein den eigenen Anforderungen entsprechender Adressatenkreis einbeziehen. Neben der Prozesseffizienzsteigerung und Prozessvereinfachung sind durch die erhöhte Markttransparenz niedrigere Einstandspreise zu erwarten.
- Über das Potenzial bei den Ausschreibungen führen der dynamische Preisbildungsmechanismus und die vereinfachte Kommunikation bei *Auktionen* i. d. R. in kürzerer Zeit zu noch günstigeren Einstandspreisen. Das Instrument der Auktion ist insbesondere bei sog. steigenden Märkten zu vermeiden, bei denen es durch das knappe Angebot zu steigenden Einstandspreisen kommen kann.

Die Potenziale der Instrumente und Dienste der Vereinbarungsphase lassen sich bezogen auf die unterschiedlichen Beschaffungsfälle folgendermaßen realisieren. Für die *Spotlogistik* ergeben sich durch den Einsatz von Buchungssystemen große Potenziale bezüglich der Prozesseffizienz, da die komplette Abwicklung einer Buchungsanfrage und –abwicklung in weniger als einer Minute möglich ist. Ein Preiswettbewerb findet bei Anwendung der Buchungssysteme nicht statt. Um von jeweiligen Tagespreisen zu profitieren, kann es durch den einfachen Kommunikationsaufwand jedoch wirtschaftlich sein, für jeden Bedarf eine erneute Anfrage zu tätigen. Durch die elektronische Abwicklung werden auch Ausschreibungen für die Spotlogistik rationell. Im Vergleich zu den Buchungssystemen wird zwar – durch den Preiswettbewerb und erweiterten Anbieterkreis – die Markttransparenz erhöht, gleichzeitig ist jedoch mit einer längeren Laufzeit zu rechnen. Auktionen erweitern noch den Preiswettbewerb und können zum Einen durch die begrenzte Laufzeit und zum Anderen durch die Prozessverkürzung – bei Zuschlag bei Laufzeitende entfallen die herkömmlichen Auftrags- und Bestätigungsschreiben – zu einer Zeitersparnis führen.

Bei der *Kontraktlogistik* sind die Verbesserungsmöglichkeiten durch den Einsatz von Buchungssystemen bei der Beauftragung begrenzt, da zum Abschluss eines Rahmenvertrages i. d. R. eine Vielzahl von Daten mit einem höheren Klärungs- und Abstimmungsbedarf als bei der Spotlogistik berücksichtigt werden muss. Auch bei der Ausschreibung von *Kontraktlogistik* sind nur eingeschränkt weitere Potenziale der Prozessbeschleunigung und -qualitätsverbesserung zu realisieren, da gemessen am Gesamtprozess die Übertragung der Anfragedaten an die Anbieter einen relativ geringen Aufwand darstellt. Potenziale sind im Wesentlichen durch das Erreichen eines größeren und leichter auszuwählenden Anbieterkreises sowie durch eine standardisierte Angebotsabfrage zu erreichen. Viel versprechend ist der Einsatz von Auktionen bei der Beschaffung von Kontraktlogistik, da neben einer Prozesskostensenkung der Preisdruck auf die Dienstleister erhöht wird, indem die Verlader bei gleich bleibenden Beschaffungsaufwand ihre Kontrakte in kürzeren Zeitabständen ausschreiben können.

Aufgrund der Komplexität, Individualität und meist Einmaligkeit der Beschaffung von *Systemlogistik* sind die elektronische Abbildung der Leistungen in standardisierten Abfrageroutinen und die Unterstützung des Vereinbarungsprozesses besonders schwierig. Potenziale können nur vereinzelt, z. B. durch Übertragung der Ausschreibungsunterlagen oder – falls durch die Plattform realisierbar – durch die Auswahl geeigneter Dienstleister erzielt werden.

Abwicklungsphase

In der Abwicklungsphase ergeben sich durch die Instrumente und Dienste folgende Potenziale:

- Das Potenzial der Clearing Center besteht in der automatisierten Erstellung, Übertragung und Organisation der für die Leistungserstellung notwendigen Dokumente und Zahlungsströme. Durch den Wegfall manueller Bearbeitungsschritte und die Vermeidung von Medienbrüchen wird die Prozesszeit und -qualität verbessert.
- Das Potenzial der *Vermittlungsdienste* liegt in der Umsetzung der sog. One-Stop-Shopping-Strategie, bei der im Zuge der Beschaffung der Logistikleistungen in vertrauter Umgebung gegebenenfalls benötigte Zusatzleistungen anderer Anbieter beschafft werden können.
- *Kollaborative Dienste* ermöglichen eine überbetriebliche Optimierung, die für den einzelnen Beteiligten ein besseres Ergebnis als die Einzeloptimierung bringen kann.
- Die Potenziale der *Telematischen Dienste* entstehen durch die erhöhte Transparenz, die sich durch die – auf den generierten Informationen basierende – Möglichkeit der Planung, Steuerung und Kontrolle der Leistungserstellung ergibt.

Bezogen auf die meist nur einmalig ablaufende Abwicklungsphase bei der *Spotlogistik* bringen Instrumente und Dienste, die eine vorausgehende Investition oder Anpassung der Systeme erfordern, nur bedingt neues Potenzial, wenn sie nicht wiederholt für Spotlogistikgeschäfte genutzt werden können. Die meist ohne Investitionen nutzbaren Potenziale Telematischer Dienste kommen jedoch bereits bei der *Spotlogistik* zum Tragen. Ein weit höheres Potenzial liegt bei der *Kontraktlogistik* bei der elektronischen Abwicklung der abgeschlossenen Rahmenverträge. Besonders für Clearing Center, Telematische Dienste und Kollaborative Dienste gilt, dass sich bei häufigen Abwicklungsdurchläufen die Einrichtungsaufwendungen der eigenen Systeme schneller amortisieren. Durch Einsatz der Kollaborativen Dienste können Kapazitäten und Restriktionen frühzeitig aufgezeigt, eingeplant und es kann auf Engpässe reagiert werden. Vermittlungsdienste hingegen haben aufgrund des Einsatzes von Rahmenverträgen in der *Kontraktlogistik* nur ein geringes Potenzial, da gegebenenfalls Zusatzdienste mit deren Anbieter direkt zu verhandeln sind. Die bei der Abwicklung der *Systemlogistik* erforderliche, besonders enge informationstechnische Anbindung an den Dienstleister geht i. d. R. mit einer direkten Systemanbindung im Rahmen des Supply Chain Managements einher. Dennoch bieten besonders die Clearing Center-, Telematischen und Kollaborativen Dienste einer Logistik-Plattform ergänzende Potenziale für die Systemlogistik.

Potenziale des E-Procurement

Die Betrachtung der Potenziale zeigt, dass durch das E-Procurement von Logistik-Dienstleistungen nicht nur die Prozessqualität gesteigert werden kann, sondern besonders den Ineffizienzen des Beschaffungsprozesses entgegengewirkt wird. Tabelle 1 stellt diese in einer Übersicht zusammen.

Tabelle 1. Potenziale der Instrumente und Dienste in den Markttransaktionsphasen

Phase	Dienst	**Spotlogistik**	**Standardisierte Kontrakt-logistik**	**Individuelle Systemlogistik**
		Potenzial	**Potenzial**	**Potenzial**
Informationsphase	**Branchen-verzeichnis**	gering	mittel	hoch
	Vergleichs-dienst	hoch	hoch	hoch
	Rating-Dienst	hoch	hoch	hoch
Vereinbarungsphase	**Buchungs-system**	hoch	gering	kein
	Ausschreibung	mittel	mittel	gering
	Auktion	hoch	hoch	kein
Abwicklungsphase	**Clearing Center**	gering	hoch	hoch mit Ein-schränkung
	Vermittlungs-Dienste	mittel	kein	kein
	Kollaborative Dienste	kein	hoch	hoch mit Ein-schränkung
	Telematische Dienste	hoch	hoch	hoch mit Ein-schränkung

Die Summe der Potenziale aller eingesetzten Instrumente und Dienste im jeweiligen Beschaffungsfall bildet das Potenzial des E-Procurement von Logistik-Dienstleistungen über insbesondere Logistik-Plattformen. In Abhängigkeit vom Betreibermodell der Logistik-Plattform können Verlader und Dienstleister mehr oder weniger ohne Einschaltung traditioneller Intermediäre, wie z. B. Spediteure, in Kontrakt treten. Da auch Logistik-Dienstleister als Nachfrager von Logistik-Dienstleistungen agieren, kann davon ausgegangen werden, dass die bisher aus Sicht der Verlader beschriebenen Potenziale des E-Procurement auch für diese gelten. Betrachtet man die äußerst geringen Margen bei Standardleistungen, verwundert es nicht, dass die ersten neutralen Marktplätze für Transaktionen zwischen Speditionsunternehmen und Frachtführern entstanden sind.

Fazit: Erfolgsfaktoren und Trends

Eine genaue Betrachtung der wichtigsten Erfolgsfaktoren und Trends im E-Procurement von Logistik-Dienstleistungen ist für einen langfristigen Erfolg entscheidend. Verlader sind im Allgemeinen nicht bereit, im Rahmen des E-Procurement mehr als zwei Plattformen zu verwenden. Aus diesem Grund müssen diese möglichst genau den Bedürfnissen entsprechend ausgewählt werden. Eine Auswahl der wichtigsten Erfolgsfaktoren und Trends ist in Abbildung 2 aufgezeigt.

Abb. 2. Erfolgsfaktoren und Trends bei Logistik-Plattformen

In der Praxis werden die Potenziale des E-Procurement von Logistik-Dienstleistungen bereits häufig realisiert und die internetbasierten Unterstützungssysteme haben sich größtenteils durchgesetzt. Eine Konsolidierung der Logistik-

Plattformen bei gleichzeitiger Ausweitung des Umfangs und der Leistungsfähigkeit der angebotenen Dienste ist zukünftig zu erwarten. Dies wird mit einem Ausbau der Kooperationen zwischen den Unternehmen und einer Verbesserung der Markttransparenz einhergehen.

Literatur

Baumgarten, H., Thoms, J. (2002): Trend und Strategien in der Logistik; Berlin 2002

Baumgarten, H. et al. (2002): Chancen und Risiken für Logistikdienstleister durch neue Beschaffungskonzepte – Endbericht Teil 1/2; www.e-logaustria.org/files/e-logaustria _Bericht_Teil1.pdf (20.10.2002)

Baumgarten, H.; Otto, M. (2003): Internetbasiertes E-Procurement von Logistik.-Dienstleistungen aus Sicht der verladenden Industrie; in: Baumgarten, H.; Wiedendahl, H.-P.; Zentes, J. (hrsg.): SpringerExpertenSystem Logistikmanagement – Strategien-Konzepte-Praxisbeispiele; Springer; Berlin et al. 2003; lfd. aktualisiert; Abschnitt 9.04.04; S. 1-15

Baumgarten, H.; Otto, M. (2003): Potenziale des internetbasierten E-Procurement von Logistik.-Dienstlesitungen aus Sicht der verladenden Industrie; in: Baumgarten, H.; Wiedendahl, H.-P.; Zentes, J. (hrsg.): SpringerExpertenSystem Logistikmanagement – Strategien-Konzepte-Praxisbeispiele; Springer; Berlin et al. 2003; lfd. aktualisiert; Abschnitt 9.04.05; S. 1-13

Brenner, W., Zarneckow, R. (2001): Electronic Procurement – Einsatzfelder und Entwicklungstrends; in: Hermanns, A., Sauter, M. (Hrsg.); Management Handbuch Electronic Commerce; Vahlen; München 2001; S. 487-502

Bundesverband Spedition und Logistik (BSL) (Hrsg.) (2000): Zahlen, Daten, Fakten aus Spedition und Logistik 2000; Bonn 2000

Polzin, D. W., Lindemann, M. A. (1999): Evolution elektronischer Märkte in Güterverkehr und Logistik; in: Wirtschaftsinformatik; 41 Jg. (1999) Heft 6; S. 526-537

Wirtz, B. W. (2001): Electronic Business; Gabler; Wiesbaden 2001

Anlaufmanagement in der Supply Chain

Jörg Risse[1]

Steigende Kundenanforderungen, zunehmende Variantenvielfalt, rasch fortschreitende Entwicklungen in den Informations- und Kommunikationssystemen und ein globaler, dynamischer Wettbewerb zwingen die Unternehmen zur permanenten Anpassung ihrer Unternehmensstrategien. Insbesondere die Entwicklung neuer Produkte nimmt dabei eine herausragende Stellung für die Wettbewerbsfähigkeit eines Unternehmens ein. Neben Kosten- und Qualitätsgrößen wird die Time-to-Market zur kritischen Determinante bei der Produktentwicklung und folglich des Unternehmenserfolges. Denn empirische Untersuchungen belegen, dass aus einer Verschiebung des Markteintritts um sechs Monate eine Reduzierung des Product-life-Cycle-Ertrages um 40% resultieren kann. Damit befinden sich die Unternehmen in dem Dilemma, die Produktentstehungszeit bei stetig sinkender Produktlebenszeit und gleichzeitig steigenden Kosten verkürzen zu müssen. Insbesondere die sinkende Entwicklungstiefe führt zu tief strukturierten Netzwerken, in denen Lieferanten und Logistik-Dienstleister koordiniert werden müssen.

Es fehlt heute an Methoden mit denen ein turbulenzfreier und beschleunigter Produktentstehungsprozess erreicht werden kann. Dabei sind insbesondere diejenigen Logistik-Dienstleister gefragt, die über langjähriges Know-how bei Versorgungsprozessen für den Prototypenbau und Serienanlauf verfügen. Diese Logistik-Dienstleister sind prädestiniert, steuernde und koordinierende Aufgaben im nachfolgend beschriebenen Leistungsfeld wahrzunehmen und sich somit ein neues Geschäftsfeld zu erschließen.

Wirkungsszenario der Produktentstehung

Die Kontraktion der Marktzyklen resultiert aus einer kundenwunschbedingten Erhöhung der produkt- und technologiebezogenen Änderungsraten und führt damit zu einem schnellen Veraltern der am Markt befindlichen Produkte durch neue Substitute. Solange die Kunden den Innovationsfortschritt honorieren, ist der Trend nachhaltig und eine entsprechend ausgerichtete Strategie erfolgreich. Gleichzeitig ist heute die Entwicklung festzustellen, dass Unternehmen in vielen Branchen den Zeitraum von der Produktidee bis zur Markteinführung, also die sogenannte Time-to-Market drastisch reduzieren. Sie beabsichtigen damit die Vor-

---

[1] Partner der Visality Consulting GmbH, Berlin

aussetzung dafür zu schaffen, später mit der Entwicklung zu beginnen, um einen frühen Markteintritt für die Innovationen sowie die Schutzfähigkeit der Produkte sicherzustellen. So realisieren beispielsweise japanische Automobilunternehmen gegenüber deutschen und amerikanischen Unternehmen eine um rund 30% kürzere Produktentstehungszeit. Diese durch japanische Hersteller ausgelöste Dynamik führte dazu, dass auch die anderen Automobilhersteller gezwungen waren, sukzessive ihre Produktentstehungszeiten zu reduzieren. Denn es besteht wegen der sinkenden Produktlebenszeiten und der immer kürzer werdenden Time-to-Market für die Markteintrittsfolger das Risiko, dass sie ihre Investitionen in das Entwicklungsprojekt nicht vollständig amortisieren. Um diesem Dilemma der Produktentstehung zu entweichen, ist es notwendig, die Zeittreiber in dem Prozess der Produktentstehung zu identifizieren, um Ansatzpunkte zur Steigerung der Prozesseffizienz und -effektivität zu erhalten. Hierzu wird im Folgenden der Produktentstehungsprozess hinsichtlich seiner Teilprozesse strukturiert und beschrieben.

Prozessmodell der Produktentstehung

Der Produktentstehungsprozess wird an dieser Stelle nicht durch sequenziell ablaufende und funktional getrennte Aufgabenpakete strukturiert, sondern auf Basis der Prozessorganisation durch Teilprozesse gegliedert. Durch die Umsetzung des Prozesskettenmanagements wird die statisch-institutionelle Betrachtungsweise abgelöst von einer quer dazu verlaufenden, aktivitätenorientierten Sichtweise. Der Produktentstehungsprozess lässt sich in vier Prozesse gliedern, so dass sich das in Abbildung 1 dargestellte produktentstehungsspezifische Prozessmodell ergibt. Dabei wird zur besseren Darstellung des Gesamtprozesses ein idealtypisches Modell unterstellt, das eine lineare Abfolge der Teilprozesse und ein sequenzielles Abarbeiten der einzelnen logisch aufeinander aufbauenden Prozess-Schritte berücksichtigt.

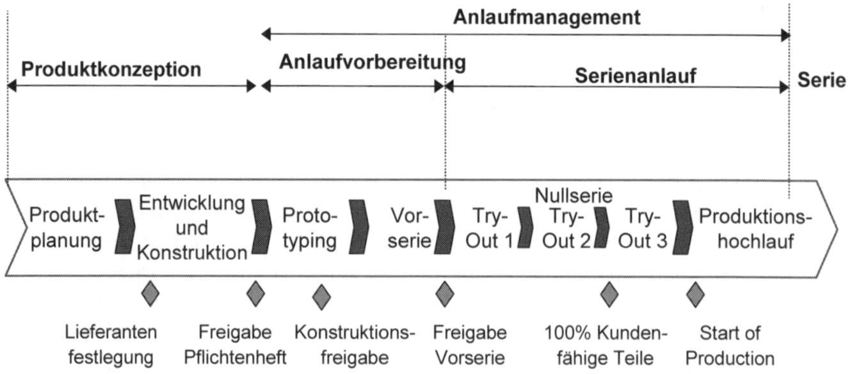

Abb. 1. Prozessmodell der Produktentstehung (Risse 2002)

In der Produktplanung steht die Konkretisierung und Überführung der Innovations- bzw. Produktidee in ein Entwicklungsobjekt im Vordergrund. Auf der Basis eines Projektauftrages für ein Produktkonzept wird hier bereits dessen Entstehungsprozess konzeptionell geplant. Anschließend werden die Produkteigenschaften festgelegt. Das Ergebnis der Konstruktion sind umfassende Konstruktionspläne und -stücklisten, die eine Transformation des Produktes von der Papierform in die Realität ermöglichen. Daran schließt sich der Bau und das Testen von Prototypen an. Die Ergebnisse des Prototypenbaus werden in mehreren Stufen in die Produktion überführt. Dies erfolgt in der so genannten Pilotphase, die den Charakter einer Generalprobe hat und neben der Funktionsprüfung der Werkzeuge bzw. der Fertigungsverfahren auch zur Einarbeitung der Mitarbeiter in die neuen Produktionsprozesse dient. Es schließt sich der Produktionshochlauf an, in dem sukzessive die Produktivität erhöht und eine abgesicherte Produktion angestrebt wird.

In diesen beschriebenen Phasen der Produktentstehung können prozessbezogene Ursachen, sogenannte Zeittreiber, für eine Verlängerung der Time-to-Market identifiziert werden. Diese unstrukturierten Zeittreiber werden zu den fünf Aktionsfeldern Produktkonzept, Organisation, Netzwerke, entwicklungstechnische Basisinstrumente und Human Resources zugeordnet. Innerhalb dieser fünf Aktionsfelder werden heutzutage Methoden eingesetzt, deren Wirkungsweisen in Bezug auf das Time-to-Market-Management in Tabelle 1 wiedergegeben sind.

Interorganisationale Gestaltung der Logistik im Produktentstehungsprozess

Im Rahmen des Produktentstehungsprozesses sind rund 40% der Ursachen, die zu einer Verlängerung der Time-to-Market führen, auf eine unzureichende bzw. zu späte Berücksichtigung logistischer Prozesse zurückzuführen. Die in der Tabelle 1 dargestellten Methoden leisten nur partiell einen Lösungsansatz zu dieser Problematik. Zudem ist die methodische Unterstützung in der Realisierungsphase geringer als in der Konzeptionsphase. Dabei besteht vor dem Hintergrund der vorhandenen Probleme und der Bedeutung des Serienanlaufs als Kristallisationspunkt für eine effiziente und effektive Produktneueinführung besonderer Handlungsbedarf für die Unterstützung der Realisierungsphase. In diesem Zusammenhang kommt der Logistik eine strategische Bedeutung zu, weil sie:

- als Querschnittsfunktion zum verbindenden Glied zwischen Produktentwicklung und Produktion wird,
- sämtliche zur Erstellung eines Produktes notwendigen Informations- sowie Materialflüsse zeit-, kosten- und qualitätsgerecht plant, koordiniert und steuert und als Treiber maßgeblich zur unternehmensübergreifenden Integration der Lieferanten und Logistik-Dienstleister beiträgt.

Tabelle 1. Maßnahmen zur Verkürzung der Time-to-Market (Risse 2002)

Aktionsfelder	Wichtige Einzelmaßnahmen	Verkürzung der Time-to-Market durch...
Produktkonzept	▪ Vereinfachung der Funktions- und Systemstruktur ▪ Produktmodularisierung ▪ Gleich- und Normteile ▪ Vermeidung von Konzeptänderungen	→ Vermeidung von unnötigen Aktivitäten und Iterationen → evtl. Beschleunigung von Teilprozessen
Organisation	Aufbauorganisation ▪ Prozessorientiertes Projektmanagement ▪ Abbau von Hierarchiestufen ▪ Agile Geschäftseinheiten ▪ Reduzierung der Schnittstellen ▪ IuK-Systeme ▪ Einsatz interdisziplinärer Entwicklungsteams ▪ Design Reviews	→ Vermeidung unproduktiver Warte- und Leerzeiten → Durchgängigkeit der Prozesse → Parallelisierung von Teilprozessen → Beschleunigung von Teilprozessen
	Ablauforganisation ▪ Zeitliche Überlappung bzw. Parallelisierung von Teilprozessen ▪ Änderungsorganisation	→ Vermeidung von unnötigen Aktivitäten und Iterationen → evtl. Beschleunigung von Teilprozessen → Vermeidung unproduktiver Warte- und Leerzeiten
Entwicklungs- und Produktionsnetzwerke	▪ Zukauf von Drittleistungen ▪ Kooperationen ▪ Unternehmensübergreifendes Management	→ Parallelisierung von Teilprozessen → Beschleunigung von Teilprozessen → Vermeidung von unnötigen Aktivitäten und Iterationen
Entwicklungstechnische Informationssysteme	▪ CAD/CAE ▪ Digital Mock-up ▪ Rapid Prototyping ▪ virtuelle Werkzeugmaschinen	→ Vermeidung unproduktiver Warte- und Leerzeiten → Durchgängigkeit der Prozesse → Parallelisierung von Teilprozessen → Beschleunigung von Teilprozessen → Verbesserung des Datenaustausches
Human Resources	▪ Leistungsbereitschaft ▪ Erhöhung der Motivation ▪ Personalentwicklung ▪ Erhöhung der Qualifikation ▪ Erhöhung des Teamgeistes	→ Verminderung der Leer- und Wartezeiten → Beschleunigung von Teilprozessen → Verbesserung der Kommunikation

Die Individualisierung der Produkte, die Differenzierung des Produktsortiments und die sinkende Entwicklungs- und Fertigungstiefe implizieren neue Anforderungen an die Unternehmensprozesse. Die logistische Steuerung der Produktentstehungsprozesse wird folglich integraler Bestandteil eines ganzheitlichen Managementansatzes.

Zu den Aufgaben der Vorserienlogistik zählt, die termingerechte Beschaffung und Verwendbarkeit von Teilen entsprechend den Kundenanforderungen bis zum sogenannten Start-of-Production sicherzustellen. Gegenüber der Aufgabenstellung der Serienlogistik, die sich nicht nur an Reichweiten und optimalen Bestellzeitpunkten orientiert, sondern auch durch die Minimierung der Beschaffungsdauer sowie der termingerechten Bereitstellung zur Reduzierung der Gesamtkosten beiträgt, ist die Vorserienlogistik eher *technikorientiert*. Hier steht bei allem Kostenbewusstsein die Optimierung der Prozesszeiten innerhalb des Produktentstehungsprozesses im Fokus des Managements. Die Sicherstellung sowohl der wirtschaftlichen und termingerechten Durchführung von Try-outs als auch des bedarfsgerechten Aufbaus von Prototypen sowie Vorserienfahrzeugen ist eine der wesentlichen Voraussetzungen für einen effizienten Produktentstehungsprozess. Grundlagen der Planung bilden verlässliche Termin- und Lieferortaussagen, abgesicherte Konstruktionsstände und eine Bereitstellung der Bauteile entsprechend dem geforderten Servicegrad.

Die für die Durchführung der Try-outs und Fahrzeugversuche notwendige Koordination sämtlicher Material- und Informationsflüsse wird durch die Vorserienlogistik des Herstellers über alle Stufen des Lieferantennetzwerkes und in Abstimmung mit den Logistik-Dienstleistern sichergestellt. Die Abwicklung der Prototypen wird mit den Lieferanten abgestimmt und Entscheidungszustände werden über die Produktentwicklung dokumentiert. Die Vorserienlogistik stimmt die Kapazitätsplanung mit den Entwicklungspartnern auch im Hinblick auf den Musterbau ab. Ab der Prototypenphase bis zur Serienphase veranlasst die Vorserienlogistik eine termingerechte Teilebereitstellung gemäß der im Meilensteinplan vereinbarten Aufbauzustände. Sie sorgt für eine Entlastung der Entwicklung durch die Bündelung der logistischen Aktivitäten. So verfolgt die Vorserienlogistik den Auftragsstatus, stellt Termininformationen zur Verfügung, führt die Machbarkeitsprüfung und die Bestellabwicklung durch, übernimmt die Lieferanten und Logistik-Dienstleisterbetreuung sowie unterstützt aus dem laufenden Tagesgeschäft heraus die Stücklistenvollständigkeit. In der Serienanlaufphase ist die Vorserienlogistik der Sicherungsfaktor für Teile mit geringem Reifegrad. Sie dient zur Sicherstellung der Vorleistung und Unterstützung der Serienlogistik. Zudem gewährleistet sie die Prozess- und Produktfähigkeit der Lieferanten.

Gestaltungsrahmen für ein logistikorientiertes Anlaufmanagement

Die übergeordnete Zielsetzung des Serienanlaufs ist die Bereitstellung der zum Zeitpunkt der Markteinführung geforderten Produktionsstückzahlen zu den gesetzten Kosten und in der vom Kunden verlangten Qualität. Aus dieser Zielsetzung ergeben sich folgende Anforderungen an das Anlaufmanagement:

- Begrenzung der Anlaufrisiken im Bereich der Produkt- und Prozesstechnologie,
- Harmonisierung und Abstimmung der gewerkspezifischen Anforderungen sowie der Lieferantenbelange,
- Integration des Logistik-Dienstleisters in die Prozesse der Produktentstehung
- Dokumentation und Weitergabe von spezifischem Wissen aus vorherigen Anläufen,
- frühes Erkennen und rechtzeitiges Einleiten von Maßnahmen bei kritischen Teilen,
- Minimierung der Anlaufkosten und
- Sicherstellen der Versorgung mit Bauteilen.

Fehler oder Zuverlässigkeitsprobleme, die während der Markteinführung auftreten, können Image und Reputation des Herstellers schädigen, so dass sich die Amortisationsdauer der getätigten Investitionen für den Bau eines neuen Produktes verlängert. Um Verluste zu minimieren, muss die Anlaufkurve, d.h. die Entwicklung des Produktionsoutputs, folglich steil verlaufen. Damit geht jedoch die Gefahr von Qualitätseinbußen einher, die durch die Abstimmung und Koordination der einzelnen Stufen der Produktentstehung deutlich reduziert werden kann. Die Methoden des logistikorientierten Anlaufmanagements (siehe Abb. 2) greifen diese Herausforderungen auf, verzahnen sich miteinander und erhöhen die Effizienz und Effektivität des Produktentstehungsprozesses.

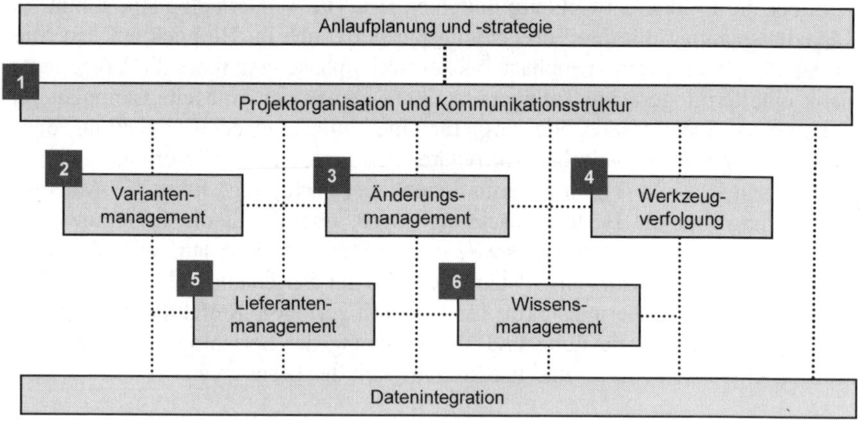

Abb. 2. Methoden des logistikorientierten Anlaufmanagements (Risse 2002)

Variantenmanagement

Das Variantenmanagement zielt auf eine gestaffelte Reduzierung der Varianten, um die Komplexität in den Produktions- und Logistik-Prozessen handhabbar zu machen. Die Produktionsprozesse laufen stabiler, und es kann eine höhere Anzahl an Fahrzeugen zum Zeitpunkt der Markteinführung zur Verfügung gestellt werden. Darüber hinaus wird durch die steilere Anlaufkurve die Kammlinienstückzahl schneller erreicht. Die Schulung der Mitarbeiter erfolgt sukzessive und ist daher weniger komplex.

Änderungsmanagement und Werkzeugverfolgung

Die beiden Methoden sichern die Transparenz hinsichtlich der Reifegrade, Terminstände und Kostensituation im Rahmen der Produktentstehung. Sie übernehmen weiterhin eine Frühwarnfunktion und zeigen damit Handlungsbedarf auf, wenn ausgewählte Kennzahlen außerhalb der gesetzten Ziele laufen. Durch die mit den Lieferanten abgestimmten Prozesse stabilisieren die Methoden den Produkterstellungsprozess nachhaltig und sorgen im Notfall für die notwendige Anpassungsflexibilität. Des Weiteren tragen sie zur termingerechten Bereitstellung der Bauteile und Werkzeuge bei, damit bereits zum Zeitpunkt des ersten Try-out Serienbauteile eingesetzt werden. Somit dient es nicht nur zur Einhaltung der geplanten Time-to-Market, sondern verkürzt im Idealfall auch die Produktentstehungszeit.

Lieferantenmanagement

Durch das Lieferantenmanagement werden die Zulieferer frühzeitig in den Produktentstehungsprozess eingebunden, um ihr produktspezifisches Entwicklungs- und Produktions-Know-how einzubringen. Dem entstehenden Koordinierungsbedarf an den Unternehmensschnittstellen wird durch Umsetzung von unternehmensübergreifenden IT-Systemen entgegengewirkt. Hierdurch entsteht gleichzeitig eine Datentransparenz über Reifegrade, Terminstände, Verfügbarkeiten und Kosten, auf deren Basis eine Steuerung der Lieferanten hinsichtlich vereinbarter Ziele möglich wird. Durch das Logistik-Audit und die Erstmusterprüfung werden die kritischen externen und internen Lieferanten identifiziert und kontrolliert. Das Lieferantenmanagement trägt durch präventive Methoden der Problemerkennung zu einem gesicherten Serienanlauf bei.

Projektorganisation und Kommunikationsstruktur

Die Koordination und Kontrolle des Gesamtprojektes lässt sich durch die Umsetzung der Projektorganisation mit definierten Verantwortlichkeiten, einem mit umfangreichen Kompetenzen ausgestatteten Anlaufmanager und durch die Implementierung einer Regelkommunikation mit IT-gestütztem Problemlösungsmanagement verbessern. Gleichzeitig erfolgt die Realisierung einer Informationsplattform für Personen und Organisationseinheiten, die am gleichen Produkt arbeiten, aber organisatorisch nicht zusammengehören. Durch die entstehende Informationstransparenz können Fehler frühzeitig erkannt und entsprechende Gegenmaßnahmen eingeleitet werden. Zudem wird die Zusammenführung und Rückkopplung von Expertenwissen in den einzelnen Projektorganisationseinheiten durch eine fachübergreifende Know-how-Integration erreicht. Zusammenfassend lässt sich feststellen, dass eine funktionierende Projektorganisation mit einer lebendigen Projektkultur eine der wesentlichen Bausteine für ein erfolgreiches Anlaufmanagement ist.

Wissensmanagement

Durch die Einführung von Wissensmanagement- und Expertensystemen wird Erfahrungswissen im Unternehmen aufgebaut und den zukünftigen Projekten zur Verfügung gestellt. Damit ist es möglich, Fehler und Doppelarbeiten zu reduzieren sowie Probleme wegen des vorliegenden Erfahrungswissens schneller zu beseitigen. Letztlich resultiert aus der Anwendung von Wissensmanagementsystemen nicht nur eine Einsparung an finanziellen und personellen Ressourcen, sondern vor allem eine Beschleunigung des Produktentstehungsprozesses.

Internetbasierte Datenintegration

Für die Automobilhersteller gewinnt die Zusammenarbeit mit den Lieferanten, insbesondere mit den Modul- und Systemlieferanten immer mehr an Bedeutung. Diese Entwicklung macht eine intensive produkt- und prozessbezogene Kommunikation, insbesondere bezogen auf dynamische Stücklisten und den Austausch von Planungsdaten zwischen Lieferanten, Logistik-Dienstleistern und Herstellern notwendig. Die logistische Abstimmung erfordert nicht nur neue Prozesse, Strukturen und Verantwortlichkeiten, sondern gleichzeitig auch eine ganzheitliche Betrachtung der gesamten Entwicklungs- und Wertschöpfungskette. Das wird durch die Realisierung von Supply Chain Management-Konzepten erreicht, die als wesentliche Zielsetzung die Erhöhung der Informationstransparenz über die gesamte Tiefe der logistischen Kette verfolgen. Die Transparenz ergibt sich durch die gegenseitige Einsichtnahme in die zur Planung und Steuerung notwendigen Informationen, insbesondere von Konstruktionsständen, Beständen, Bedarfen und Lieferservicegraden vom Hersteller bis zum n^{th}-tier-Lieferanten. Grundvoraussetzung hierfür ist informatorische Offenheit aller Beteiligten der Lieferkette, woraus sich eine der wesentlichen Restriktionen für die erfolgreiche Umsetzung eines solchen Konzeptes in Form der Definition bzw. Verhandlung eines Grades an Transparenz ergibt. Die zeitnahe Verfügbarkeit dieser Daten ermöglicht einen verbesserten Teilebereitstellungs- und Produktionsplanungsprozess. Erforderlich für die Realisierung derartiger Konzepte sind IT-Systeme, die unter Einsatz des Internets schnittstellenunabhängig arbeiten und eine Integration der vielfältigen IT-Landschaften erlauben. Hierdurch wird eine Informationstransparenz geschaffen, die im Idealfall auch eine Kommunikation in Echtzeit ermöglicht.

Fazit und Ausblick

Die Time-to-Market wird neben Kosten- und Qualitätsgrößen zur kritischen Determinante bei der Produktentwicklung und folglich des Unternehmenserfolges. Der Logistik kommt in diesem Zusammenhang eine wichtige Bedeutung zu, da sie als Querschnittsfunktion zum verbindenden Glied zwischen Produktentwicklung sowie Produktion einerseits und internen Funktionen sowie externen Partnern andererseits wird. Mit der Entwicklung von Methoden für das logistikorientierte Anlaufmanagement wird ein Gestaltungsrahmen zur Reduzierung der Time-to-Market aufgespannt, der die frühzeitige Berücksichtigung von wesentlichen Erkenntnissen gewährleistet, Spielregeln für die Zusammenarbeit festlegt und die Einzelprozesse der Fahrzeugentstehung synchronisiert. Aus dem logistikorientierten Anlaufmanagement ergeben sich für Logistik-Dienstleister nicht nur neue Anforderungen sondern auch neuartige Leistungsfelder und somit Umsatzpotenziale sowie Marktchancen.

Literatur

Albers, S.; Eggers, S. (1991): Organisatorische Gestaltungen von Produktinnovationsprozessen – Führt der Wechsel des Organisationsgrades zu Innovationserfolg?; in: zfbf; 43. Jg. (1991); Heft 1;S. 44

Baumgarten, H; Risse, J. (2001): Logistikbasiertes Management des Produktentstehungsprozesses; in: Hossner, R. (Hrsg.): Jahrbuch der Logistik 2001; Düsseldorf 2001; S. 152

Clark, K.; Fujimoto, T. (1992): Automobilentwicklung mit System – Strategie, Organisation und Management in Europa, Japan und USA, deutsche Übersetzung von "Product Development Performance"; Frankfurt/M., New York 1992; S. 112

Hofmann, K.; Bungard, W. (1996): Anlaufmanagement am Beispiel der Automobilindustrie; in: Bullinger, H. J.; Warnecke, H. J. (Hrsg.): Neue Organisationsformen im Unternehmen; Berlin 1996; S. 1085

Klinkner, R.; Risse, J. (2002): Time-to-Market-Management im Maschinenbau; in: industrie Management; 18. Jg. (2002); Nr. 5; S. 23-26

Risse, J.; Stommel, H. (2001): Zulieferer-Netzwerke sind die Organisationsform der Zukunft; in: Verband der Automobilindustrie e.V. (Hrsg.): Branchenreport Automobilzulieferer; Frankfurt 2001; S. 20–21

Risse, J. (2002): Time-to-Market-Management in der Automobilproduktion – Ein Gestaltungsrahmen für ein logistikorientiertes Anlaufmanagement; Dissertation, Technische Universität Berlin; Berlin 2002

Smith, P. G.; Reinertsen, D. G. (1991): Developing Products in Half the Time; New York 1991; S. 11 f

Kreislauforientierte Entsorgungslogistik

Christian Schneiders[1], Thomas Sommer-Dittrich[2] und Norbert Storch[3]

Der gesellschaftliche Paradigmenwechsel während der 1980er und 1990er Jahre hat bis heute weitreichende Auswirkungen auf Wirtschaft und Wissenschaft. Der Wunsch nach einer nachhaltigen und ökologischen Wirtschaftsweise manifestierte sich wesentlich in Form der Umsetzung des Kreislaufwirtschaftsgesetzes (KrWG) im Jahre 1994. Mit dieser neueren Gesetzgebung wurde der Forderung nach einer ressourcenschonenden Kreislaufwirtschaft ein maßgeblicher Ordnungsrahmen gegeben, dem im Folgenden zahlreiche Detailregelungen für unterschiedliche Produkt- /Abfallspektren folgten. Per Verordnung wird es der Bundesregierung durch das KrWG ermöglicht, beispielweise die Produktverantwortung des Herstellers im Detail zu regeln (Baumgarten et al. 2003b).

Ein Kernaspekt dieser Gesetzgebung ist es, diejenigen Institutionen in die Pflicht zu nehmen, die Erzeugnisse entwickeln, herstellen, be- und verarbeiten oder vertreiben (§§ 22ff. KrW-/AbfG „Produktverantwortung"). Zu diesen Rechtsverordnungen gehören unter anderen die Altautoverordnung, die Verpackungsverordnung, die FCKW-Halon-Verbotsverordnung und die Batterieverordnung (Baumgarten et al. 2003d).

Neben der Nationalen Gesetzgebung hat die europäische Legislative zunehmend Einfluss auf die Entsorgungslogistik. Sie steckt, wie beispielsweise durch die europäische Direktive für Elektro- und Elektronikaltgeräte (WEEE-Direktive) im Februar 2003 geschehen, den Ordnungsrahmen für die nationalen Regelungen. Neben der Zersplitterung des Entsorgungsmarktes in einzelne Produktspektren durch oben genannte Regelungen, gibt es einen weiteren relevanten Trend, der in der Bundesrepublik Deutschland im Wesentlichen durch die kartellrechtlichen Behörden maßgeblich beeinflusst wird. War das Abfallaufkommen der privaten Haushalte in der Vergangenheit durch eine Andienungspflicht an die Öffentlich-rechtlichen Entsorger aus dem Grunde der Daseinsvorsorge der Öffentlichen Hand geprägt, so sind heute diejenigen Produktgruppen, die aus dieser Andienungspflicht herausgenommen werden, kartellrechtlichen Bestimmungen unterworfen (Baumgarten et al. 2003c).

---

[1] Wissenschaftlicher Mitarbeiter am Bereich Logistik, Institut für Technologie und Management, Technische Universität Berlin

[2] Wissenschaftlicher Mitarbeiter am Bereich Logistik, Institut für Technologie und Management, Technische Universität Berlin

[3] Geschäftsführer der BRAL Reststoff-Bearbeitungs GmbH, Berlin

Die folgende Abb. 1 gibt einen Überblick über die komplexen rechtlichen Regelungsmechanismen, die die Entsorgungslogistik tangieren.

	Instanz	Instrument	Gegenstand und Reichweite	Beispiel Entsorgungslogistik
Subsidiarität	EU	Verfassung	Regelung der Aufgabenbereiche, für deren Regelung die EU zuständig ist	EWGV von 1957, erweitert durch EEA von 1986 und EUV von 1992
		Verordnungen	Allgemeingültig, für jeden Mitgliedsstaat unmittelbar verbindlich	Europäischer Abfallkatalog (EAK)
		Richtlinien	Allgemeingültig, Form und Mittel der Umsetzung durch Mitgliedsstaat	EU-Abfallrichtlinie 91/156/EWG
		Entscheidungen	Einzelakte, betreffen Mitgliedstaaten, die direkt davon angesprochen sind	Entscheidung zur Überprüfung des DSD
Konkurrierende Gesetzgebung	Bund	Verfassung	Regelung allgemeiner Grundlagen, insbesondere Grundrechte und Macht	Grundgesetz, insbesondere Art. 24 GG
		Gesetze	Rahmenregelung durch Legislative im aufwändigen Gesetzgebungsverfahren	Kreislaufwirtschafts- und Abfallgesetz (KrW-/AbfG), BImschG
		Verordnungen	Regelung durch Exekutive im vereinfachten Verabschiedungsverfahren	EntsorgungsfachbetriebsVerordnung (EfbV), VerpackungsVerordnung, NachweisVerordnung (NachwV) für besonders überwachungsbedürftige Abfälle
		Verwaltungsvorschriften	Anordnungen als Anleitung für Genehmigungs-/ Vollzugsbehörden	Technische Anleitung zur Verwertung, Behandlung ..von Siedlungsabfall (TASi)
	Land	Landesrecht	Bundesauftragsverwaltung und eigene Rechtsvorschriften innerh. Rahmeng.	Landesabfallgesetz (LandesAbfG), LandesImschG
	Kommune	Kommunalrecht	Regelung von konkreten Pflichten, Gestaltungsformen und Kostensätzen	Satzungen von Kreisen, Gemeinden und Zeckverbänden zur Entsorgung

Abb. 1. Umweltrecht als Rahmen der Entsorgungslogistik

Mit den dargestellten Entwicklungen einhergehend erfuhr die Entsorgungslogistik eine Wachstumsphase während der ersten Hälfte der 1990er Jahre, in der sie sowohl wissenschaftlich weiterentwickelt als auch von den Unternehmen als relevanter Wettbewerbsfaktor erkannt worden ist.

Die Entsorgungslogistik erfährt dadurch eine zunehmende Bedeutung, indem neue, spezialisierte Logistik-Technologien mit prozessorientierten Managementansätzen verschmolzen werden. Es sind daher während der gesamten Prozesskette proaktive entsorgungslogistische Konzepte zu entwickeln, um am Markt erfolgreich tätig sein zu können. Die Aufgabe der Entsorgungslogistik-Dienstleister besteht genau darin, solche Konzepte für ihre Kunden zu entwickeln. Die Kunden sind dabei mehr und mehr die Produktverantwortlichen und somit die Hersteller, Importeure oder In-Verkehr-Bringer von Produkten und nicht mehr Öffentlich-rechtliche Entsorgungsunternehmen. Somit erfährt der Kostengesichtspunkt eine zunehmende Bedeutung, da die Entsorgungskosten dem Produzenten/In-Verkehr-Bringer angelastet werden (Ivisic u. Schneiders 2001).

Anforderungen an Entsorgungslogistik-Dienstleister

Die Entsorgungslogistik-Dienstleister sind gefordert, die vorhandenen, strategischen, managementorientierten Konzepte der Entsorgungslogistik und die Ansätze des Supply Chain Managements zu nutzen, um Entsorgungsprozessketten zu optimieren und zu rationalisieren. Damit dies möglich wird, müssen die Unternehmen zwei wesentliche Dinge umsetzen. Zum einen müssen sie die Entsorgungslogistik als Managementaufgabe implementieren und zum anderen die operative Funktionsorientierung der Entsorgung durch eine strategische Prozessorientierung ablösen. Der konzeptionelle Ansatz einer strategisch ausgerichteten, managementorientierten ganzheitlichen Entsorgungslogistik als integraler Bestandteil der Unternehmenslogistik ist in der Abb. 2 dargestellt und wird im Folgenden kurz erläutert.

Die Prozesskette Entsorgung verbindet die im klassichen Prozesskettenmodell abgebildeten Prozessketten Entwicklung, Versorgung und Auftragsabwicklung zu einem Prozesskreislauf.

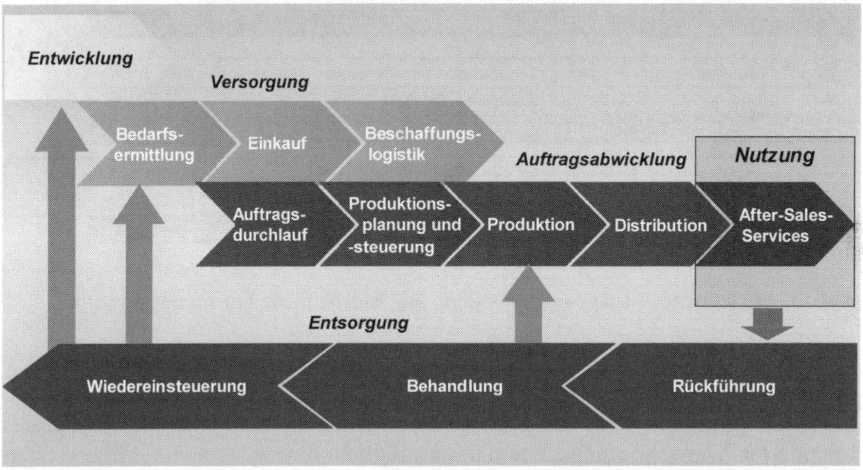

Abb. 2. Entsorgungslogistik im Prozesskettenmodell

Vorrangig für Produktionsunternehmen stellt die Entsorgungslogistik eine innerbetriebliche Stützfunktion dar. Hierbei müssen in erster Linie Standardprozesse und Nahtstellen definiert sowie zweckmäßige Systeme eingesetzt und gesteuert werden.

In der entsorgungslogistischen Komponente des strategischen Logistik-Managements werden zum einen die grundsätzlichen Unternehmensphilosophien für den Bereich der Entsorgungslogistik und zum anderen die langfristigen entsorgungslogistischen Zielsetzungen formuliert und festgelegt. Dabei werden auch die generellen Strategien der Entsorgungslogistik fixiert, die mögliche Wege zur Erreichung dieser Ziele aufzeigen. Auf diesen strategischen Managementvorgaben basierend werden innerhalb der dispositiven Entsorgungslogistik unter Einbeziehung von Rückkopplungsmechanismen Konzepte entwickelt und realisiert, die eine Erreichung der langfristigen entsorgungslogistischen Zielsetzungen sicherstellen (Hesselbach et al. 2001a). Außerdem werden innerhalb dieser dispositiven Ebene sämtliche im Rahmen der Konzepte erarbeiteten entsorgungslogistischen Abläufe und Systeme gesteuert.

Innerhalb der operativen Entsorgungslogistik werden die physischen Logistikaufgaben, Sammlung, Transport, Umschlag, Lagerung und Kommissionierung bzw. Chargenbildung bezüglich der gesamten anfallenden Altgüter-, Komponenten-, Teile-, Wertstoff- und Reststoffströme abgewickelt. Darüber hinaus müssen all diese physischen Aufgaben innerhalb der operativen Entsorgungslogistik anhand von Entsorgungskennzahlen überwacht und optimiert werden. (siehe Abb. 3)

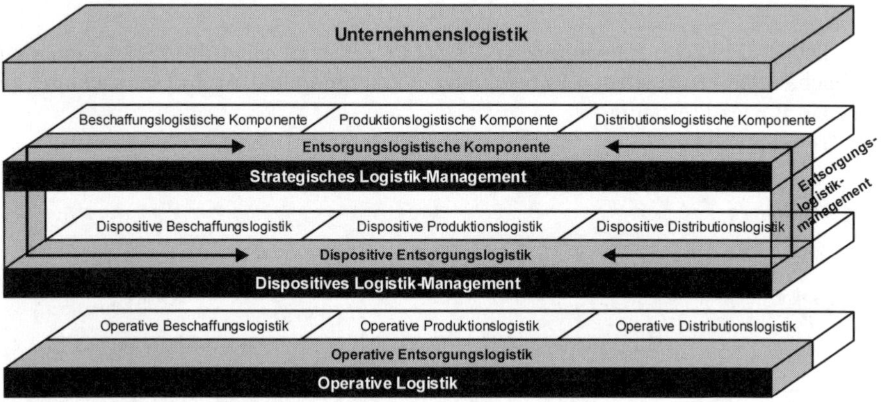

Abb. 3. Strategische, managementorientierte und ganzheitliche Entsorgungslogistik

Der Trend in der Versorgungslogistik, schlanke Prozessketten unter Berücksichtigung von Zeit- und Qualitätsaspekten im Sinne des Supply Chain Managements zu gestalten, führt zu einer ganzheitlichen Betrachtung der am Kunden orientierten Wertschöpfungskette. Dies ermöglicht eine systempartnerübergreifende Optimierung und Erschließung von erheblichen Einsparpotenzialen. Eine derartige Entwicklung ist auch für den Bereich der Entsorgungslogistik zwingend erforderlich, jedoch besteht in den aktuellen Entsorgungssystemen noch erheblicher Handlungsbedarf.

Aus diesem Grund muss die Entsorgungslogistik, ebenso wie die Versorgungslogistik, unter dem Gesichtspunkt der Prozesskettenoptimierung gestaltet, d.h. nicht mehr funktional gegliedert, sondern auf der Basis von entsorgungslogistischen Prozessen als eine übergreifende Prozesskette entwickelt werden (Emmermann u. Schneiders 2002).

Potenziale des Strategischen Entsorgungsmanagements

Die Verfolgung des Konzepts des Strategischen Entsorgungsmanagements bietet den Unternehmen die Möglichkeit, die Konzepte des Supply Chain Managements auf die Prozesse der Entsorgungslogistik zu übertragen. In einem nächsten Schritt können sie dann die ver- und entsorgungslogistischen Prozessketten miteinander verknüpfen. Dadurch wird die Schaffung des logistischen Prozesskreislaufes ermöglicht. Dafür ist es jedoch unerlässlich, neben allen Lieferanten sowohl die externen Ver- und Entsorgungs-Dienstleister als auch alle Kunden in diesen Prozesskreislauf einzubinden. Nur so können sämtliche umweltschutzrelevanten Rationalisierungspotenziale innerhalb des logistischen Prozesskreislaufes ausgeschöpft und die maximale Umweltverträglichkeit der logistischen Leistungserstellungsprozesse gewährleistet werden.

Die Entwicklung des logistischen Prozesskreislaufes allein reicht jedoch nicht aus, sämtlichen Anforderungen einer ressourcenschonenden und nachhaltigen Produktion von Gütern und Erstellung von Dienstleistungen sowie der umweltfreundlichen Entsorgung gerecht zu werden (Baumgarten u. Fritsch 2003). Deshalb muss der logistische Prozesskreislauf um weitere Prozessketten und Prozesse aus dem Ver- und Entsorgungsbereich sowie den Bereichen Entwicklung und Auftragsabwicklung zu einem gesamten Prozesskreislauf vervollständigt werden. Für die entsorgungslogistische Prozesskette bedeutet dies, dass sie um die Prozesse der Abfallwirtschaft ergänzt werden muss. Durch diese Erweiterung wird aus der entsorgungslogistischen Prozesskette die Prozesskette „Entsorgung", die einen integralen Bestandteil des gesamten Prozesskreislaufes bildet.

Eine strategisch ausgerichtete, managementorientierte ganzheitliche Entsorgungslogistik bildet zusammen mit der Abfallwirtschaft die Prozesskette „Entsorgung". Dieser Sachverhalt wird klar aus den sechs Prozessen der Prozesskette „Entsorgung" ersichtlich. So sind die Prozesse „Redistribution", „Distribution", „Bereitstellung entsorgungsrelevanter Informationen" und „Mitarbeitersensibilisierung, -schulung und -weiterbildung" Gegenstand der Entsorgungslogistik, wobei allerdings in den Prozessen „Redistribution" und „Distribution" schon vereinzelt Aktivitäten der Abfallwirtschaft auftreten. Die Prozesse „Produktrecycling" und „Materialrecycling" gehören dagegen hauptsächlich zum Bereich der Abfallwirtschaft, beinhalten aber auch Aktivitäten der Entsorgungslogistik.

Die Prozesskette „Entsorgung" verknüpft alle Quellen (Unternehmen, Werkstätten, private Haushalte, Aufbereitungbetriebe, Groß- und Einzelhandel, Entsorgungsdienstleister und Sammelstellen) der Altgüter, Wert- und Reststoffe mit den jeweiligen Senken (Unternehmen, Werkstätten, private Haushalte, Aufbereitungbetriebe, Sekundärrohstoffhandel, Lieferanten und Deponien) der Komponenten, Teile, Wert- und Reststoffe. Dadurch wird explizit noch einmal der Kreislaufgedanke, der der Prozesskette „Entsorgung" zu Grunde liegt, deutlich.

Durch eine derart detaillierte Gestaltung der Prozesskette „Entsorgung" bietet sich den Unternehmen die Chance, sämtliche im Bereich der Entsorgung und speziell der Entsorgungslogistik enthaltene immensen Marktpositionierungs- und Rationaisierungspotenziale aufzuzeigen und letztendlich auch vollständig zu nutzen. Ein wesentlicher Trend liegt hierbei in der Integration von Entsorgungslogistik, Demontage- und Recycling-Fragestellungen (Baumgarten u. Sommer-Dittrich 2002).

Entsorgungslogistische Systemauswahl und -gestaltung

Entsorgungslogistische Systeme entstehen durch die Kombination von Sammel- und Bereitstellungsverfahren, Behältersystemen, Fahrzeugen sowie Personal. Die oben dargestellte Zersplitterung der entsorgungslogistischen Märkte auf relativ kleine Produktbereiche und der zunehmende Kostendruck in der Entsorgungslogistik führen zur wachsenden Bedeutung der Kosten-Nutzen-optimalen Systemgestaltung (Baumgarten u. Sommer-Dittrich 2001b). Dabei sind neben prozessorientierten integrierten Managementansätzen die Technologieauswahl und -gestaltung von fundamentaler Bedeutung. Die oben erwähnte Spezialisierung der Märkte erfordert ebenso eine Spezialisierung der eingesetzten Technologien sowohl für die Sammlung als auch für die Rückführung (Baumgarten u. Sommer-Dittrich 2003). Im Folgenden seien als Beispiele für die Spezialisierung zwei Entwicklungen vorgestellt:

Der in Abb. 4 dargestellte Behälter zur Sammlung von Elektrokleingeräten trägt den besonderen Anforderungen der WEEE-Direktive genüge.

Abb. 4. Behälter zur Sammlung von Elektrokleingeräten

Elektrokleingeräte zeichnen sich durch besonders spezialisierte Anforderungen an die Sammlung und den Transport aus. Sie sind z.T. besonders empfindlich oder müssen aufgrund der Anforderungen ihrer Hersteller getrennt gesammelt werden. Daher ist der im Rahmen des SFB 281 entwickelte Behälter modular aufgebaut und erlaubt zum einen den Einwurf von Altgeräten, zum anderen die separate, spezialisierte Sammlung in modularen Boxen auf der handelsorientierten Ladehilfsmittelplattform der Europalette (Baumgarten et al. 2003a; Baumgarten u. Schneiders 2003).

Ein zweites Beispiel für eine innovative Weiterentwicklung von entsorgungslogistischen Technologien stellt die Entwicklung neuartiger Wechselsysteme in der Haushalt-Reststoffentsorgung dar. Ebenfalls induziert durch die Gesetzgebung, die zukünftig vor der Deponierung eine thermische oder mechanisch-biologische Vorbehandlung der Abfälle vorschreibt, werden sich die Transportdistanzen zu den Vor- und Endbehandlungseinrichtungen z.T. erheblich vergrößern, was die Trennung von Sammlung und Transport, die in entsorgungslogistischen Wechselsystemen ihre Realisierung erfährt, erheblich fördert.

Der Einsatz konventioneller Sammelfahrzeuge ermöglicht nicht die logistisch notwendige und wirtschaftlich effektive Trennung von Sammlung und Transport. Wesentliche Kostentreiber konventioneller Fahrzeugtechnik sind Leer- und Transportfahrten. Wartezeiten an Deponien bzw. Müllverbrennungsanlagen führen zu einem unwirtschaftlichen Einsatz des Ladepersonals. Weiterhin sind konventionelle Sammelfahrzeuge weniger wirtschaftlich, da sowohl die Presse als auch die Schüttung ständig als Totlast mitbefördert werden müssen.

An der Technischen Universität Berlin vom Bereich Logistik durchgeführte empirische Studien in Verbindung mit Modellrechnungen belegen die Hypothese, dass sich die Wirtschaftlichkeit des Einsatzes von Wechselsystemen künftig deutlich erhöhen wird. Eines der innovativsten Systeme in diesem Bereich ist das Fahrzeugsystem LOTUS des Berliner Unternehmens Haller Umweltsysteme GmbH & Co., das auch beim Hecklader den Austausch des Sammelbehältnisses ohne Trennung der Schüttung bzw. der Verdichtungseinrichtung ermöglicht (siehe Abb. 5).

Soll der Container gewechselt werden, so werden zunächst Schüttung und Schneckenverdichter abgeklappt, danach wird der Behälter angehoben und mittels Seilwechselgerät hinter dem Fahrzeug abgesetzt. Die Gesamtwechselzeit inklusive Rangieren und Aufnahme eines neuen Behälters kann in weniger als 6 Minuten durchgeführt werden.

Somit entfällt der kostenintensive und umweltbelastende Betrieb von Umladeanlagen, mit denen bisher der Versuch unternommen wurde, die Trennung von Sammlung und Transport zu ermöglichen.

Abb. 5. Wechselsystem LOTUS der Haller Umweltsysteme GmbH

Literatur

Baumgarten, H.; Butz, C.; Schneiders, C (2003a): Sammelkonzepte für Elektrogroßgeräte und -kleingeräte; in: K. Wiemer, M. Kern (Hrsg.): Bio- und Restabfallbehandlung VII – biologisch, mechanisch, thermisch; Fachbuchreihe Abfall-Wirtschaft des Witzenhausen-Instituts für Abfall, Umwelt und Energie; Verlag Witzenhausen-Institut für Abfall, Umwelt und Energie; Witzenhausen 2003; S. 69-83

Baumgarten, H.; Butz, C.; Sommer-Dittrich, T.; Schneiders, C (2003b): WEEE-Directive – Location Planning for an European Network of Disassembly; in: Alting, L. (ed.): Engineering for sustainable development; Proceeedings of the 10th CIRP seminar on life cycle engineering; Copenhagen; may 2003; S. 178-189

Baumgarten, H.; Butz, C.; Sommer-Dittrich, T.; Schneiders, C (2003c): Flexible and reconfigurable logistics systems in disassembly; in: Alting, L. (ed.): Engineering for sustainable development; Proceeedings of the 10th CIRP seminar on life cycle engineering; Copenhagen; may 2003; S. 416-428

Baumgarten, H.; Fritsch, A. (2003): Integration of Reverse Logistics into Supply Chain Management Concepts; in: Seliger, G. (Hrsg.): E-ecological manufacturing; Uni edition; Berlin 2003; S. 9-13

Baumgarten, H.; Fritsch, A.; Sommer-Dittrich, T. (2003d): Die logistische Kette wird zum Kreis – Nachhaltiges Ressourcenmanagement durch intelligente Entsorgungslogistik; in: Hossner, R. (Hrsg.): Jahrbuch der Logistik 2003; Verlagsgruppe Handelsblatt; Düsseldorf 2003; S. 209-213

Baumgarten, H.; Fritsch, A.; Sommer-Dittrich, T. (2002): Supply Chain Management and Reverse Logistics – Managing Information and Material Flows within Supply Cycles; in: Kongressband CARE Innovation 2002; CD zur Tagung; Wien 2002

Baumgarten, H.; Schneiders, C (2003): Collection Concepts for Large and Small Electrical Appliances; in: Seliger, G. (Hrsg.): E-ecological manufacturing; Uni edition; Berlin 2003; S. 13-18

Baumgarten, H.; Sommer-Dittrich, T. (2003): Efficient Planning methods for Reconfigurable Logistics Systems in Recycling and disassembly networks; in: Seliger, G. (Hrsg.): E-ecological manufacturing; Uni edition; Berlin 2003; S. 19-25

Baumgarten, H.; Sommer-Dittrich, T. (2002): Simulationsgestützte Planung wandlungsfähiger industrieller Strukturen für effiziente Produktkreisläufe; in: Baumgarten, H.; Wiendahl, H.-P.; Zentes, J. (Hrsg.): Logistikmanagement – Strategien-Konzepte-Praxisbeispiele; Springer Verlag; Berlin et al. 2002; lfd. aktualisiert; Abschnitt 5.01.04, S. 1-20

Emmermann, M.; Schneiders, C. (2002): Cycle Management – Management in der Entsorgungslogistik; in: Zadek, H.; Risse, J. (Hrsg.); Führungskräfte für ein integriertes Management; Springer-Verlag; Berlin et al. 2002; S. 285-293

Hesselbach, J.; Spengler, Th.; Graf, R.; Ploog, M. (2001): Stoffstrombasiertes Supply Chain Management – Materialkreisläufe schließen, in: Umwelt, Heft 4/5, S. 37-39

Hesselbach, J.; Herrmann, C.; Ohlendorf, M.; Graf, R. (2001): Approach of Substance Flow Oriented Closed Loop Supply Chain Management in the Electrical and Electronic Equipment Industry; Tagungsbericht: 2nd Int. Symposium on Environmentally Conscious Design and Inverse Manufacturing Tokyo, 2001, 11.-15. Dezember 2001, S. 725-728

Ivisic, R.-A.; Schneiders, C. (2001): Konzeption eines herstellerübergreifenden Netzwerkes von Demontagefabriken; in: Thomé-Kozmiensky, K.J. (Hrsg.): Reformbedarf in der Abfallwirtschaft, TK-Verlag, Neuruppin, 2001, S. 1215-1230

Sommer-Dittrich, T. (2001a): Gestaltung innerbetrieblicher Logistikkonzepte für Demontagefabriken; in: Thomé-Kozmiensky, K.J. (Hrsg.): Reformbedarf in der Abfallwirtschaft, TK-Verlag, Neuruppin, 2001, S. 1207-1215

Sommer-Dittrich, T. (2001b): Die Kette wird zum Kreis – Internet-Portal zur Kundenintegration in ein Supply Chain Management; in: Sebastian, H.-J., Grünert, T. (Hrsg.): Logistik Management - Supply Chain Management und e-Business, Teubner Verlag, Stuttgart, Leipzig, Wiesbaden, 2001, S. 227-243

Dezentrale Informationssysteme im Supply Network

Herbert Stommel[1]

Das Supply Chain Management (SCM), das vor allem bei der Industrie stetig mehr in den Vordergrund der Betrachtungen rückt, beruht auf den drei wesentlichen Säulen Prozesse, Information und Softwareunterstützung. Das Ziel sämtlicher Aktivitäten ist die Bereitstellung und Verarbeitung der für die unternehmensübergreifende Planung und Steuerung benötigten Informationen. Daraus ergeben sich für die Implementierung des SCM die folgenden Handlungsfelder. Auf Seiten der Unternehmen sind die Prozesse an die Anforderungen des SCM anzupassen, auf Seiten der Softwareindustrie sind geeignete Systeme und Systemarchitekturen zu entwickeln und von allen Beteiligten ist die Frage nach der Verankerung des sogenannten Collaboration Management als steuerndes Element der Supply Chain zu beantworten und umzusetzen. Im Rahmen der bisherigen Entwicklungen im Bereich des SCM traten einige Schwachstellen, vor allem im Bereich der IT-Systeme und -Architekturen auf, die den dauerhaften Erfolg gefährden. Der folgende Beitrag befasst sich mit den Ursachen dieses Umstandes und gibt am Beispiel der Automobilindustrie einen Ausblick auf Lösungsansätze. Hierbei liegt der Fokus dieses Beitrages auf der architektonischen Gestaltung der Systeme sowie möglichen Betriebskonzepten für diese Lösungen und nicht auf den spezifischen Inhalten der beteiligten Softwareapplikationen. Gerade in den Bereichen Betrieb und Hosting von SCM-Systemen ergeben sich neue Aufgabenfelder für Logistik-Dienstleister, die sich zu einem Netzwerkintegrator entwickeln wollen.

Entwicklungsstand der SCM-Systemarchitektur

Die zunehmende „Informatisierung" von Unternehmen und ihrer Umwelt seit 1970 entwickelte sich über mehrere Phasen zu einer Auseinandersetzung mit dem SCM als unternehmensübergreifende informatorische Vernetzung (Fleisch 2001). Die fließenden Übergänge zwischen den einzelnen Phasen führten im Rahmen der Fokussierung der Aktivitäten im SCM auf die bestmögliche Informationsverfügbarkeit und -bereitstellung bereits in den ersten Projekten zu hohen Anforderungen an die unterstützenden IT-Systeme. Die Entwicklung derartiger Systeme setzt auf

[1] Wissenschaftlicher Mitarbeiter am Bereich Logistik, Institut für Technologie und Management, Technische Universität Berlin

der bestehenden IT-Landschaft auf, die sich, wie in Abbildung 1 illustriert, darstellt.

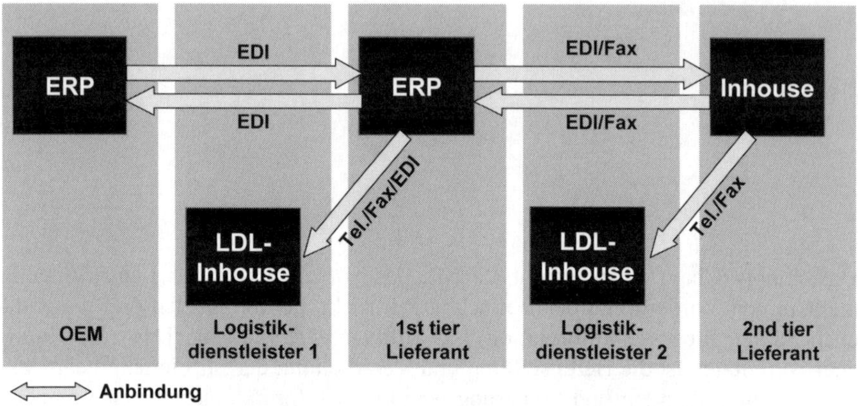

Abb. 1. Klassische Systemarchitektur in einer Supply Chain

In den Supply Chains existiert eine heterogene Landschaft aus Applikationen für die unternehmensinterne Planung aus Standardsoftwarelösungen für Enterprise Resource Planning (ERP) und Eigenentwicklungen bis hin zu Tabellenkalkulationsprogrammen. Zusätzlich beinhalten die Systeme der Logistik-Dienstleister (LDL) von den Lösungen der produzierenden Unternehmen abweichende Funktionalitäten. Diese Umstände bringen die folgenden Probleme mit sich (Risse u. Stommel 2001):

- Differierende Systemfunktionalitäten,
- Differierende Kommunikationsinfrastruktur und –wege,
- Medienbrüche durch systemspezifische Verwendung von Electronic Data Interchange (EDI), Fax oder Telefon,
- Fehlende Standards für Inhalte der Datenkommunikation,
- Systeminkompatibilitäten,
- Dauer der Rechenläufe durch Batchbetrieb,
- Fehlende Systemintegration und -verknüpfung über die gesamte Supply Chain,
- Fehlende Durchgängigkeit der Planung.

Da SCM-Systeme die bestehende ERP-Landschaft nicht ablösen, sondern zusätzliche Funktionalitäten für die unternehmensübergreifende Steuerung bieten, bestand die Herausforderung für die Softwareindustrie in einer möglichst simultanen Lösung dieser Probleme. Die Komplexität der zu bearbeitenden Themen führte zunächst, beginnend bei der konzerninternen Integration der Automobilhersteller (OEM-Original Equipement Manufacturer), zu einer Integration der Lieferanten auf der ersten Lieferstufe (1st tier). Als Nachweis der Funktionalitäten der entwickelten SCM-Systeme und-Prozesse wurden erste Pilotinstallationen durchgeführt, die jedoch in der Regel bis heute diesen Status aufgrund von vielfältigen Hindernissen bei der Umsetzung noch nicht verlassen haben. Als wesentliches Merkmal der Softwarearchitektur dieser SCM-Evolutionsstufe hat sich der zentrale Ansatz herauskristallisiert.

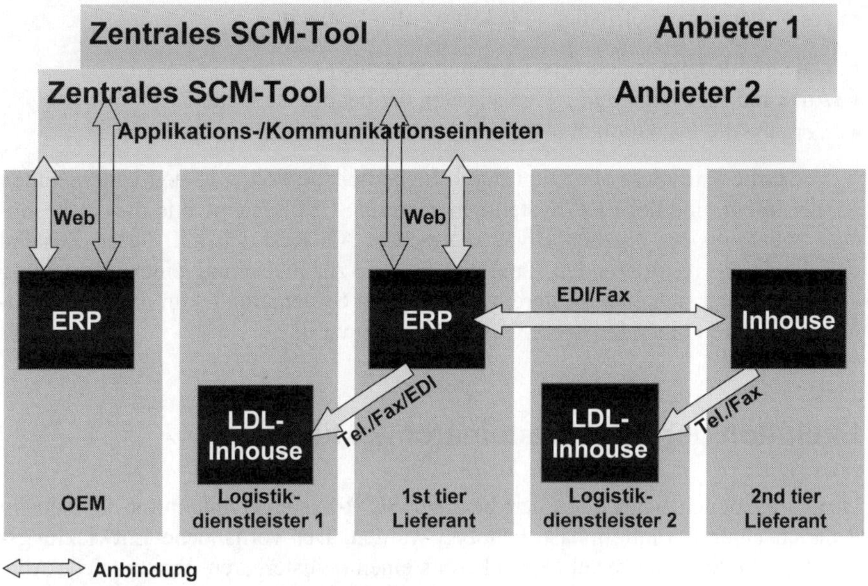

Abb. 2. Heutiger Architekturansatz in SCM-Projekten

Das in Abbildung 2 dargestellte Szenario spiegelt einige der noch zu behebenden Probleme wider. Die Integration der Lieferanten beschränkt sich häufig auf die großen 1st tier Lieferanten, die im Regelfall über eine entsprechende Hard- und Softwareausstattung verfügen, um in SCM-Systeme eingebunden werden zu können. Zudem sind diese Unternehmen in der Lage, die entstehenden Kosten für solche Systeme im Rahmen eines noch zu entwickelnden Cost Benefit Sharing mit zu tragen (Risse et al. 2002). Dementsprechend partizipieren die in der Regel mittelständischen 2nd tier Lieferanten und Logistik-Dienstleister nicht an den Potenzialen des SCM. Dies liegt wesentlich an dem fehlenden Entwicklungsstand ihrer Systemlandschaft. An diesem Punkt setzen heutige Forschungen an, um SCM auch kleinen und mittelständischen Unternehmen zugänglich zu machen.

Ein weiteres Problem eines derartigen Ansatzes ist in den auf fehlenden Standards (Weber 2001) beruhenden Inkompatibilitäten der bisher entwickelten SCM-Systeme zu sehen. Lieferanten, die in verschiedenen Supply Chains eingebunden sind, die jeweils durch einen anderen OEM mit eigenen Softwarepartnern getrieben werden, sind mit den Lösungen verschiedener Softwareanbieter konfrontiert. Das hieraus resultierende, sogenannte n-Monitor-Problem, bei dem die Disponenten der betroffenen Unternehmen diese Systeme über getrennte Masken oder gar Monitore steuern und beherrschen müssen, stellt eine der größten Akzeptanzbarrieren auf Seiten der Anwender dar. In Folge dessen erfordert es heute Entscheidungen über die Teilnahme an SCM-Pilotimplementierungen mit beinahe strategischem Charakter, um die Belastung der Mitarbeiter in Grenzen zu halten. Auf Seiten der Systemadministration treten durch die entstehende Komplexität der Systeminfrastruktur folgende Schwierigkeiten auf, die im Rahmen des zentralen Ansatzes bisher nur unbefriedigend gelöst werden konnten:

- Datenredundanz in den verschiedenen Systemen
- Aufwand für Pflege und Aktualisierung der benötigten Daten
- Vergabe der Datenhoheit und damit verbundener Datenverantwortung

Verstärkt wird diese Situation durch Sicherheitsbedenken in den Unternehmen bei der Integration der ERP-Systeme in zentrale SCM-Systeme und dies insbesondere außerhalb des eigenen Hoheitsbereiches. Als Reaktion auf diesen Zustand und die daraus resultierenden Handlungsbedarfe zur Erreichung einer Verbreitung des SCM bietet sich eine Weiterentwicklung der Systemarchitektur an, deren Evolutionspfad im Folgenden exemplarisch erläutert wird.

Evolution der SCM-Systemarchitektur

Die vorhandenen Schwachstellen heutiger SCM-Systemarchitekturen können im Rahmen einer Evolutionphase behoben werden. Der vorhandene Entwicklungsstand der IT-Systeme bietet hierzu bereits einen realisierbaren Ansatz (siehe Abb. 3).

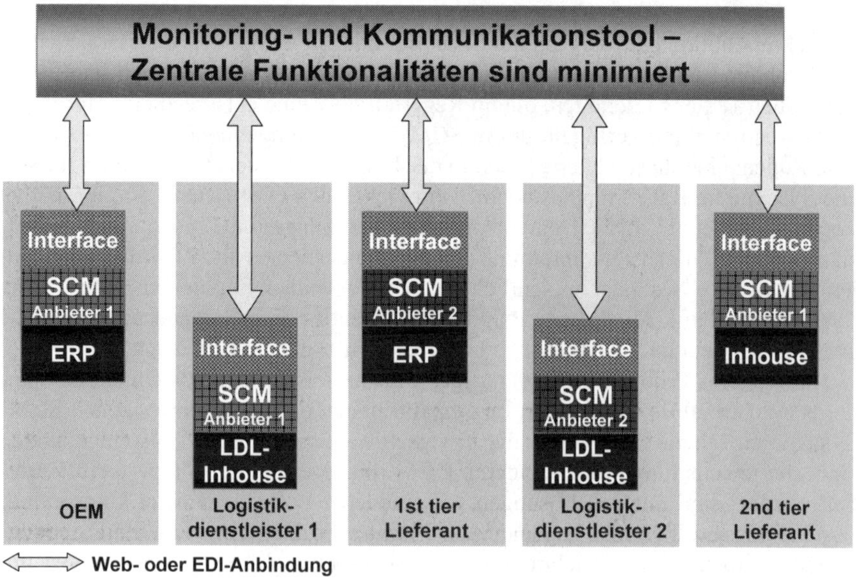

Abb. 3. Evolutionsstufe der SCM-Systemarchitektur: Dezentraler Ansatz

Existierende Systeme einiger Anbieter von SCM-Applikationen können dezentral in der Hoheit der einzelnen Supply Chain Partner betrieben werden. Dort setzen sie gewohnheitsgemäß auf den bestehenden ERP- bzw. Inhouse-Systemen auf und befriedigen die Bedarfe nach Bercitstellung von unternehmensübergreifend relevanten Informationen. Zur Vermeidung von Schnittstellenaufwänden für die direkte Integration der Systemkommunikation findet die Verknüpfung über ein zentrales Monitoring- und Kommunikationstool oder auch Collaboration Tool statt. Dieses erhält über Schnittstellen mittels Standarddatenübertragungsformaten die notwendigen Daten. Der im Gegensatz zu SCM-Systemen beschränkte Umfang an Funktionalitäten dient der Weiterleitung bzw. Online-Bereitstellung der Informationen sowie Auswertungen unternehmensübergreifender Daten zur Frühidentifikation von möglichen Engpässen. Durch die Verwendung von Standarddatenformaten können heute schon SCM-Systeme verschiedener Hersteller angebunden werden, sobald ein gemeinsames Standardformat existiert.

Die Dezentralität der SCM-Systeme bei den Supply Chain Partnern ermöglicht die individuelle Konfiguration und Ausgestaltung des Systems entsprechend der eigenen Erfordernisse. Somit können kleinen und mittelständische Unternehmen, die heute keine spezialisierten Planungs- und Steuerungstools im Einsatz haben, auf diesem Wege entsprechende ERP-Funktionalitäten im Rahmen der angeschafften oder gemieteten SCM-Software zusätzlich bereitgestellt werden.

Der beschriebene Lösungsansatz weist jedoch unter der Zielsetzung größtmöglicher System- und Supply Chain Flexibilität einen zu hohen Anteil an zentralen Funktionalitäten auf. Dies liegt in der Tatsache begründet, dass das Collaboration Tool in jeder Supply Chain nur von einem Anbieter bezogen werden kann und dementsprechend die Wahlfreiheit für neu hinzukommende Partner beschränkt ist. Zudem ist bei der Umsetzung eines solchen Konzeptes die Frage nach der Kostenübernahme für die zentralen Systemanteile zu klären, die negative Auswirkungen auf die Akzeptanz mit sich bringt. Aus dieser Erkenntnis heraus erscheint die aktive Entwicklung einer weiteren Evolutionsstufe notwendig zu sein. Diese weist vollständig dezentralisierte Systeme auf (siehe Abb. 4) und stellt die Entscheidung der Wahl des Softwareherstellers jedem Supply Chain Partner frei.

Die Anbindung der Supply Chain Partner über das Medium Internet ermöglicht eine kostengünstige Anbindung auch kleinerer Unternehmen, die nicht über Kommunikationsinfrastrukturen wie Standleitungen oder ENX-Zugänge[2] verfügen. Unbedingte Voraussetzung für die erfolgreiche Umsetzung eines derartigen Ansatzes ist die Kompatibilität der am Markt konkurrierenden Systeme hinsichtlich des Austauschs von Stamm-, Bewegungs- und Steuerungsdaten. Diese Anforderung widerspricht jedoch heutigen strategischen Ansätzen der Softwareindustrie und ist dementsprechend als visionär einzustufen. Eine Verstärkung erfährt der visionäre Charakter durch die Notwendigkeit einer erfolgreichen Umsetzung der Agententheorie der Informatik. Eine derartige Architektur führt dazu, dass benö-

[2] ENX: Abkürzung für European Network Exchange, eine hochsichere und hochverfügbare Kommunikationsinfrastruktur, entwickelt von einem Konsortium aus 13 namhaften Automobilherstellern und Zulieferern sowie vier nationalen Verbänden der Automobilindustrie [vgl. www.enxo.com/1167.html]

tigte Informationen bei Bedarf in der betroffenen Supply Chain eingesammelt werden müssen, weil eine redundante Datenhaltung in sämtlichen verbundenen Systemen von Seiten der Komplexität nicht beherrschbar wäre. Die Lösung der Anforderungen an die zukünftigen SCM-Systeme befindet sich heute noch in einem Entwicklungsstadium. Eine Abschätzung des Zeitpunktes der Marktreife ist auf Seiten der Softwareindustrie bisher nicht kommuniziert worden. Im Bereich der Betriebskonzepte ergeben sich durch die vorgestellten Ansätze ebenfalls neue Möglichkeiten, die im folgenden Abschnitt näher erläutert werden.

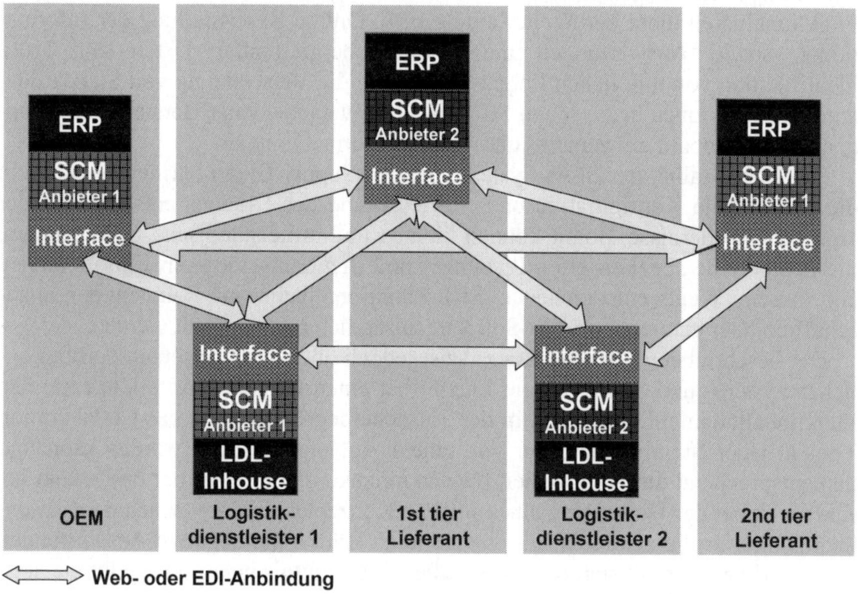

Abb. 4. Evolutionsstufe der SCM-Systemarchitektur: Dezentralität

Betriebskonzepte

Die Einführung von SCM-Systemen in einer Supply Chain beinhaltet jeweils die Entscheidung nach dem Ort des Betriebs der Software sowie den Verrechnungsmöglichkeiten der Nutzungsanteile. Die Abrechnung der anfallenden Kosten fällt heute aufgrund fehlender Modelle zum Cost Benefit Sharing schwer und verhindert den großflächigen Einsatz des SCM in den Supply Chains. Eine dezentral organisierte Systemarchitektur bringt die Möglichkeit der Einführung neuer Betriebskonzepte mit sich, die auf der einen Seite neue Geschäftsmodelle erschließt und auf der anderen Seite durch Größeneffekte beim Systembetrieb die anfallenden Kosten verringert sowie die wirtschaftliche Nutzung durch kleine und mittelständische Unternehmen ermöglicht. Am Beispiel der in Abbildung 3 dargestellten

Architektur werden im Folgenden derartige Möglichkeiten erläutert.

Eine wesentliche Rolle in diesem Kontext spielt die Leistung des Application Service Providing (ASP), dessen Kernkompetenz im Betrieb liegt, dem sogenannten Hosting und der Wartung von Softwareapplikationen. Zusätzlich verfügen entsprechende Anbieter über die Kompetenz zur Anbindung von externen Systemen. Die Abrechnung der nachgefragten Leistungen im Bereich des Hosting kann dabei über fixe Beiträge, transaktions- oder volumenabhängig erfolgen, wobei letztgenannte Varianten gerade den kleinen und mittelständischen Unternehmen, die lediglich geringe Ressourcenbelastungen verursachen, entgegenkommen.

Neben der zu erreichenden Flexibilität in den Abrechnungsmodalitäten können auf diese Weise auch die Investitionen in notwendige Hardware entsprechend der Partnerkapazitäten und -strategien flexibel gestaltet werden. So lässt sich beispielsweise eine SCM-Applikation im Stadium einer Pilotinstallation vollständig von einem Application Service Provider betreiben und an die Partner der Supply Chain vermieten (siehe Abb. 5).

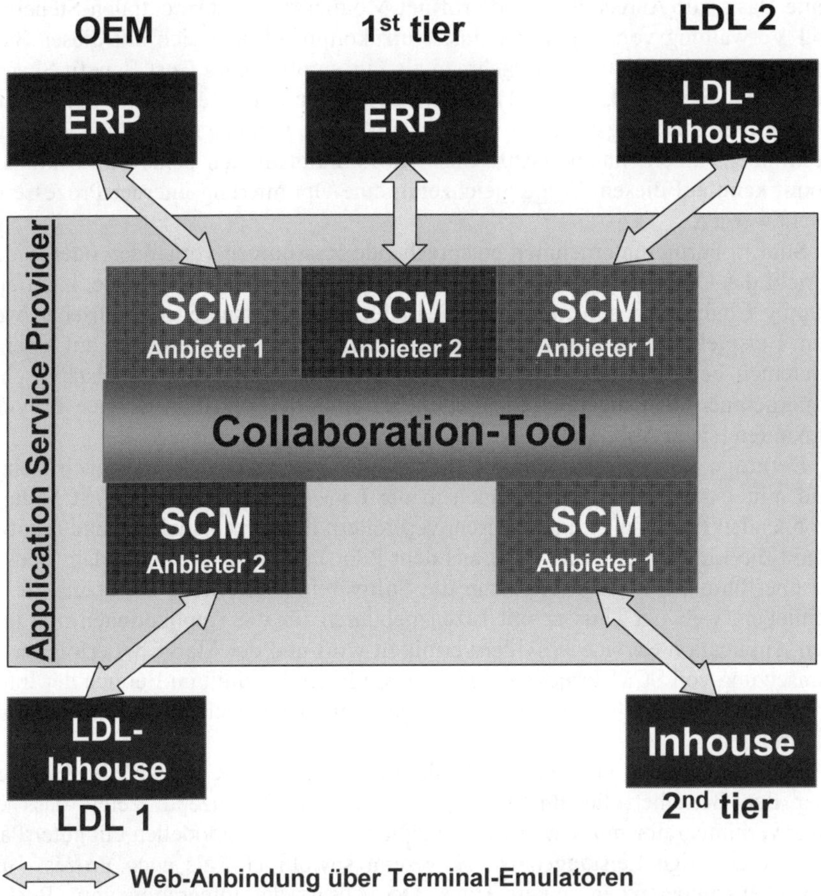

Abb. 5. Vollständiger Betrieb durch einen Application Service Provider

Hierzu werden getrennte Instanzen der verwendeten Software auf einem Server installiert, wodurch die Kommunikationswege und die Wartungsaufwände, vor allem bei Releasewechseln, gering gehalten werden können, da nicht räumlich getrennte Installationen verwaltet werden müssen. Zusätzlich können über den Betrieb in spezialisierten Rechenzentren Skaleneffekte für den Hardwareeinsatz realisiert werden, wodurch Investitionsbarrieren abgebaut werden.

Die Datenhoheit und Möglichkeit zur Konfiguration einzelner Partnersysteme liegt bei dem jeweiligen Unternehmen, das seine Prozesse über die Software steuert. Der Zugriff auf die Software kann von jedem Arbeitsplatz im Unternehmen internetbasiert, über sogenannte Terminal-Emulatoren, welche die grafische Oberfläche der Applikation auf den Bildschirm des Anwenders projizieren, ermöglicht werden. Unternehmen, die in sicheren Kommunikationsnetzwerken agieren, können über entsprechende Internetschnittstellen ebenfalls angebunden werden. Der zentrale Betrieb des Collaboration-Tools durch einen nicht in die Supply Chain involvierten Application Service Provider (ASP) ermöglicht zudem eine transparente Basis zur Abrechnung und eröffnet Möglichkeiten zur neutralen Steuerung und Verwaltung von Supply Chains. Hinzukommend lässt sich auf dieser Basis ein von allen beteiligten Unternehmen als fair empfundenes Cost Benefit Sharing implementieren. Für kleine und mittelständische Unternehmen besteht ein weiterer Vorteil dieses Lösungsansatzes in der Möglichkeit, von den ASP, ohne eigene Investitionen, unternehmensspezifische ERP-Funktionalitäten beziehen zu können. Somit kann auf diesem Wege gleichzeitig eine Optimierung interner Prozesse erreicht werden.

Sind in Partnerunternehmen entsprechende Ressourcen vorhanden oder widerspricht das Outsourcing von IT-Leistungen der Unternehmensstrategie, kann eine Supply Chain auch den individuellen Bedürfnissen entsprechend betrieben werden. Beispielsweise können die großen Partner die SCM-Applikation auf eigenen Systemen betreiben und warten, wohingegen die kleinen und mittelständischen Unternehmen sich die Funktionalitäten bei einem Application Service Provider einkaufen (siehe Abb. 6).

Derartige Konzepte, die durch Behebung der Investitionsbarrieren auch kleinen und mittelständischen Unternehmen in die Lage versetzen, die dem SCM innewohnenden Potenziale zu realisieren, verbreitern die Akzeptanzbasis und schaffen somit die Möglichkeit, das SCM aus dem Pilotstatus in eine Standardanwendung zu überführen. Des Weiteren kann die Softwareindustrie neue Absatzmärkte erschließen, weil der Umsatz mit Lizenzgebühren für die Applikationen nun über den Application Service Provider vermittelt wird und der Markt bei erfolgreicher Umsetzung von SCM-Projekten eine gewisse Eigendynamik im Bereich der Integration und Erschließung von kleinen und mittelständischen Unternehmen annimmt.

Eine Betrachtung der Märkte und der Geschäftsmodelle potenzieller Übernehmer der Betreiberrolle für die vorgestellten SCM-Konzepte zeigt, dass ein Netzwerkintegrator mit den bisher konzipierten Geschäftsmodellen ein guter Partner für derartige Leistungen ist. Er vereint sowohl IT-, als auch Prozess- und Branchenkompetenz in seinem Haus. Der Ansatz der Integration von „Best of Breed-Lösungen" in Joint Ventures oder anderweitigen Formen der Partnerschaft versetzt ihn in die Lage, ASP-Leistungen anzubieten und diese darüber hinaus um Steuerungsleitungen des Collaboration Management und monetäre Aspekte, wie Cost Benefit Sharing, zu ergänzen.

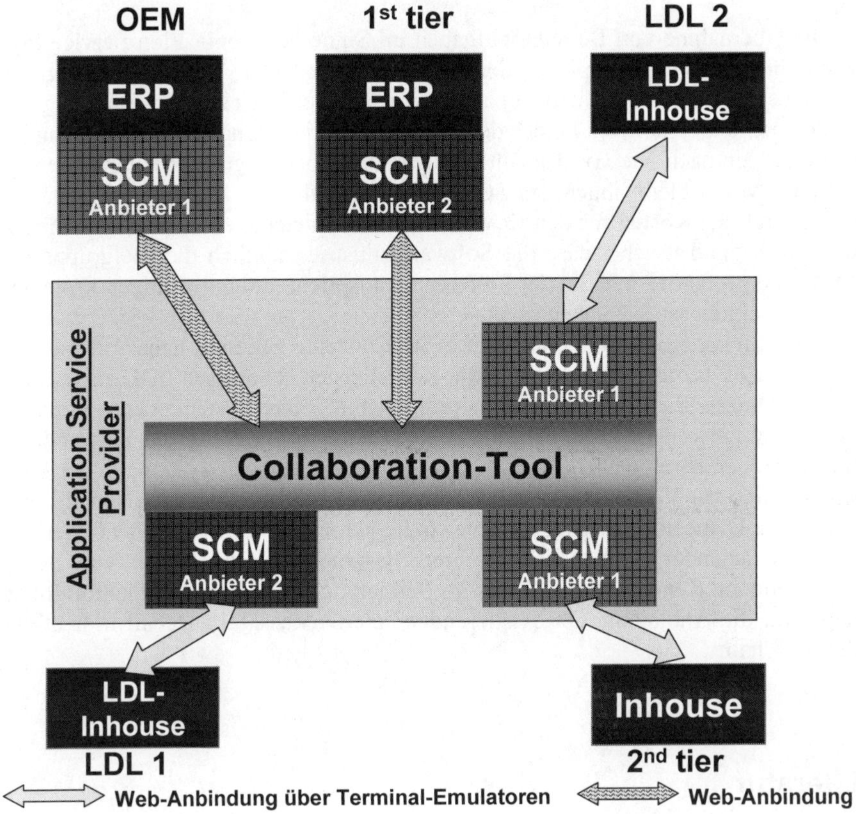

Abb. 6. Flexibles Betriebskonzept

Fazit

Die aufgezeigten Lösungen sind in der letzten Ausbaustufe noch der Vision zuzurechnen, da heutige IT-Systeme diese bisher nur konzipierten Ansätze nicht hinreichend unterstützen. Hierfür sind verschiedene Ursachen identifiziert worden, die durch Wissenschaft und Praxis zu beheben sind. Die heutigen Strategien der Softwarehersteller, durch die Erreichung einer Unique Selling Proposition in Form der Entwicklung von Alleinstellungsmerkmalen ihrer Softwareapplikationen, den eigenen Marktanteil auszubauen, führen zu einer nur geringen Beachtung der Belange der Kunden und deren Endanwender. Besonders deutlich wird dieser Anspruch anhand der Tatsache, dass die Schnittstellenthematik vernachlässigt wird, was sich insbesondere an der fehlenden Systemkompatibilität zeigt. Somit stellt der Status Quo des SCM den Nachweis für die Realisierbarkeit der Potenziale dar, benötigt aber weitere Evolutionsstufen als Enabler für eine erfolgreiche Verbreitung.

Die Übernahme von Betreiberaufgaben im Sinne des Application Service Providing bis hin zu einer Implementierungsberatung bedeutet für Netzwerkintegratoren neue Geschäftsfelder und vor allem die Möglichkeit einer Erschließung des heute noch unbearbeiteten Feldes der kleinen und mittelständischen Unternehmen. Diese prägen nach wie vor das Bild des Marktes, aber aufgrund der fehlenden investiven Mittel bleibt ihnen das SCM heute vorenthalten. Dies ist einerseits bedingt durch die Kosten für den Erwerb und die Implementierung der Systeme sowie durch die Tatsache, dass die Softwareindustrie lediglich die Zielgruppe der OEM und großen 1st und 2nd tier Lieferanten anspricht, um mit wenigen Projekten die Entwicklungsaufwände zu finanzieren.

Eine softwareseitige Integration in SCM-Konzepte generiert neue Anforderungen an die IT-Infrastruktur der Logistik-Dienstleister. So müssen LDL, die Aufgaben im Materialfluss der Supply Chain übernehmen ihre Systeme derart konfigurieren bzw. erweitern, dass den anderen Partnern in der Kette die notwendigen Informationen bereit gestellt werden können und die eigenen Systeme in der Lage sind die neu zur Verfügung stehenden Planungsdaten zu verarbeiten und für eine optimierte Disposition zu nutzen. Potenzielle Netzwerkintegratoren benötigen neben ausreichender Rechenleistung ihrer Systeme für den Betrieb von SCM-Applikationen Kenntnisse und Tools im Bereich der Enterprise Applikation Integration für die Anbindung der existierenden heterogenen IT-Lanschaft in heutigen Supply Chains.

Literatur

Fleisch, E. (2001): Das Netzwerkunternehmen, Springer, Berlin, Heidelberg, New York, 2001, S. 28-30

LiNet (2002): „Netzwerkmanagement für die Automobilzulieferindustrie“ ist ein vom BMBF unter der Projektträgerschaft in Karlsruhe gefördertes Verbundvorhaben im Rahmen des Förderprogramms „Forschung für die Produktion von morgen“; www.linet-automotive.de; 07.07.2003

Risse, J.; Stommel, H. (2001): Zuliefernetzwerke sind die Organisationsform der Zukunft; in: Hocke, W. (Hrsg.): Branchenreport 2001 – Automobilzulieferer; 2001, S. 20-21

Risse, J.; Stommel, H.; Zadek, H. (2002): Lieferkettenkennzahlen als Instrument für ein effizientes Supply Chain Controlling; in: Hossner, R. (Hrsg.): Jahrbuch der Logistik 2002; Verlagsgruppe Handelsblatt, 2002, S. 189-193

Weber, S. (2001): Information Technology in Supplier Networks; Physika-Verlag, Heidelberg, New York, 2001, S. 70-74

http://www.enxo.com/1167.html, 02.07.2001

Enterprise-Application-Integration-Systeme

Marco Emmermann[1] und Ilker Özdemir[2]

Der Logistik-Dienstleister als Bindeglied der Wertschöpfungskette muss durch das zunehmende Outsourcing komplexer Geschäftsprozesse steigende Erwartungen an Flexibilität und Transparenz erfüllen. Die engere Zusammenarbeit von Industrie, ausgewählten Systemlieferanten und eng eingebundenen Logistik-Dienstleistern zum Handling der aufwändiger werdenden Lieferverflechtungen hängt stark von der Qualität, Flexibilität und Transparenz der Supply Chain ab. Hierbei ist vor allem durch eine geeignete organisatorische und informatorische Umsetzung eines umfassenden Systems von Wertschöpfungsaktivitäten ein Wettbewerbsvorsprung zu erzielen. Das Prinzip einer horizontalen Differenzierung und vertikalen Integration erscheint als durchgängige strategische Richtlinie schlüssig, um einen langfristigen Erfolg durch Kundenorientierung bei gleichzeitiger Bestands- und Kostenreduzierung zu erzielen (Baumgarten 1996 u. Miebach 2001).

Anforderungen an Informationsdienstleistungen

Die Nachfrage nach intelligenten logistischen Systemlösungen erfordert eine entsprechende kommunikative Kompetenz des Logistik-Dienstleisters, die sich ebenfalls auf dessen Anforderungen an seine informationstechnologische Unterstützung auswirkt (Krüger 2000). In Abbildung 1 sind diese zukünftigen Aufgaben eines Logistik-Dienstleisters als Manager und Integrator eines Logistiknetzwerks dargestellt.

Es müssen jedoch nicht nur im Rahmen von reinen Informationsdienstleistungen eines Forth-Party-Logistics-Providers (4PL), sondern auch im Bereich klassischer Logistik-Dienstleistungen Daten interner und kundenseitiger Anwendungssysteme schnell verarbeitet werden. Gerade das flexible Handhaben der Vielzahl von Schnittstellen und Systemen behindert jedoch das Erfüllen der zeitkritischen Ansprüche des Kunden. Neben der transparenten Verarbeitung verschiedener Datenformate ist daher die flexible vertikale Integration in die Wertschöpfungskette der Kunden die zentrale Herausforderung, die Logistik-Dienstleister erfüllen müssen.

---

[1] Geschäftsführer und Partner der Visality Consulting GmbH, Berlin
[2] Freier Unternehmensberater

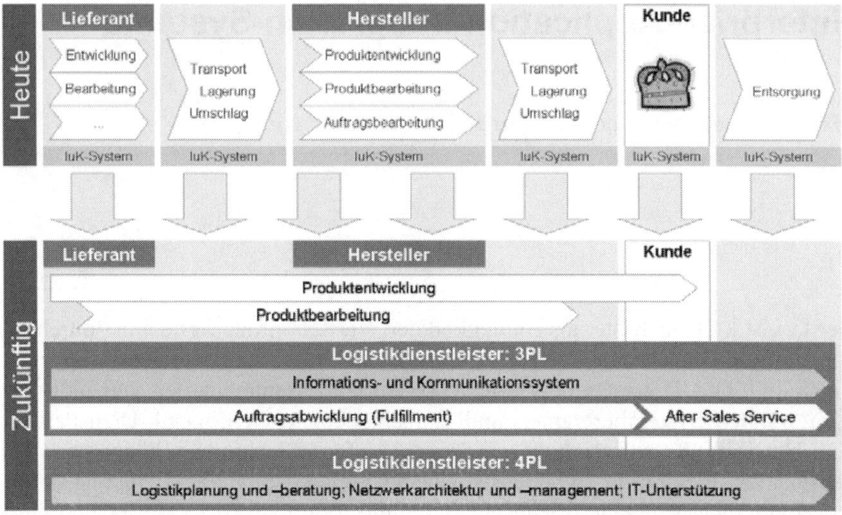

Abb. 1. Logistik-Dienstleister als Integratoren komplexer Logistiknetzwerke (eigene Darstellung in Anlehnung an Baumgarten 2000)

Das Ziel der Integrationsbemühungen muss es sein, durch gesteigerte Effizienz in schlanken, schnellen und integrierten Prozessketten langfristig Kosten einzusparen. Über eine reine Schnittstellenkompatibilität hinweg müssen hierzu auch redundante Funktionen an Schnittstellen der Kunden-Lieferanten-Beziehungen einzelner Module, aus denen eine logistische Prozesskette aufgebaut ist, bereinigt werden. Welche Schnittstellen hierbei intern und extern entlang einer beispielhaften logistischen Kette auftreten können, ist in Abbildung 2 skizziert.

Das Informationsmanagement ist vor allem auch eine Herausforderung für Logistik-Dienstleister als Schnittstelle zwischen Produzent und Zulieferer. Die Bewältigung der Schnittstellenproblematik kann im Kundensegment hohe Rationalisierungspotenziale aufweisen. Hierbei spielt zunehmend die Integration bisher unternehmensinterner Prozessschritte in unternehmensübergreifende Abläufe eine wichtige Rolle, so dass der Dienstleister die technologische Führerschaft übernehmen wird, der in Bezug auf Organisation, Kommunikation und Koordination die Schnittstellen zwischen Industrie, Handel, Zulieferern und Kunden durch unternehmensübergreifende informationstechnische Instrumente optimal gestalten kann (v. Portatius 1991).

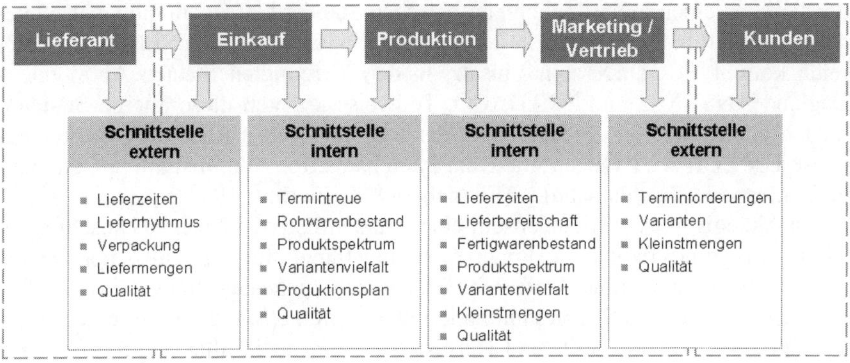

Abb. 2. Schnittstellen einer logistischen Kette (eigene Darstellung in Anlehnung an Söllner 1993)

Schwachstellen bestehender Systeme

Wenn die logistische Leistungserstellung durch Anwendungssysteme unterstützt werden soll, so ist die Frage nach der funktionalen Abdeckung daher zweitrangig geworden. Die wachsende Notwendigkeit des Informationsaustausches der beteiligten Partner eines Wertschöpfungsprozesses verlagert den Fokus auf die Integrierbarkeit in bestehende Abläufe (Baumgarten 2000). So stellt bei einer Software-Anschaffung der Kostenanteil für die kundenspezifischen Anpassungen, der beispielsweise die Programmierung notwendiger Schnittstellen zu vorhandenen Systemen, die Erstellung von Workflow-Steuerungen oder die Migration von alten Datenbeständen umfasst, einen zunehmend ansteigenden Kostenblock dar. Dies zeigt sich auch in Untersuchungen von Forrester Research und der deutschen Morgan Grenfell Technology Group, wonach 30-35% der Aufwendungen für Informationstechnologie auf Schnittstellen entfallen. Daher ist die Integrationsfähigkeit einer Anwendung ebenso wichtig, wie die Integrationskompetenz des Software-Herstellers.

Zur Bewältigung unternehmensübergreifender Schnittstellen setzen 2/3 der Unternehmen auf EDI oder Kommunikation über das Internet. Dieser Anteil soll in den nächsten Jahren erwartungsgemäß weiterhin stark steigen. Internationale Gremien wie OSIX, POSIX, OSF, X-OPEN, OSF oder OSI arbeiten seit vielen Jahren an weltweit gültigen Standards, die den Austausch von Daten über elektronische Schnittstellen vereinfachen sollen. Auch die reine Hardware zur Datenübertragung hat sich rasant zu parallelen Hochleistungsrechnern, mobilen Handgeräten und schnellen Rechnernetzen mit großen Bandbreiten und offenen Netzwerkarchitekturen weiterentwickelt (Hirsch 1993). So haben einige Standards durchaus eine weite Verbreitung gefunden, wenn auch oftmals auf spezifische Branchen oder Regionen beschränkt. Beispielsweise setzt die Automobilindustrie auf ODETTE, der sich von einem ursprünglich europäischen Standard zu einem global akzeptierten entwickelt hat. Die deutsche Konsumgüterindustrie benutzt SEDAS, in Österreich kommt ECODEX zum Einsatz, in den Vereinigten Staaten ANSI und in England ANSI-X12 und TRADACO. Teilweise konnten diese älteren Standards jedoch durch das von der UNO und der EU unterstützte EDIFACT beziehungsweise UN/EDIFACT (Electronic Data Interchange for Administration, Commerce and Transport) abgelöst werden (Eberleh 1993 u. Eierhoff 1993).

Unabhängig vom Vorhandensein eines standardisierten Datenaustauschformats stellt sich grundsätzlich die Frage, wie eine Integration verschiedener Anwendungssysteme auch über Unternehmensgrenzen hinaus gestaltet wird. Bei der Verwendung einer EDI-Kommunikation über verteilte Standorte mit einer großen Vielfalt verschiedener Soft- und Hardware, kommt es in aller Regel zu einer so genannten „Spaghetti-Integration“, die in Abbildung 3 exemplarisch dargestellt ist.

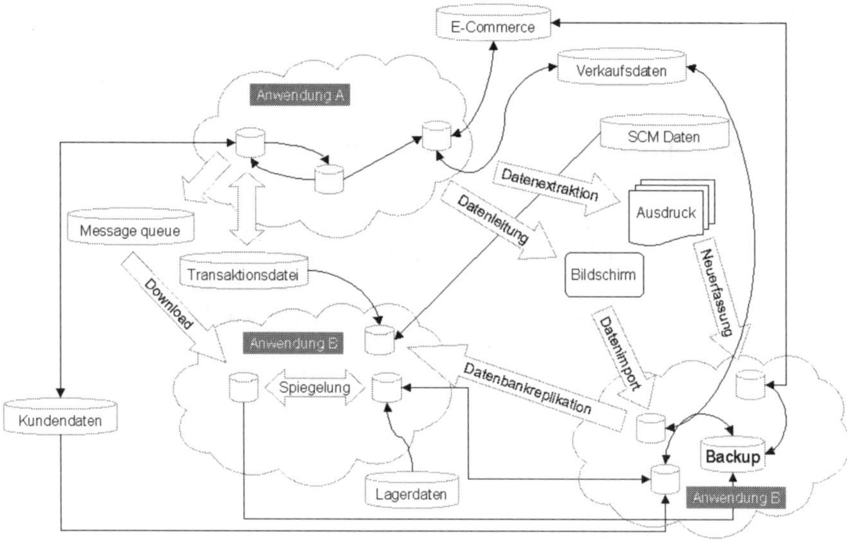

Abb. 3. Beispiel einer „Spaghetti“-Integration

Hierbei werden Verbindungen zwischen einzelnen Anwendungssystemen von Punkt zu Punkt geschaffen, so dass beispielsweise bei der Gewinnung eines neuen Kunden jede Kundenschnittstelle zu allen relevanten Systemen neu implementiert werden muss. Daher wird durch dieses Vorgehen die Flexibilität des Logistik-Dienstleister massiv eingeschränkt. Es existiert also einerseits hinsichtlich der architektonischen Gestaltung der IT-Schnittstellen selbst und andererseits bezüglich der Strukturierung der Kommunikationsbeziehungen der IT-Systeme untereinander ein hoher Gestaltungsbedarf. Neben der Gestaltung elektronischer Schnittstellen ist ein Ausweg aus dem beschriebenen Dilemma nur mit einer Abkehr von der Programmierung einzelner Punkt-zu-Punkt-Verbindungen denkbar. Der Weg muss hierbei die von einem Logistik-Dienstleister geforderte Flexibilität hinsichtlich Änderungen der kundenseitigen Anwendungssysteme ebenso berücksichtigen, wie die schnelle Anbindung neuer Kunden. Welche Anforderungen darüber hinaus von Bedeutung sind, wird im Folgenden näher betrachtet.

Resultierende Anforderungen an ein Idealkonzept

Vorhandene Informationsdefizite bei der Leistungserstellung beziehungsweise bei der Vorbereitung logistischer Leistungsprozesse müssen durch permanent verfügbare, aktuelle und konsistente Daten vermieden werden. Hierbei kommt durch den sich vergrößernden Empfängerkreis Aspekten wie Datensicherheit, Identifizierung, Datenschutz, Authentisierung, logische Prüfung und automatisierte Kodierungsmechanismen von Informationen eine immer größere Bedeutung zu.

Als die informationstechnologischen Anforderungen des Logistik-Dienstleisters an seine „IT-Landschaft" sind daher folgende Punkte zu nennen:

- die funktionale Abdeckung logistischer Teilfunktionen und
- eine geschäftsprozessorientierte, applikations- und unternehmensübergreifende Integration, die erreicht wird durch
- einen automatisierten, den Geschäftsprozessen entsprechenden Datenaustausch,
- die Transparenz der Leistungserstellung durch Bereitstellen aller relevanten Daten zum richtigen Zeitpunkt am richtigen Ort in der richtigen Form,
- die Flexibilität der verwendeten Informationstechnologie zur schnellen Anbindung neuer Kunden oder zur Weiterentwicklung bestehender Geschäftsprozesse,
- die Sicherung auswertungsrelevanter Daten für spätere Analysen
- und weitergehende Sicherungsmechanismen und Notfallkonzepte, um eine hohe Verfügbarkeit und durchgängig hohe Qualität der Leistungserstellung zu gewährleisten.

Je nachdem, wie stark eine IT-Landschaft dezentralisiert ist, beziehungsweise wie stark sich Geschäftsprozesse über verteilte Anwendungssysteme erstrecken, bereitet die Integration der Systemlandschaft unterschiedliche Schwierigkeiten. Die zu bewältigenden technologischen Aufgaben sind hierbei

- Ablaufsteuerung (Managing),
- Datenverteilung (Distributing),
- Datentransformation (Transforming),
- Datensteuerung (Routing) und
- das Management von Datenschnittstellen (Interfacing).

Derzeit lassen sich unterschiedliche Ansätze zur Ausgestaltung einer IT-Landschaft realisieren. Es kann hierbei eine Spanne von einem stark standardisierten ERP-System bis hin zu einer vollständig individuell entwickelten Systemlandumgebung aufgezeigt werden, wie in Abbildung 4 dargestellt ist.

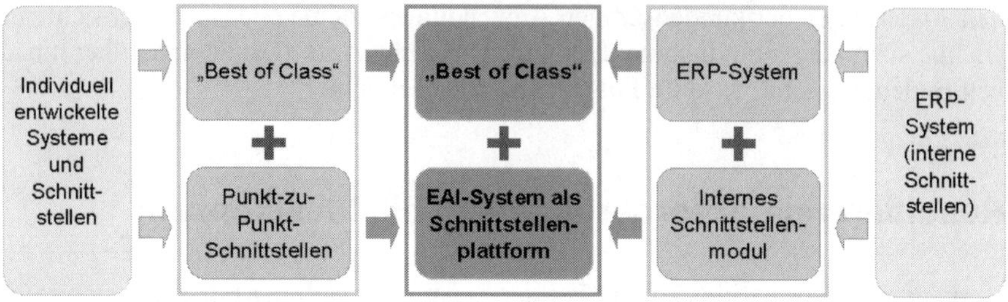

Abb. 4. IT-Landschaften zwischen Individualentwicklung und ERP-System

Während ERP-Systeme weitestgehend auf Standardkomponenten mit vorgefertigten, oftmals proprietären Schnittstellen basieren, die auf Kundenbedürfnisse lediglich „customized" werden, sind individuell entwickelte Systeme und Schnittstellen vollkommen auf Organisation und Abläufe der Kunden hin ausgerichtet. Diese beiden gegensätzlichen Philosophien weisen verschiedene Vor- und Nachteile auf, so dass Abstufungen entstanden sind, die versuchen die Vorzüge zu vereinen. Hierbei kann einerseits „best of class" Standardsoftware eingesetzt werden, wobei die verschiedenen Systeme weiterhin durch „Punkt-zu-Punkt"-Schnittstellen verbunden werden. Andererseits existieren ERP-Systeme, die keine proprietären Schnittstellen zwischen den einzelnen Modulen aufweisen, sondern einen zentralen „Schnittstellenbaustein" verwenden, der durch den Einsatz offener Standards auch die Anbindung von Fremdsystemen erlaubt. Zwischen diesen beiden Ansätzen hat sich die Verwendung von EAI-Systemen als zentrale Schnittstellenplattform zur Anbindung verschiedener „best of class" Standardsoftware-Systeme entwickelt. Da reine Individualentwicklungen bei häufigen Veränderungen der Prozesse zu kostspielig werden und ERP-Systeme eine zu starke Abweichung vom Standard nicht zulassen, sollen die Vor- und Nachteile dieser drei Mittelwege hinsichtlich der Eignung für den Einsatz durch Logistik-Dienstleister näher betrachtet werden. Eine kurze Gegenüberstellung findet sich in Abbildung 5.

Die oben aufgeführten Probleme einer Punkt-zu-Punkt-Integration, führen dazu, dass die Verwendung von „best of class"-Produkten und entsprechender Anpassungs- und Schnittstellenprogrammierung aus denselben Gründen wie die vollständigen Individualentwicklungen für einen Logistik-Dienstleister ungeeignet erscheinen. Dieser Integrationsansatz soll daher im Folgenden keine weitere Berücksichtigung finden. Die Verwendung von ERP-Systemen mit zentralen Schnittstellenmodulen erscheint ebenso wie der EAI-Ansatz durch die Vermeidung von Punkt-zu-Punkt-Verbindungen vielversprechend. Da die Einführung von ERP-Systemen dem Logistik-Dienstleister jedoch in der Regel zu viele organisatorische und prozessuale Anpassungen abverlangen würde, die aufgrund der starken Kundenorientierung nicht vollzogen werden könnten, wird im Folgenden lediglich der EAI-Ansatz näher betrachtet.

	„Best of Class" + Punkt-zu-Punkt-Schnittstellen	„Best of Class" + EAI-System	Offenes ERP-System + Schnittstellenmodul
Flexibilität bei Prozessänderungen	Schlecht, da lediglich eine Punkt-zu-Punkt-Integration vorliegt	Je nachdem, ob das System Prozesslogik beinhaltet, gut bis sehr gut	Gut, wenn Module keine integrationsrelevante Prozesslogik beinhalten
Flexibilität bei Neukundenanbindung	Schlecht, da sämtliche Verbindungen neu geschaffen werden müssen	Gut, da lediglich die Schnittstelle an die existente Plattform gestaltet werden muss	Gut, da lediglich die Schnittstelle an das zentrale Schnittstellenmodul gestaltet werden muss
Transparenz operativer Daten	Daten müssen aus verschiedenen Systemen bezogen werden → Schnittstellen zu allen relevanten Systemen	EAI-System kann je nach vorhandener Prozesslogik zielgerecht operative Daten bereit stellen	Wie bei ERP-Systemen ist die Datentransparenz gut (bei angebundenen Fremdsystemen von Fall zu Fall unterschiedlich).
Transparenz historischer Daten	Historische Daten verfügbar, wenn DWH eingesetzt. Jedoch muss das DWH die Daten transformieren.	Das EAI-System kann Daten transformieren und einem DWH bedarfsgerecht zuspielen.	DWH kann angebunden oder interne Funktionen der Anwendungen können verwendet werden.

Abb. 5. Vor- und Nachteile der engeren Auswahl von IT-Landschaften

Begriffsklärung von Enterprise Application Integration

Da der Begriff „Enterprise Application Integration" (EAI) ins Deutsche übertragen lediglich „Integration von Unternehmensanwendungen" bedeutet, ist verständlich, weshalb eine klare Definition kaum möglich ist. Je nach technologischem Ansatz einer EAI-Lösung können sich große Unterschiede zu vergleichbaren Anwendungen ergeben. Die den Integrationsplattformen zugrunde liegenden Technologien kommen aus dem Bereich „Middleware" und sollen die hier fehlende Flexibilität und Transparenz der sich schnell verändernden Geschäftsprozesse kompensieren. Generell kann in dem hier zugrunde gelegten Verständnis EAI als eine Software zur Integration von Anwendungen verstanden werden, die folgende Eigenschaften aufweist:

- EAI gehört zu den Kernanwendungen eines Unternehmens und kann als zentrale Plattform dargestellt werden.
- Die EAI-Anwendung umfasst die Integrationslogik und ist intensiv in die vorhandenen Anwendungen eingebunden.
- EAI ist als unternehmensweite Drehscheibe verantwortlich für die Integration unterschiedlicher Anwendungen.
- Die Integrationsleistung erfolgt durch Standard-EAI-Lösungen und nicht durch Individualprogramme.

- EAI setzt die durch ERP-Hersteller begonnene Integration im unternehmensübergreifenden oder sogar globalen Umfeld fort.
- EAI lässt sich in die vorhandene IT-Landschaft integrieren und ist eine Schichtenlösung, die auf vorhandene technisch orientierte Middleware aufsetzt.
- Es existieren Mechanismen zur gezielten Weiterleitung von Nachrichten, Metadaten-Management, Event Management und Datensynchronisation.
- EAI erfüllt eine Drehscheibenfunktion zur Nachrichtenverteilung (Routing).
- EAI unterstützt sowohl asynchrone als auch synchrone Kommunikation.
- Alle Anwendungen kommunizieren über diese Drehscheibe und die Kommunikation ist immer mehrdimensional (1:n oder n:m).

Da eine EAI-Lösung die Semantik der existierenden Geschäftsprozesse berücksichtigt, können individuelle Software-Entwicklungen durch standardisierte Systeme abgelöst werden. Betriebswirtschaftliches Wissen wird so in einem EAI-System integriert, weshalb EAI auch als „solution oriented middleware" bezeichnet wird (Nußdorfer 2001). Jedoch enthält EAI keine betriebswirtschaftlichen Funktionen, also so genannte Anwendungslogik, da dies der Idee eines reinen Integrationssystems widersprechen würde. So lässt sich auch darstellen, was EAI nicht ist:

- Eine 1:1-Kommunikation widerspricht der EAI-Philosophie.
- EAI beinhaltet keine betriebswirtschaftlichen Funktionen. Mit einem EAI-System selbst können daher keine Bestellungen angenommen und bearbeitet werden, es wird keine Logistik abgebildet und keine Rechnung geschrieben.
- Damit ist ein EAI-System also kein Konkurrent zu einer ERP-Lösung, die gerade diese Funktionalitäten bereitstellen soll. (Nußdorfer 2001)

Nutzen von Enterprise Application Integration

Je nach den eingesetzten Integrationsmitteln und der Reichweite der Integration lassen sich verschiedene Integrationsformen unterscheiden. Hierbei kann einerseits nach interner und externer Integration und andererseits nach dem Integrationsmedium unterschieden werden. Für die verschiedenen Integrationsformen ist der Nutzen unterschiedlich, kann jedoch allgemein nach Kosten- und Zeitersparnissen bewertet werden:

- Kostensenkung für die Abwicklung der Geschäftsprozesse wegen entfallender manueller Eingriffe,
- Zeitgewinn bei der Einführung neuer Produkte,
- Event-gesteuerte Verarbeitung und damit bessere Reaktionszeiten gegenüber den Kunden sowie
- Kostensenkungen im IT-Bereich durch die eingesparte Entwicklung von Schnittstellen.

Der wesentliche Teil des erzielten Nutzens wird hierbei durch die automatisierte Verknüpfung auf Anwendungsebene vor allem durch:

- die Kommunikation mit den Geschäftspartnern via Software ohne manuelle Eingriffe,
- die Ad-hoc-Kommunikation mit neuen Partnern, Kunden oder Lieferanten ohne vorherige Abstimmung der IT-Systeme und
- die Einführung von Standards zur Kommunikation, wie zum Beispiel XML für eine problemlose Anwendung-zu-Anwendung-Kommunikation, erkennbar (Nußdorfer 2001).

Die so erzielte Integration von heterogenen Datenverarbeitungssystemen, Datenbanken, Kommunikationsmedien und -verfahren und letztendlich Unternehmensprozessen kann ein erhebliches Rationalisierungspotenzial erschließen und ist beispielsweise im Rahmen von Unternehmensfusionen in der Regel unausweichlich.

Einsatz von EAI durch Logistik-Dienstleister

Durch die resultierende IT-Landschaft werden Kommunikationsschnittstellen auf technischer Ebene ebenso überbrückt, wie die Schnittstellen der Anwendungssysteme auf Datenebene. So wird beispielsweise der direkte Zugriff über Internet-Seiten auf Unternehmensdaten aus unterschiedlichsten Anwendungen heraus ermöglicht, wobei die Daten durch den direkten Datenbankzugriff, aber auch durch einen Datenexport einer Anwendung gewonnen werden können. Sind die entsprechenden Prozesse und Schnittstellen einmal implementiert, muss bei einem Release-Wechsel des angebundenen Kundensystems nur ein verhältnismäßig geringer Anpassungsaufwand betrieben werden. Die Möglichkeit, anwendungsinterne Funktionalitäten über ein EAI-System einem Drittsystem zur Verfügung zu stellen, eröffnet eine Vielzahl von Nutzungen:

- Der Orderstatus jedes Auftrags ist über alle Anwendungssysteme des Dienstleisters hinweg abfragbar: Durch die Verwendung von Statusmeldungen der eingesetzten Anwendungen kann die EAI-Plattform jederzeit eine Auskunft darüber erteilen, welchen Prozessschritt ein Auftrag durchläuft.
- Der Erfassungsaufwand ist auf Quelldaten beschränkt: Werden Daten in Fremdsystemen erfasst, können sie in digitaler Form automatisiert übertragen werden und bedürfen keiner weiteren Erfassungsvorgänge seitens des Dienstleisters.
- Sowohl kundenseitige als auch interne Änderungen der Geschäftsprozesse oder Geschäftsorganisation sind schnell innerhalb der EAI-Plattform umsetzbar: Da das EAI-System eine Workflow-Komponente besitzt, können anhand grafischer Entwicklungsumgebungen Veränderungen schnell vollzogen werden.
- Neukunden können kurzfristig angebunden werden, wobei eine vollständige Anpassung an die Bedürfnisse des Kunden stattfindet: Ebenso wie Änderungen

der Organisation und der Geschäftsprozesse durch die eigenständige Prozessplattform schnell umgesetzt werden können, sind auch Neukunden schnell in bestehende Abläufe integrierbar.

- Logistische Kennzahlen können in einer kundenspezifischen Form aufbereitet täglich den Kunden zur Verfügung stehen: Interne und externe Daten werden aus den operativen Datenbanken bezogen und stehen für Qualitätsreporting, Trend- und Risikoanalysen, zur Unterstützung von Entscheidungsprozessen und zur Validierung von Entscheidungen und Informationen zur Verfügung.
- Der Dienstleister bietet auch Informationsdienstleistungen an, die die Integration von Drittunternehmen beinhaltet: Neben der Einbindung der Systeme von KEP-Dienstleistern zum vollständigen „Tracking & Tracing", kann der Logistik-Dienstleister auch Informationsdienstleistungen wie Datentransformation, Schnittstellenentwurf, Datenübertragung, Lieferanten-Controlling oder Engpassermittlung anbieten.

Sicherlich lässt sich die Palette von Anwendungsmöglichkeiten im Sinne der aufgezeigten Entwicklungsrichtung noch weiterführen. Der Logistik-Dienstleister kann mit einer auf EAI basierenden Systemlandschaft eine transparente Leistungserstellung anbieten, die flexibel an Kundenbedürfnisse anpassbar ist. Folglich sind die zentralen logistischen Anforderungen mit der beschrieben IT-Landschaft effizient lösbar. Darüber hinaus eröffnet sich eine Vielzahl von neuen Geschäftsfeldern, die einem Logistik-Dienstleister als Alleinstellungsmerkmal erhebliche Konkurrenzvorteile verschaffen können.

Literatur

Baumgarten, H. (1996): Wertschöpfungspartner Lieferant, in: Jahrbuch der Logistik 1996, Verlagsgruppe Handelsblatt, Düsseldorf

Baumgarten, H.; Walter, S. (2000): Trends und Strategien in der Logistik 2000+, TU Berlin, Berlin

Eberleh, E. (1993): Neue Entwicklungen im Bereich der Kommunikationstechnologien zur Bewältigung weltwirtschaftlicher Herausforderungen, in: Scheibe, H.-J. (Hrsg.): Die Veränderungen des Welthandels und der internationalen Warenströme, Boehl & Oppermann, Ritterhude

Eierhoff, K. (1993): EDI optimiert Logistik, in: Jahrbuch der Logistik 1993, Verlagsgruppe Handelsblatt, Düsseldorf

Hirsch, B. (1993): Trends und Grenzen bei der Automatisierung der Geschäftsintegration, in: Deutscher Logistik-Kongreß '93, Huss-Verlag, München

Krüger, M. (2000): Informationslogistik als strategischer Erfolgsfaktor; in: Jahrbuch der Logistik 2000, fachverlag Handelsblatt, Düsseldorf

Miebach, J. (2000): Horizontale Differenzierung und Vertikale Integration, in: Jahrbuch der Logistik 2001, Fachverlag Handelsblatt, Düsseldorf

Nußdorfer, R. (2001): Das EAI-Buch – E-Business und EAI: Integration von Anwendungen, Unveröffentlichte Vorabausgabe, München

v. Portatius, B. (1991): Eine Speditionsgruppe auf neuen Wegen – die Chancen effizienter Arbeitsteilungen und Zusammenarbeit zwischen externen Dienstleistern, Industrie und Handel, in: Deutscher Logistik-Kongreß '91, Huss-Verlag, München

Söllner, J. (1993): Optimiertes Schnittstellen-Management, in: Jahrbuch der Logistik 1993, Verlagsgruppe Handelsblatt, Düsseldorf

Supply Chain Controlling

Inga-Lena Darkow[1] und Markus Richter[2]

Das Management von Supply Chains steht vor vielfältigen neuen Herausforderungen. Statt der bisher einseitigen Optimierung von innerbetrieblichen Teilprozessen ist es Ziel, die Wirkungszusammenhänge und Schnittstellen zwischen den Prozessen über die eigenen Unternehmensgrenzen hinweg aus Gesamtsicht zu optimieren. Erstmals rückt die Wettbewerbsfähigkeit nicht mehr einzelner Unternehmen, sondern gesamter Supply Chains in den Mittelpunkt. Um diesbezüglich planen und steuern zu können, ist die Gestaltung eines Supply Chain Controllings notwendig. Dieses Controlling ist dabei auf alle Maßnahmen auszurichten, die eine Koordination der an der Supply Chain beteiligten Unternehmen sowie ihres unternehmensübergreifenden Managements bei der gemeinsamen Leistungserstellung zur Erreichung der angestrebten Kooperationsvorteile unterstützt.

Die relevanten Zielsetzungen und die anwendbaren Instrumente sind die primär zu betrachtenden Aspekte für ein Wertschöpfungsketten-übergreifendes Controlling. Alle Supply-Chain-Partner sind dabei in die Überlegungen einzubinden: Hersteller, Lieferanten verschiedener Wertschöpfungsstufen und Logistik-Dienstleister. Als Basis können die Ansätze des Logistik-Controllings genutzt werden. In dem folgenden Beitrag werden diese Themen bearbeitet und erste Lösungsansätze vorgestellt, wobei die Anwendung der etablierten Controllinginstrumente dafür kritisch zu hinterfragen ist.

Ziele des Supply Chain Controllings

Das Ziel des Controllings leitet sich aus dem obersten Unternehmensziel ab: Erhalt und erfolgreiche Entwicklung des Unternehmens. Das Controlling strebt demnach ein optimales Betriebsergebnis zur Steigerung des Unternehmenswertes oder ersatzweise des erwirtschafteten Gewinns an (Hahn 1996). Die generellen Aufgaben des Controllings werden durch die Controllingziele konkretisiert und lassen sich in folgende Hauptaufgaben unterscheiden (Göpfert 2000):

[1] Unternehmensberaterin und Dozentin

[2] Wissenschaftlicher Mitarbeiter am Bereich Logistik, Institut für Technologie und Management, Technische Universität Berlin

- Konzeptionelle Gestaltung und Koordination des Informationssystems zur Fundierung von Managemententscheidungen, um eine möglichst hohe Effizienz und Qualität bei der Entscheidungsfindung zu gewährleisten;
- Konzeptionelle Gestaltung und Pflege eines transparenten Systems zur Planung und Kontrolle;
- Koordination und Weiterentwicklung eines ganzheitlichen Managementsystems auf Basis einer Unternehmensplanung und -kontrolle sowie
- Koordination innerhalb des Planungs- und Kontrollsystems.

Bisher dient das Controlling überwiegend der Führungsunterstützung innerhalb eines Unternehmens. Ein Supply Chain Controlling hat dagegen seinen Fokus auf der Verknüpfung des Controllings und Managements verschiedener Supply Chain Partner. Bei der gemeinsamen Leistungserstellung sollen so die angestrebten Kooperationsvorteile erreicht werden. Damit wird ein neues Controlling-Thema eröffnet, das spezifisch im Rahmen der Supply-Chain-Betrachtung ist: Das übergreifende Ziel kann als Supply-Chain-Wertsteigerung definiert werden – analog zum Ziel der Unternehmenswertsteigerung auf Unternehmensebene. Das Ziel eines strategischen Managements der Supply Chain ist damit die Maximierung des Wertbeitrags (Kaufmann 2002).

In aktuellen Studien geben ein Großteil der Führungskräfte an, dass die Optimierung der Supply Chain für sie oberste Priorität hat. Gleichzeitig wird jedoch deutlich, dass nur ein Bruchteil aller Unternehmen damit begonnen hat, die Leistungsfähigkeit ihrer Supply Chain überhaupt erst einmal zu messen. Seit zwei Jahrzehnten wird in der Literatur darauf hingewiesen, dass die Materialströme in den Liefer- und Leistungsketten mühsam und langsam sind. Bearbeitungszeiten von maximal 5% der Durchlaufzeit im Vergleich zu einer Liegezeit, die 95% der Auftragsdurchlaufzeit einnimmt, sind keine Seltenheit. Mit Hilfe der etablierten IT-Systeme konnte bisher nur wenig Besserung erreicht werden. Supply Chain Management bietet mit der gemeinsamen Planung und Steuerung nun die Chance, die Abläufe in den Fabriken dynamisch den Anforderungen anzupassen und somit diese Relation deutlich zu verbessern (Schultz 2002):

- Die Durchlaufzeiten und Lieferzeiten halbieren sich.
- Das Unternehmen wird schneller und flexibler am Markt.
- Der Bestand an aktiven Vorräten geht auf die Hälfte zurück.
- Die Anzahl der gleichzeitig zu steuernden Fertigungsaufträge und Bestellungen sinkt auf 50 %.
- Der Verkauf muss seine Planzahlen viel weniger weit in die Zukunft schätzen, was zu einer Reduzierung des Bestandsrisikos für die Vorräte führt.

Logistik-Controlling als Basis für ein Supply Chain Controlling

Neben dem zentralen Unternehmenscontrolling entwickelte sich in den letzten Jahren ein dezentrales Logistik-Controlling. Begründen lässt sich dies mit dem gestiegenen Aufgabenumfang und der zunehmenden Komplexität der Logistik, deren Leistungsfähigkeit und Effizienz nur mit einem umfangreichen und spezifischen Logistik-Controlling sichergestellt werden kann. In klassischen Controlling-Konzepten stand insbesondere die Orientierung am Rechnungswesen eines Unternehmens im Vordergrund. Im Rahmen der Entwicklung von neuen, ganzheitlichen Managementansätzen gewinnen heute jedoch eher umfassende und koordinationsorientierte Controlling-Konzepte an Bedeutung. Die Umsetzung der durchgängigen Prozessorientierung sowie die Steigerung des Beschaffungsvolumens und die Globalisierung der Märkte verstärken generell die Erfordernisse an die Planungs- und Kontrollsysteme eines Unternehmens. Das Zielsystem für das Logistik-Controlling bleibt in seiner Grundstruktur jedoch erhalten (Küpper 1993):

- Transparenz der logistischen Leistungen und Kosten,
- Minimierung der Logistikkosten,
- Entscheidungsorientierte Informationsgewinnung,
- Optimierung des Servicegrads und
- Optimierung der Prozesse.

Aus den Zielen des Logistik-Controllings werden seine Aufgaben abgeleitet. Dazu zählen insbesondere die Gestaltung und Koordination von Informations-, Planungs- und Kontrollsystemen zur Fundierung von Logistikentscheidungen mit der Maßgabe der Erhöhung von Effizienz und Qualität (Darkow 2001).

Das Logistik-Controlling beschäftigt sich seit Jahren mit den Anforderungen, die sich aus dem ganzheitlichen Charakter der Logistik und ihrem an Prozessen orientierten Management ergeben. Es dient damit als solide Basis für ein Supply Chain Controlling. Dieses muss sich deshalb von dem etablierten, an Unternehmensfunktionen orientierten Controlling lösen und damit eine größere Transparenz in den Abläufen schaffen. Es unterstützt die Entscheidungsfindung und -durchsetzung und erhöht Effektivität und Effizienz, Anpassungs- und Entwicklungsfähigkeit des Managements.

Das Controlling einer Supply Chain fügt den bekannten Problemstellungen des Controllings von Logistikprozessen weitere Herausforderungen hinzu: Über die erhobenen Daten müssen alle Supply-Chain-Partner verfügen können. Zudem erhöhen Anzahl und Kombination der Informationen die Komplexität des Controllings. Auch lassen sich SCM-Leistungen – ebenso wie Logistikleistungen – häufig nur schwer quantitativ beschreiben. Gleichzeitig sind Modelle zum Umgang mit dem Thema Cost-Benefit-Sharing zu entwickeln und zu etablieren, um die Attraktivität der Beteiligung an der Wertschöpfungs-weiten Koordination für alle Beteiligten zu erhöhen.

Kennzahlensysteme für Supply Chains

Heutige Umsetzungen von Supply-Chain-Management-Konzepten sind durch eine geringe Verfügbarkeit von Kennzahlen zur Planung, Steuerung und Kontrolle von Lieferketten und -netzen gekennzeichnet. In der Regel sind die entsprechenden Kennzahlen zwar definiert, sie kommen aufgrund einer fehlenden gemeinsamen Datenbasis jedoch in der Praxis nicht zum Einsatz. Für die Realisierung eines Supply Chain Controllings ist jedoch die Entwicklung eines netzwerkorientierten Kennzahlensystems eine wesentliche Voraussetzung. Aussagekräftige, unternehmensübergreifende Kennzahlen sind erforderlich, um im Zeitablauf reproduzierbare Analysen zur Entscheidungsunterstützung zu generieren. Auf diese Weise wird das Management bei der Leistungsmessung sowie der Ausrichtung auf das gegenwärtig vorhandene und zukünftig zu erwartende Marktumfeld unterstützt (Baumgarten u. Thoms 2002 und siehe Abb. 1).

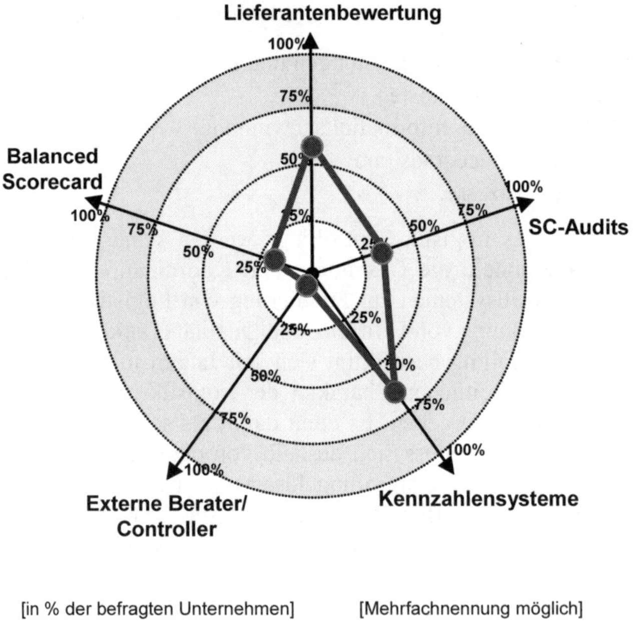

Abb. 1. Einsatz von Instrumenten des Supply Chain Controllings in der Industrie (Baumgarten u. Thoms 2002)

Kennzahlensysteme sind in ihrer grundlegenden Bedeutung für den Aufbau eines Supply Chain Controllings demnach erkannt und werden von einem Großteil der befragten Unternehmen bereits eingesetzt. In heutigen Umsetzungen von Supply-Chain-Management-Konzepten treten wiederholt Probleme auf, die darauf schließen lassen, dass die Ausrichtung von Supply Chains und den entsprechenden

Managementansätzen den Marktanforderungen nicht vollständig entsprechen. Als wesentlicher Aspekt ist hier die geringe Verfügbarkeit von Kennzahlen zur Steuerung von Lieferketten und –netzen zu nennen.

Eine ähnliche Einschätzung ergibt sich bei der Betrachtung von anderen Werkzeugen für das Supply Chain Controlling wie bei der Lieferantenbewertung. Weniger weit verbreitet sind Supply Chain Audits zur Evaluierung der gesamten Wertschöpfungskette, angepasste Balanced Scorecards und der Einsatz von externen Controllern, die eher unterstützend tätig werden können.

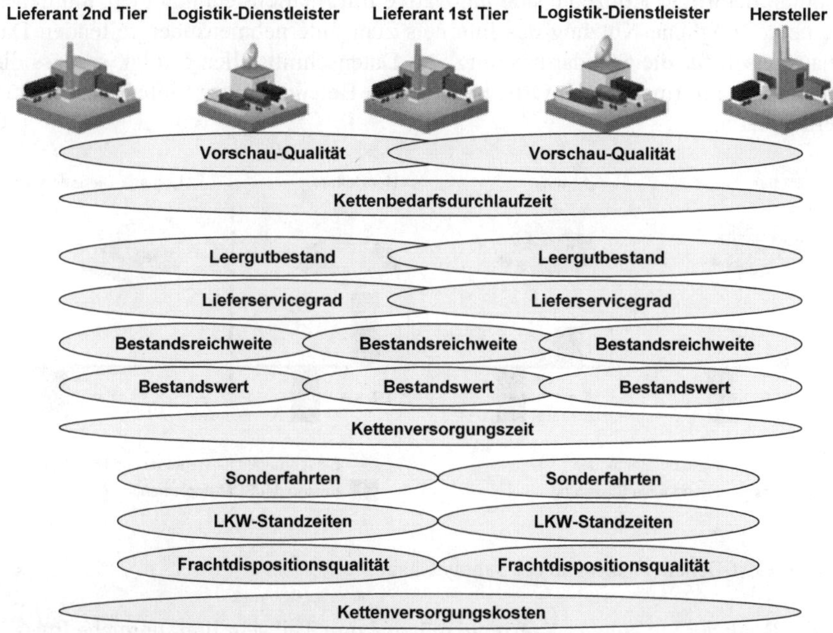

Abb. 2. Exemplarische Kennzahlen und deren Aussagebreite im Supply Chain Management (Risse et al. 2002)

Die Realisierung eines Kennzahlen- und Controllingsystems (siehe Abb.2) kann nach Risse/Stommel/Zadek (Risse et al. 2002) in fünf Schritten erfolgen:

- Entwicklung eines Kennzahlensystems, das den Anforderungen der zu analysierenden Supply Chains genügt
- Analyse der betroffenen Supply Chain durch Mapping des Kennzahlensystems mit relevanten Marktdaten
- Ableitung von Handlungsbedarfen und Optimierungspotenzialen
- Rekonfiguration der bestehenden Supply Chains auf Basis der gewonnenen Ergebnisse
- Permanente Evaluierung der relevanten Kennzahlen zur ständigen Optimierung der Prozesse und kontinuierliches Wiederholen der entsprechenden, oben genannten Schritte.

Ertragsmanagement in Supply Chains

Durch die unternehmensübergreifende Optimierung und Orientierung an den für Kunden relevanten Kernprozessen lassen sich Einsparungen für die gesamte Logistikkette erzielen. Im Rahmen eines erfolgreich umgesetzten Netzwerk-Managements lassen sich beispielsweise die Bestände in der gesamten Wertschöpfungskette reduzieren (siehe Abb. 3). Ferner führt die Synchronisierung von Produktionsplänen zu einer Reduktion der Durchlaufzeiten um bis zu 50%. Kernbestandteil derartiger Konzepte sind innovative Informationstechnologien, mit denen die heute mögliche Nutzung des Internets zum unternehmensübergreifenden Datenaustausch für die Standardisierung von Datenschnittstellen erfolgt, so dass die notwendige informatorische Offenheit für alle Beteiligten der Lieferkette erreicht werden kann.

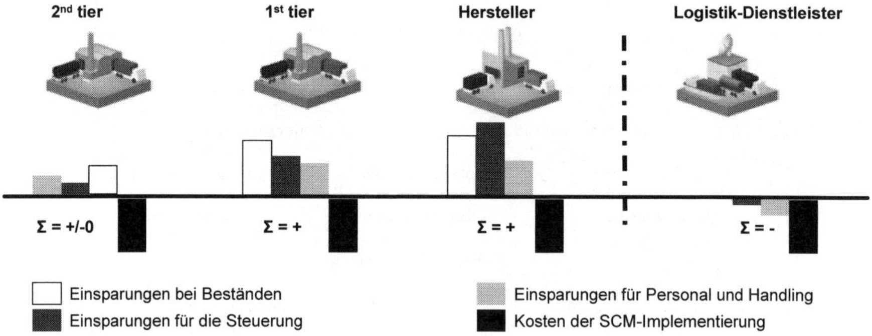

Abb. 3. Cost-Benefit-Sharing in der Supply Chain

Zur Realisierung solcher Konzepte müssen zum Teil sehr umfangreiche Investitionen in Soft- und Hardware getätigt werden. Um die Kapitalbindung insbesondere für kleine und mittelständische Netzwerkpartner zu reduzieren und somit die Voraussetzungen zu schaffen, die Netzwerke gesamtoptimal zu konfigurieren, sind innovative Ansätze für ein netzwerkweites Wertmanagement vor dem Hintergrund eines gemeinsamen Cost Benefit Sharing zu entwickeln und auf Realisierbarkeit zu prüfen. Dabei stellt sich insbesondere die Frage nach der Verteilung von Nutzen und Aufwand über die Supply Chain. Ein weiteres zu lösendes Problem sind die Kompensationsleistungen für Supply-Chain-Partner, wenn diese beispielsweise aufgrund der Einführung von SCM höhere Bestände vorhalten müssen. Auch die Übernahme der erheblichen Investitionen, die zu tätigen sind, ist bis heute nicht befriedigend geklärt. Bisher ist Supply Chain Management in der Industrie stark herstellergetrieben, deshalb liegt hier auch die Hauptlast der Investitionen. Sobald sich jedoch größere Benefits beispielsweise in Bestandskosten in unteren Zulieferstufen ergeben, da ein verstärktes Monitoring der Supply Chain und ein Abgleich der Kapazitäten stattfinden, wird diese Investitionsverteilung zur Disposition stehen. Ist es jedoch realistisch davon auszugehen, dass zukünftig nicht mehr nur die Hersteller in die SCM-Systeme investieren, sondern sich auch die Zulieferer daran beteiligen?

Risikomanagement und Frühwarnsysteme in Supply Chains

Seit langem wird die Notwendigkeit von Frühwarnsystemen als ein Baustein im unternehmerischen Risikomanagement diskutiert. Ein derartiges Frühwarnsystem hat zum Ziel, alle Gefährdungen für ein Unternehmen so rechtzeitig aufzuzeigen, dass der jeweilige Entscheidungsträger in die Lage versetzt wird, diesen Gefahren geeignete Maßnahmen proaktiv entgegenzusetzen. Im Rahmen eines Supply-Chain-weiten Risikomanagements sind demzufolge in Analogie zur unternehmensinternen Konzeption sowohl strategische als auch operative Komponenten für die Frühaufklärung zu definieren. Die Früherkennung, Entwicklung und Weiterentwicklung von strategischen und operativen Systemen der Risikomessung, Analyse und Bewertung der Risiken, Risikoüberwachung und Risikosteuerung gehören dazu. Dabei ist die Anpassung an die bestehenden unternehmensinternen Instrumente zu berücksichtigen.

Der Bedarf an Frühwarnsystemen ergibt sich aus der Annahme der Unvorhersagbarkeit der Zukunft. Planungsmethoden können bei Prognosen lediglich unterstützend wirken, keine Garantie geben. Dynamische Entwicklungen des Unternehmensumfelds und auch der internen Organisation tragen zudem dazu bei, dass die zu berücksichtigenden Planungsfaktoren in ihrer Anzahl zunehmen. Dies führt zu einer steigenden Unsicherheit, der mit Hilfe der Frühwarnsysteme entgegengewirkt werden soll (Darkow 2001).

Umfassende Frühwarnsysteme berücksichtigen externe und interne Indikatoren. Externe Indikatoren sind grundsätzlicher von ökonomischer, branchenspezifischer, technologischer, sozialer oder politischer Beschaffenheit. Sie können frühzeitig durch ein „strategisches Radar" seitens der Unternehmensführung geortet werden, das „schwache Signale qualitativer Natur" erkennen sollte. Dabei wird davon ausgegangen, dass im Prinzip keine Entwicklung plötzlich eintritt, sondern sich durch entsprechende Vorläufer ankündigt, die jedoch als solche häufig schwer zu erkennen sind (Krystek u. Müller-Stewens 1997). Signale können das gehäufte Auftreten unternehmensrelevanter Ereignisse, Meinungen oder Stellungnahmen von Schlüsselpersonen oder Instituten oder eine gezielte Auswertung von Medien sein. Typische Signale sind das wachsende ökologische Bewusstsein oder beispielsweise die Entfachung einer Technologiebegeisterung, ausgelöst durch den Computerboom in privaten Haushalten.

Interne Indikatoren lassen sich einfacher erfassen und analysieren. Sie können in Portfolio-Analysen, Stärken-/Schwächen-Analysen oder Kennzahlensystemen für die Logistik eingesetzt werden. Für die Logistik sind Frühwarnsysteme insbesondere in den Bereichen Versorgung und Distribution anwendbar. Starke Signale wie Materialpreis, Lieferzeit, Liefermenge und Lieferqualität können mittels einer ABC- oder XYZ-Analyse verfolgt und prognostiziert werden. Schwache Signale lassen sich über einen Risikoindex am besten durch Expertenbefragungen beherrschen. Mittels der Szenario-Technik können im Anschluss Unternehmensmodelle getestet und Prognosen überprüft werden. Durch eine entsprechende Organisation und Auswahl geeigneter Indikatoren lässt sich auch die Supply Chain mit Hilfe eines Frühwarnsystems „controllen".

Supply Chain Performance Measurement

Ein weiterer wesentlicher Schwachpunkt in der Umsetzung heutiger Supply-Chain-Konzepte liegt in einer unzureichenden Unterstützung bei der Bewertung der Leistung der Netzwerke. Die genaue Kenntnis der Leistungsfähigkeit von Netzwerken ist jedoch die Grundlage zur Identifikation systematischer und temporärer Leistungsdefizite. In diesem Kontext stehen prozessorientierte Leistungsbetrachtungen im Vordergrund, weil sie eine Voraussetzung für die zielgerichtete Optimierung identifizierter Leistungslücken darstellen. Ziel ist es daher, ein strukturiertes Standardvorgehen für ein Network Performance Measurement zu entwickeln, das die oben dargelegten Anforderungen gewährleistet. Hierfür sind zunächst die Dimensionen der Leistungsmessung zu identifizieren und die relevanten Leistungskategorien festzulegen. Auf dieser Grundlage sind dann die zu messenden Parameter zu definieren. Auf diese Weise können die durch mehr Informationstransparenz avisierten Potenziale auch im physischen Wertschöpfungsnetzwerk realisiert werden.

Balanced Scorecard als Instrument zum Supply Chain Controlling

Aufgrund des gegenwärtigen dynamischen Wettbewerbs von Unternehmen sieht sich das Management in Unternehmensnetzwerken zahlreichen neuen Handlungsbedingungen gegenüber. Insbesondere Logistik-Netzwerke zeichnen sich heutzutage durch die Überwindung räumlicher und zeitlicher Distanzen, die Konzentration der beteiligten Partner auf ihre jeweiligen Kernkompetenzen sowie den Einsatz moderner Informationstechnologien aus. Derartige komplexe Kooperationskonstrukte werden in einem informatorischen Rahmen realisiert, in dem eine dominant wertorientierte Informationsversorgung vorherrscht, die sich überwiegend an bereits vorhandenen und zu verdichtenden Daten orientiert. Die Möglichkeit einer Bewertung immaterieller und intellektueller Vermögenswerte kann mit klassischen Controllinginstrumenten dagegen nicht realisiert werden. Dies ist jedoch deshalb von großer Bedeutung, da letztere Art von Unternehmensvermögen im gegenwärtigen Informationszeitalter einen sehr wettbewerbsrelevanten Erfolgsfaktor darstellt. Eine Möglichkeit, die beschriebene Kostenfokussierung traditioneller Controllinginstrumente zu überwinden, stellt die Balanced Scorecard dar. Sie erweitert die Ausrichtung der bisher rein monetären Erfolgsorientierung um nichtfinanzielle Steuergrößen und zielt darauf ab, diese als einen Teil des Informationssystems für alle Organisationsebenen bereitzustellen. Dieser Aspekt des Balanced-Scorecard-Konzepts beschränkt sich allerdings bisher auf die Abbildung einzelner Unternehmen. Im Kontext eines Supply Chain Controllings sind daher Modifikationen vorzunehmen, die über den unternehmensinternen Blickwinkel hinausgehen.

Fazit

Die dargestellten Ausführungen sollen einen Beitrag dazu leisten, inwieweit ein neues Konzept entwickelt werden muss, um den Manager der Supply Chain zu einem effizienten Controlling zu befähigen. Eine Einbettung in das unternehmensinterne Controlling wird dabei vorgestellt. Supply-Chain-taugliche Instrumente ergänzen das Kapitel um in der Praxis anwendbare Methoden.
Bisherige Ansätze werden zumeist von dem dominierenden Partner der Supply Chain getrieben und implementiert – von dem Endprodukt-Hersteller (OEM) in der Industrie bzw. den Handelskonzernen im Bereich der Konsumgüter und Lebensmittel. Als problematisch kann sich dabei das Handeln im eigenen Interesse zu Ungunsten einer optimalen Lösung über die gesamte Kette erweisen.

Die Frage nach einem geeigneten, neutral agierenden Systemintegrator wird deshalb heute verstärkt gestellt. Antworten können durch den Einsatz eines neutral agierenden Logistik-Dienstleisters, beispielsweise eines Netzwerkintegrators gegeben werden. Dass sich nicht alle beteiligten Partner ohne weiteres in dieses Modell integrieren lassen wollen, liegt sicherlich auch daran, dass über Abrechnungs- und Verrechnungsmodalitäten noch nicht abschließend befunden worden sind. Wissenschaft und Praxis bemühen sich heute um die Beantwortung der Fragestellungen, wie Kompensationszahlungen zwischen einzelnen Supply-Chain-Partnern abgewickelt und die zu erwartenden Benefits zufriedenstellend für alle Beteiligten verteilt werden können.

Literatur

Baumgarten, H.; Thoms, J. (2002): Trends und Strategien in der Logistik – Supply Chains im Wandel; Berlin 2002

Darkow, I.-L. (2001): Logistik-Controlling in der Versorgung - Konzeption eines modularen Controllingsystems für das prozessorientierte Versorgungsmanagement - Dissertation Technische Universität Berlin; Bereich Logistik; Berlin 2001

Göpfert, I. (2000): Logistik-Führungskonzeption – Gegenstand, Aufgaben und Instrumente des Logistikmanagements und -controllings; Vahlen; München 2000

Hahn, D. (1996): Planung und Kontrolle; 5., überarbeitete und erweiterte Auflage; Gabler; Wiesbaden 1996

Kaufmann, L. (2002): Supply Chain Portfolio – Ein Instrument für das situationsgerechte Management einzelner Kettenglieder; in: Baumgarten, H.; Wiendahl, H.-P.; Zentes, J. (Hrsg.): Logistikmanagement – Strategien-Konzepte-Praxisbeispiele; Springer Verlag; Berlin et al. 2002; lfd. aktualisiert; Abschnitt 4.03.04

Krystek, U.; Müller-Stewens, G. (1997): Strategische Frühaufklärung als Element strategischer Führung; in: Hahn, D.; Taylor, B. (Hrsg.): Strategische Unternehmensführung; 7. Auflage; Physica; Heidelberg 1997; S. 913-933

Küpper, H.-U. (1993): Controlling-Konzept für die Logistik in: Männel, W. (Hrsg.): Logistik-Controlling: Konzepte – Instrumente – Wirtschaftlichkeit; Gabler; Wiesbaden 1993

Risse, J.; Stommel, H.; Zadek, H. (2002): Lieferkettenkennzahlen als Instrument für ein effizientes Supply Chain Controlling; in: Hossner, R. (Hrsg.): Jahrbuch der Logistik 2002; Verlagsgruppe Handelsblatt; Düsseldorf 2002; S. 189-193

Schultz, T. (2002): Dynamische Strukturen für Supply Chains; in: Baumgarten, H.; Wiendahl, H.-P.; Zentes, J. (Hrsg.): Logistikmanagement – Strategien-Konzepte-Praxisbeispiele; Springer Verlag; Berlin et al. 2002; lfd. aktualisiert; Abschnitt 4.03.05

Collaboration Management

Herbert Stommel[1] und Hartmut Zadek[2]

Ein neuer Begriff begeistert die Logistik-Szene: Collaboration Management. Kaum in den Mund genommen wird sich des Neuheitsaspektes ausgiebig bedient. Dabei wollen nicht wenige Software-Dienstleister die Gunst des neuen Wortes nutzen. Doch sollte versucht werden, diesen Begriff mehr mit den eigentlichen Hürden bei der Realisierung von Supply Chain Management-Konzepten in Verbindung zu bringen. Diese liegen nicht allein in der IT-Fragestellung sondern, weil es um die Zusammenarbeit von Menschen geht, vielmehr in der mentalen und psychologischen Betrachtungsebene.

In den vergangenen Jahren gewann das Thema Supply Chain Management (SCM) in der Logistik stetig mehr an Bedeutung, da Unternehmen die Potenziale, die mit dieser neuartigen Steuerung von Supply Chains realisierbar wurden, erkannten. Im Zuge bisheriger SCM-Projekte wurden die Schwerpunkte zunächst auf die Prozesse und in der Folge auf die Unterstützung durch entsprechende IT-Systeme sowie die Schaffung spezifischer Schnittstellen gelegt. Im Zuge der durchgeführten Implementierungen zeigte sich, dass ein dauerhafter Erfolg des SCM nur über die Integration von Collaboration und entsprechender Managementfunktionalitäten zu einem Collaborative SCM zu erreichen und zu gewährleisten ist. Demzufolge werden in diesem Beitrag am Beispiel der Automobilindustrie zum einen die Notwendigkeit der Berücksichtung dieser Aspekte dargelegt und zum anderen mögliche Collaboration Manager sowie ihre zukünftigen Aufgaben und Anforderungen identifiziert.

Status Quo der Collaboration

Im Zuge der Weiterentwicklung des SCM-Gedankens trat der Collaboration-Aspekt vermehrt in den Mittelpunkt der Betrachtungen und stellt heute einen der Kernpunkte in Forschung und Entwicklung sämtlicher an der Fortführung des SCM beteiligten Firmen und Institutionen dar. Unter Collaboration Management ist das Zusammenarbeiten der Partner in einer Supply Chain oder einem Supply Network zu verstehen. Hierbei geht es weniger um IT und SCM-Systeme, die un-

---

[1] Wissenschaftlicher Mitarbeiter am Bereich Logistik, Institut für Technologie und Management, Technische Universität Berlin

[2] Partner der Visality Consulting GmbH, Berlin

tereinander Daten austauschen als viel mehr um die Menschen, die in den unternehmensübergreifenden Prozessen zusammenarbeiten. Im Bereich der SCM-Systeme verschiedener Anbieter halten entsprechende Funktionalitäten zur Abdeckung der technischen Aspekte Einzug und befinden sich in der Phase der Piloterbprobung. Jedoch fehlen außerhalb dieses Bereiches nach wie vor Konzepte und realisierte Geschäftsmodelle für das Collaboration Management. Die spezifischen Defizite liegen in den mentalen Aspekten der Zusammenarbeit der im Supply Network involvierten Personen sowie möglichen Rollenverteilungen und notwendigen Betreibermodellen.

Diese begründen sich einerseits in der Tatsache, dass in bisherigen Projekten die Schwierigkeiten der Zusammenarbeit zwischen Unternehmen nicht vorab bedacht wurden und professionelle Herangehensweisen an die auftretenden Probleme fehlten, wobei als Resultat einige Projekte auch scheiterten. Andererseits wurde die Frage des Betreibers eines SCM-Systems häufig mit dem Verweis auf den Pilotcharakter der Projekte nicht abschließend geklärt. Folglich haben nicht selten die Initiatoren des SCM-Gedankens diese Rolle übernommen, obwohl sie nicht unbedingt zu ihrer Kernkompetenz gehört. Hieraus resultierender Diskussionsbedarf über die Verteilung von Kosten und Nutzen in der Supply Chain brachte das Problem der fehlenden Neutralität der bisherigen Betreiber zum Vorschein, da bis heute der Gedanke der Individualoptimierung über die unternehmensübergreifende Optimierung obsiegt.

Die Idee des Supply Chain Management stellt die Beachtung der Wechselwirkungen zwischen Transfer- und Transformationsaktivitäten in den Mittelpunkt und zielt auf die integrative Gestaltung und Steuerung aller prozessgekoppelten Wertschöpfungsaktivitäten (Froschmayer 2001). Anhand der damit verbundenen Steuerungsaspekte lassen sich die Schwachpunkte heutiger Rahmenbedingungen, vor allem im vertraglichen Bereich, herleiten.

Realisierungshürden für Supply Chain Management

Für ein effizientes Supply Chain Management ist einerseits Informationstransparenz unter den Partner und andererseits eine weitestgehend neutrale Steuerung der Partner erforderlich. Diese Anforderungen widersprechen in vielen Fällen den Handlungen der Praxis.

So herrschen heute in den produzierenden Branchen einstufige Kunden-Lieferantenbeziehungen, die auf bilateralen Verträgen beruhen. Abbildung 1 verdeutlicht die damit verbundenen, beschränkten Möglichkeiten zur steuernden Einflussnahme in einer Supply Chain vom Original Equipement Manufacturer (OEM) bis zum 2nd tier. Selbst die Logistik-Dienstleister (LDL) als Bindeglieder zwischen den Lieferstufen stehen mit nur einem Partner in vertraglichen Beziehungen, woraus sich beispielsweise bei der verursacherbezogenen Abrechnung von Zusatzaufwänden, die nicht durch den Vertragspartner bedingt sind, regelmäßig Probleme und in der Folge Differenzen ergeben.

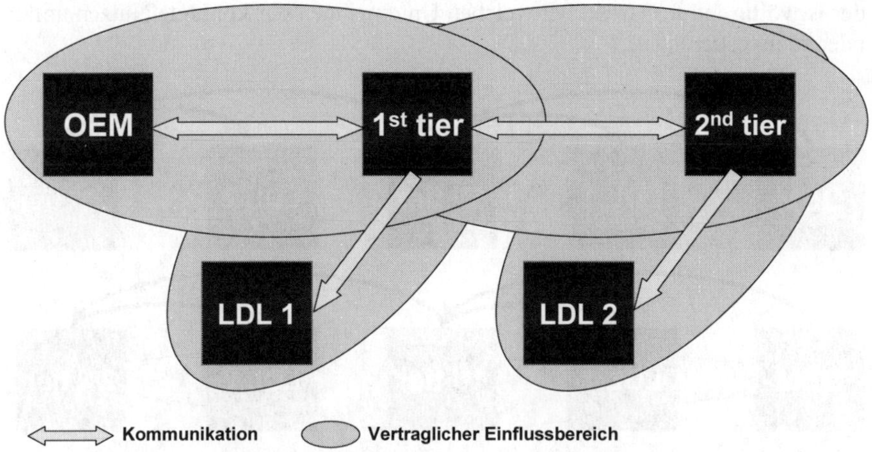

Abb. 1. Einflussreichweite heutiger bilateraler Kunden-Lieferanten-Beziehungen

Verstärkt wird dieser Umstand durch die Tatsache, dass die Logistik-Dienstleister heute noch kein integraler Bestandteil des Informationsflusses in der Supply Chain sind und somit nur über unvollständige Informationen verfügen, die eine optimierte Planung erschweren oder gar verhindern.

Ein weiteres Problem besteht in der Übernahme der Steuerungshoheit. Im Rahmen der heutigen Konstellation fehlt demzufolge eine Instanz, die in der Lage ist, regelnd und in strittigen Situationen auch schlichtend in die Wertschöpfungskette einzugreifen. Aus diesen Umständen heraus hängt die Verantwortung für die Lösung unternehmensübergreifender Probleme meist an dem Kettenpartner mit dem höchsten Wertschöpfungsanteil, entweder dem Automobilhersteller oder einem großen 1st tier Lieferanten. Die Möglichkeiten zur Einflussnahme in der Kette sind jedoch für diese Unternehmen beschränkt, da ihre Durchgriffsmöglichkeiten über die Kette abnehmen, wie Abbildung 2 verdeutlicht. Insofern besteht nur die Möglichkeit einer kaskadierenden Einflussnahme im Sinne bestehender Vertragsbeziehungen über den direkten Lieferanten und Kunden. Weiterhin wird die Neutralität der Einflussnehmenden von den anderen Partnern bezweifelt. Zu sehr regierten in der Vergangenheit Preisdruck und Optimierung des Eigennutzens. Auch dieses Problem kann IT allein nicht heilen.

Diese Problematik stellt sich besonders deutlich im Bereich von Situationen mit Clearingbedarf dar, in denen Kosten, wie beispielsweise für Verschrottungsaufwände, übernommen werden müssen. Dies ist bedingt durch das nach wie vor beherrschende Ziel der Einzeloptimierung, da in den bilateralen Beziehungen häufig nicht das Interesse besteht, die Entstehung von absehbaren Differenzen im Vorfeld zu vermeiden oder zu beheben.

Eine dritte Hürde zur Realisierung der Supply Chain-Potenziale besteht in der Verteilung von Kosten und Nutzen im Supply Network. Um die vermuteten Potentiale im unternehmensübergreifenden Netzwerk zu realisieren sind spezifische Investitionen bei einzelnen Partnern der Wertschöpfungskette vorzunehmen. Leider ist völlig intransparent, bei welchen Unternehmen der konkrete Nutzen anfällt oder zu investieren ist.

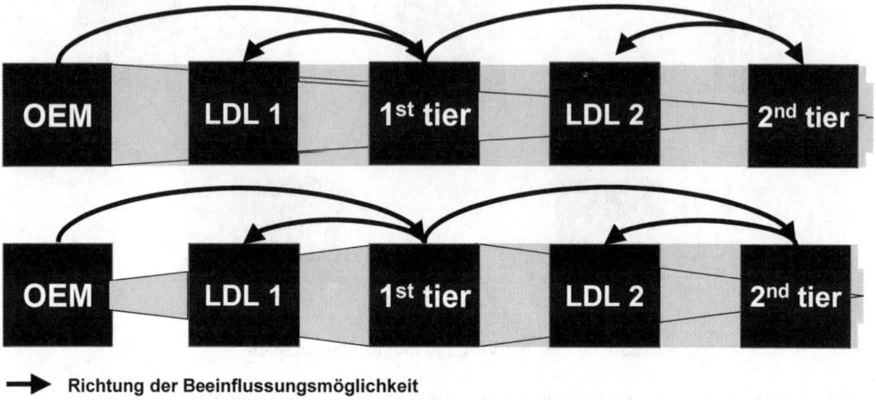

Abb. 2. Abnehmender Einfluss über die Kette

Die Unkenntnis darüber ist bereits unbefriedigend genug, jedoch ist die mangelnde Bereitschaft zur Diskussion und Evaluierung der Thematik Cost Benefit Sharing (Baumgarten u. Darkow 2002) noch fataler. Wer aus eigener Kraft investieren muss, um anderen im Supply Network einen Nutzen zu verschaffen, wird schnell das Interesse verlieren und nicht seine Bereitschaft signalisieren. Eine Verbesserung des Gesamtsystems ist aber wirklich nur dann gegeben, wenn gleichzeitig kein einzelner schlechter gestellt ist. Dies bedeutet, dass die Nutzenerwerber die Investitionen der anderen Partner übernehmen oder in angemessener Weise teilen müssten. Mit den IT-Systemen kommen die Partner in dieser Frage nicht weiter.

Eine weitere Ursache für den Bedarf an unternehmensübergreifendem Collaboration Management ist in der Struktur der Automobilindustrie zu sehen. Die Tatsache, dass die Zuliefernetzwerke der OEM starke Überschneidungen aufweisen, führt bei den Lieferanten zu Problemen in der Planung und in der Folge zur Entstehung von Kosten bzw. Versorgungsengpässen bei den Kunden. Die in der Regel endlichen Kapazitäten werden durch die schwankenden Bedarfe belastet, wobei besonders die Schwankungen bei Engpasskapazitäten die Unternehmen vor eine Art von Zerreißprobe stellen, wie in Abbildung 3 skizziert. Der beschränkte Einflussbereich in den Lieferketten führt somit auch in der Vermittlung zwischen den OEM zu einem Bedarf an Supply Chain-übergreifendem Management.

Die dargestellten Probleme und Hürden verdeutlichen, dass selbst wenn die IT-Systeme sämtliche informatorischen Anforderungen bewältigen könnten, die Mitarbeiter der beteiligten Unternehmen noch längst nicht so weit sind, wie es eine effiziente Zusammenarbeit im Supply Network verlangt. Die Menschen sind somit ein Risikofaktor für die erfolgreiche Umsetzung eines effizienten Supply Chain Managements. Aus dieser Erkenntnis erwächst die Notwendigkeit für ein Collaboration Management.

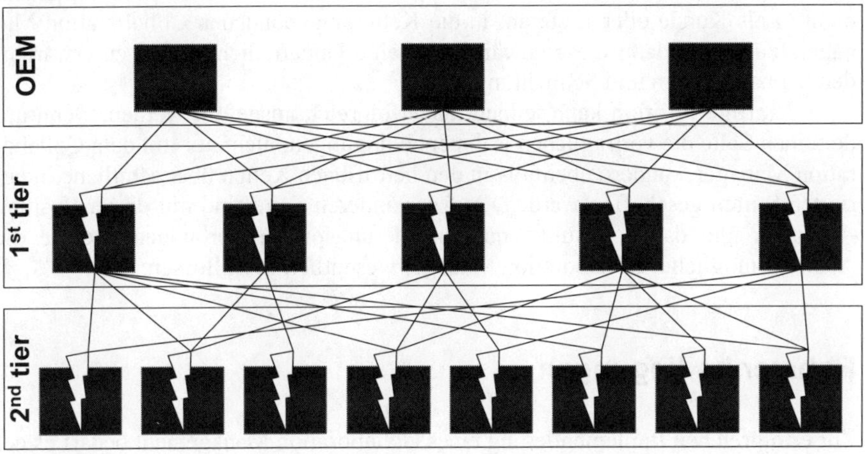

Abb. 3. Zerreißprobe für die Supply Chains

Gestaltung von Collaboration Management

Der im Vergleich zum Status Quo vergrößerte Einflussbereich eines Collaboration Managers bewirkt die Möglichkeit zur neutralen Steuerung und Vermittlung – innerhalb von Supply Chains und Supply-Chain-übergreifend. Somit können die angeführten Mängel in den Ketten verbessert bzw. behoben werden (siehe Abb. 4).

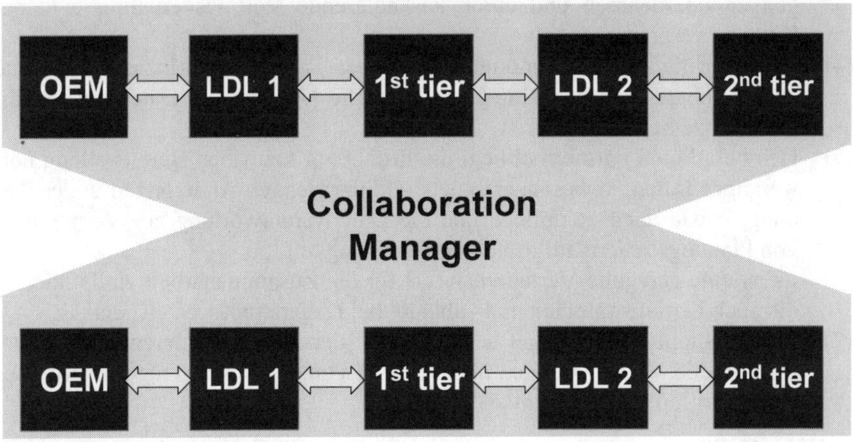

Abb. 4. Einflussbereich des Collaboration Managers

Ein wesentliches Erfolgskriterium ist hierbei in der Neutralität eines externen, nicht in als Kunde oder Lieferant in die Kette eingebundenen Collaboration Managers zu sehen, denn diese gewährleistet eine Unparteilichkeit bei zu erwartenden Verhandlungen und Schlichtungen.
Eine derartige Position kann jedoch nur erfolgreich ausgefüllt werden, wenn auf der einen Seite die vertraglichen Rahmenbedingungen, nicht nur mit dem Collaboration Manager, sondern ebenfalls in den betroffenen Ketten über sämtliche integrierten Stufen geschaffen werden. Auf der anderen Seite sind mit dieser Position Aufgaben und daraus resultierend Anforderungsprofile verbunden, welche die Auswahl möglicher Collaboration Manager wesentlich beeinflussen.

Rahmenbedingungen

Zur erfolgreichen Implementierung eines Collaboration Management bedarf es der Vereinbarung und rechtlichen Verankerung der folgenden Aspekte bei allen beteiligten Kunden, Lieferanten und Logistik-Dienstleistern:

Das gemeinsame Ziel des Supply Chain Management muss in der unternehmensübergreifenden Optimierung mit dem Fokus auf die Versorgungssicherheit und die Lieferflexibilität aller Partner sein.

(1) Es muss Einigkeit über die im Rahmen des SCM zu steuernden und zu integrierenden Prozesse sowie Rollenverteilungen und Softwareeinsatz erreicht werden.
(2) Eine Benachteiligung einzelner Supply Chain Partner ist zu vermeiden und im Zweifelsfall entstehende Kosten sind zu verteilen.
(3) Vereinbarte Grundregeln der Zusammenarbeit sind in den bilateralen Verträgen zu übernehmen und durch kaskadierende Vertragsverhältnisse in der Kette zu verbreiten.
(4) Es ist für die im SCM benötigten Daten das Transparenzprinzip in der Kette zu vereinbaren mit der Restriktion, dass die Nutzung der Daten auf vereinbarte Prozesse beschränkt ist.
(5) Den beteiligten Partnern obliegt die Pflicht zur zeitnahen Bereitstellung notwendiger Daten, insbesondere auch bei kurzfristigen Änderungen in der Planung, sowie der Datenpflege und die Datenverantwortung zur Vermeidung von Planungsfehlern aufgrund von Fahrlässigkeit.
(6) Es ist eine geregelte Verfahrensweise für die Zusammenarbeit zu definieren, die auch Notfallstrategien und –abläufe bei Lieferengpässen etc. enthält.
(7) In den Supply Chains sind, entsprechend der zu identifizierenden Bedarfe, individuelle Vereinbarungen über Art und Umfang sowie Trägerschaft eines Collaboration Management zu treffen.

Die angeführten Aspekte, die heute nicht Bestandteil vertraglicher Vereinbarungen sind, stellen eine Grundlage von Anregungen dar, die den Weg zur erfolgreichen Umsetzung von Collaborative SCM ebnen.

Aufgaben des Collaboration Managers

Während des Lebenszyklus eines SCM Projektes wird ein Collaboration Manager mit stark differierenden Aufgaben konfrontiert. Diese Aufgaben lassen sich entsprechend des Zeitpunktes an dem sie zu bearbeiten sind, in drei Phasen unterteilen. In der ersten Phase, der Aufschaltung weiterer Partner in die Collaborative Supply Chain, sind begleitende Aufgaben wahrzunehmen, um die Rahmenbedingungen für die zweite Phase, den laufenden Betrieb, zu gestalten. Die Dritte Phase der Weiterentwicklung dient zum einen der Erweiterung des Partnerkreises für collaborative SCM-Lösungen und zum anderen der Unterstützung der Innovation der Softwareentwicklungen. Im Kern sind folgende Aufgaben zu erfüllen:

Phase 1: Aufschalten

(1) Verankerung von Rechten und Pflichten in den bilateralen Verträgen
(2) Vereinbarung über Umfang der Prozesse und Datentransparenz
(3) Benutzerverwaltung: Zugriffsberechtigungen, Sichten, Administration
(4) Kalenderabstimmung / Taktung von Planungsläufen
(5) Unterstützung bei der Auswahl von Partnern und Teilespektren
(6) Prozessabstimmung
(7) Prozessimplementierung
(8) Prozesssynchronisation
(9) Software-Schulung
(10) Collaboration-Schulung
(11) Bündelung von Supply Chains, Abgrenzung des Koordinationsraumes

Phase 2: Laufender Betrieb

(12) Technischer Betrieb der Steuerungssoftware als ASP
(13) Hardwarebereitstellung
(14) Security, back-up
(15) Software-Verwaltung und -Koordination: Releasepflege
(16) Datenbankreorganisation
(17) Technischer Betrieb im Eigentum
(18) Verhaltensüberwachung (Implementierungskosten & Fehlverhalten)
(19) Monetarisierung von Ausgleichszahlungen
(20) Financial Management
(21) Clearing (z.B. Obsolet-Kosten)
(22) Deeskalation/Schiedsfunktion, bilateral und in der SC
(23) Problem-Solving ("Mediator")

Phase 3: Weiterentwicklung

(24) Marketing (Vorträge etc.)
(25) Aktives Triggern horizontaler und vertikaler Partnererweiterungen
(26) Triggern von Software-technischen Weiterentwicklungen
(27) Standardisierung und deren Verbreitung

Diesen Aufgaben kann jeweils ein Status Quo bezüglich des heutigen Erfüllungsgrades zugeordnet werden. Hierbei lässt sich nach bisher nicht, bereits in Teilen und vollständig abgedeckten Aufgaben differenzieren. Bei einer derartigen Herangehensweise ist jedoch zu berücksichtigen, dass vor allem die beiden letztgenannten Stati heute regelmäßig aus quasi Zwangssituationen heraus übernommen und somit nicht unter Optimierungsgesichtspunkten vergeben wurden. In der Automobilindustrie werden diese Aufgaben, soweit möglich von den Initiatoren der SCM-Projekte übernommen, obwohl diese Aufgaben außerhalb ihrer Kernkompetenzen liegen. Da heute noch so gut wie kein Konzept zum Supply Chain Controling angewendet wird (Risse et al. 2002) und keine Modelle für die Verteilung erwirtschafteter Potenziale in der Wertschöpfungskette – das sogenannte Cost Benefit Sharing – fehlen, erhalten die Treiber und Betreiber der Systeme die realisierten Einsparungen, wodurch die Akzeptanz des SCM in der Zulieferindustrie nicht erhöht wird. Aus diesem Umstand heraus bestehen in der Übergabe dieser Aufgaben an ein entsprechend spezialisiertes Collaboration Management Verbesserungspotenziale, die auch zu einer Stärkung der Akzeptanz des Themas SCM im Markt führen.

Notwendige Skills für Collaboration Management

Die vorgestellten Aufgaben für Collaboration Manager bedingen die Anforderung, grundlegende Zusammenhänge der unternehmensübergreifenden Zusammenarbeit zu kennen. Diese lassen sich in drei Cluster für Kernanforderungen unterteilen. An erster Stelle sind sogenannte Basic Skills zu nennen, die grundlegende Fähigkeiten sowie den Bereich des Fachwissens abdecken. Des Weiteren sind spezifische Fähigkeiten im Bereich von Produkt-, Prozess- und Branchenkenntnissen notwendig, die durch den Bereich der technischen Skills im Sinne von Kenntnissen über Hard- und Softwaresysteme im SCM Umfeld ergänzt werden. Detailliert ist die Erfüllung der folgenden Anforderungen notwendig:

Basic Skills

- Logistik-/SCM-Know-how
- Controlling-Know-how
- Know-how in der Potenzialanalyse
- Sozialkompetenz

- Kommunikationskompetenz
- Verhandlungsgeschick
- Moderationskenntnisse
- Mediationskenntnisse
- Akquisefähigkeiten

Produkt/Prozess/Branchen Skills

- Kenntnisse in der Vertragsgestaltung
- Prozess-Know-how und Prozessdenken
- Know-how über Lieferstrukturen in der Branche
- Produkt-Know-how
- Branchen-Know-how
- Kenntnis der aktuellen Probleme in Lieferbeziehungen
- Kenntnis von Branchenstandards und deren Verbreitung sowie Mängeln im Status Quo
- Branchennetzwerk
- Kontakte in die Software-Industrie

Technische Skills

- Software-Know-how
- Datenbank-Know-how
- Netzwerk-Know-how

Sofern die aufgezeigten Skills nicht vorhanden sind, sind Collaboration Manager umfassend zu schulen. Nur so können die komplexen Aufgaben erfüllt und die Akzeptanz bei den Partnern der betroffenen Lieferketten sichergestellt werden.

Die bloße Existenz eines Collaboration Managers ist jedoch noch nicht als Enabler für die erfolgreiche Umsetzung von SCM zu sehen. Durch den unternehmensübergreifenden Ansatz des SCM lässt sich der breite Erfolg nur über die Verbreitung des SCM Gedankens in möglichst viele Supply Chains erreichen. Nur die großflächige Implementierung von SCM-Systemen und der damit verbundenen Prozesse führen zur vollständigen Realisierung der Potenziale. Somit gilt es für den Collaboration Manager, im Rahmen des Aufsetzens entsprechender Projekte bzw. der Akquise von neuen Partnern, bei diesen eine breite Akzeptanzbasis zu schaffen. Entgegen der Meinung, dass diese Akzeptanz bereits Bestandteil der Willensbildung zur Involvierung in SCM-Projekte ist, herrscht in den Unternehmen regelmäßig das Ideal der Individualoptimierung und hat dementsprechend strategisch Vorrang vor der partnerübergreifenden Gesamtoptimierung einer Supply Chain. Demzufolge ist die Bereitschaft, sich in Collaborative SCM zu involvieren, bisher eher gering ausgeprägt. Als probate Mittel zur Schaffung einer Akzeptanzbasis bieten sich folgende Vorgehensweisen an:

- Vorträge, die eine breite Öffentlichkeit für existierende Problemstellungen und deren Lösungsansätze über die Integration und Akzeptanz von Collaboration Management schaffen und nebenbei dem Vorantreiben von notwendigen Standardisierungsbemühungen dienen.
- Collaboration Workshops, in denen zusammen mit den potenziellen neuen SC-Partnern die Bedarfe an Collaborative SCM und Collaboration Management erarbeitet und somit im Gedächtnis verankert werden.
- Planspiele, deren Ziel die Vermittlung Collaboration-relevanter Inhalte anhand von realistischen Situationen aus dem Tagesgeschäft ist.

Als Vorteil dieser Vorgehensweisen ist zu sehen, dass Interessenten bisherige Erfolge in der Realisierung von Einsparpotenzialen und Kontakte zu Beteiligten und Verantwortlichen vermittelt werden können, die über die Kommunikation ihrer Erfahrungen ebenfalls die Akzeptanzbildung unterstützen können.

Potenzielle Collaboration Manager

Nach der Identifikation von Aufgaben und Anforderungen des Collaboration Management ist es notwendig, die entsprechenden Kompetenzen am Markt zu lokalisieren. Bei der Betrachtung einer Supply Chain bieten sich zunächst die beteiligten Unternehmen als Collaboration Manager an, wobei dies, wie bereits erläutert, nicht die Idealbesetzung darstellt. Im Umfeld des SCM agieren jedoch weitere potenzielle Kandidaten wie beispielsweise Berater, Application Service Provider, Branchenverbände oder die in der Entstehung befindlichen 4PL.

Bedingt durch die Tatsache, dass, außer den Letztgenannten, alle Aspiranten lediglich Teilumfänge der vorgestellten Aufgaben am Markt anbieten, erscheint der 4PL aufgrund seines integrativen Ansatzes gut geeignet für die Aufgabe des Collaboration Managers. Er vereinigt die Best-of-Breed-Lösungen aller im SCM beteiligten Dienstleister (Bothe u. Nissen 2002) und besitzt durch die Nähe zum operativen Geschäft des Transportes und der Vormontage sowie der Abrufsteuerung beispielsweise in der Automobilindustrie Branchen- und Prozesswissen in seinem Haus. Da der 4PL in der Regel aus großen, bereits am Markt agierenden Unternehmen erwächst, weist er eine zur Durchsetzung notwendige Marktmacht und solide finanzielle Basis auf, um langfristige Erfolge zu gewährleisten. Dies schließt jedoch in Einzelfällen nicht die Aufgabenübertragung an andere mögliche Collaboration Manager aus, wobei hier der Markt noch Angebot und Nachfrage identifizieren muss, da heute nur wenige Unternehmen ihre Geschäftsmodelle daraufhin ausgelegt haben.

Fazit

Das Thema SCM gewinnt am Markt stetig mehr an Bedeutung, da die Potenziale mittlerweile durch erste erfolgreiche Implementierungen in der Praxis bestätigt wurden. Da sich SCM jedoch noch in einer Entwicklungsphase befindet (Baumgarten 2001) werden weitere Handlungsbedarfe identifiziert, die in Teilen durchaus erfolgskritisch sind, wie die Aspekte des Collaboration Management belegen. Besonders kritisch ist hier der Umstand, dass es sich nicht um Themenstellungen handelt, die über Neu- oder Weiterentwicklung von Software abgefangen werden können, sondern die betroffenen Prozesse die Grenze zu sozialen Aspekten überschreiten. Demzufolge gewinnen die in den Abläufen beteiligten Personen, vor allem in den Führungsebenen, wieder an Bedeutung, denn dort befinden sich die Ansprechpartner eines Collaboration Managers für alle Aspekte außerhalb des operativen Tagesgeschäfts der Supply Chains.

Es sind Ängste bei den Partnern abzubauen bzw. zu beseitigen. Diese betreffen vor allem die Transparenz bezüglich geforderter Daten und die Skepsis gegenüber einer externen Steuerung gewisser Prozesse, die nicht zum Nachteil sondern zum Wohle aller führt. Vertrauen zwischen den Partnern kann nur langsam, dafür aber langfristig aufgebaut werden. Das Erfolgskriterium Collaboration Management für das SCM bringt neue Aufgaben in das SCM und schafft aufgrund der Aufgabenstruktur und Anforderungsprofile einen neuen Markt für integrative Dienstleistungen. Am besten vorbereitet auf diese Herausforderungen erscheinen die 4PL, die jedoch in der nächsten Zeit ihr diesbezügliches Interesse und ihre Leistungsfähigkeit unter Beweis stellen müssen. Aufgrund des innovativen Charakters des Collaboration Management bestehen auch auf wissenschaftlicher Seite weitere Handlungsbedarfe im Bezug auf rechtliche Aspekte und das Cost Benefit Sharing.

Literatur

Baumgarten, H. (2001): Globale Trends und Strategien in der Logistik – Fit For Future? – Logistikdienstleister im Wandel; Vortrag auf dem 18. Deutscher Logistik Kongress – Vision real – Lösungen für die Praxis; Berlin 2001

Baumgarten, H.; Darkow, I.-L. (2002): Konzepte im Supply Chain Management; in: Dangelmaier, W., Busch, A. (Hrsg.): Integriertes Supply Chain Management; Gabler; Wiesbaden 2002; S. 87-106

Bothe, M.; Nissen, V. (2002): Fourth Party Logistics – Ein Überblick; in: Logistik Management, 4. Jg., Ausgabe 1 2002, S. 16-26

Froschmayer, A. (2002): ′Collaboration′ entscheidet SCM-Erfolg, DVZ, 27.11.2001

Risse, J.; Stommel, H.; Zadek, H. (2002): Lieferkettenkennzahlen als Instrument für ein effizientes Supply Chain Controlling; in: Hossner, R. (Hrsg.): Jahrbuch der Logistik 2002; Verlagsgruppe Handelsblatt, 2002, S. 189-193

Outsourcing logistischer Steuerungsfunktionen

Raimund Klinkner[1] und Sven Möller[2]

Ein Merkmal des heutigen Wettbewerbs ist, dass nicht mehr einzelne Unternehmen miteinander konkurrieren, sondern gesamte Wertschöpfungsketten (Christopher 1992). Die Frage nach dem "wer macht was" in solch einer Kette ist nicht einfach zu beantworten, denn längst haben sich begünstigt durch die Entwicklung der Informations- und Kommunikationstechnologien arbeitsteilige Formen der Zusammenarbeit zwischen Unternehmen herausgebildet, die weit über eine "klassische" Hersteller-Zulieferer-Beziehung hinausgehen. Insbesondere in der mittlerweile als strategischer Erfolgsfaktor erkannten Logistik führt eine zunehmende Dienstleistungstiefe und -breite zu einem beständig steigenden Outsourcing-Anteil (Baumgarten u. Zadek 2002), wobei der größte Zuwachs in den nächsten Jahren im Bereich der Systemintegration und Steuerung der Supply Chain zu erwarten ist, also in komplexeren Dienstleistungen (Baumgarten et al. 2002).

Dieser Beitrag beschäftigt sich mit der Frage, ob neben Tätigkeiten, die im direkten Zusammenhang mit Material- und Güterbewegungen stehen, auch produktionsnahe Planungs- und Steuerungsaufgaben an externe Dienstleister vergeben werden können und sollen. Die eingenommene Perspektive ist die der GILDEMEISTER Aktiengesellschaft, eines mittelständischen Herstellers von spanenden Werkzeugmaschinen. Das Unternehmen dürfte jedoch für einen nicht unbeträchtlichen Teil der (mittelständischen) Industrie typisch sein.

Entwicklungstendenzen des Outsourcings in der Logistik

Die Überlegungen, die zu einer Auslagerung logistischer Aktivitäten auf einen Dienstleister führen, können grundsätzlich in drei Kategorien unterteilt werden (Dragonetti et al. 2001, Rabinovich et al. 1999):

- Reduktion von Logistikkosten Eine Teilfunktion wird dann extern vergeben, wenn die Kosten dieser Funktion für das vergebende Unternehmen geringer sind als bei eigener Verrichtung.
- Konzentration auf Kernkompetenzen Durch die Verlagerung nicht als essenziell empfundener Aktivitäten können die Unternehmensressourcen konzentrierter auf die Kernaufgaben gerichtet werden. Dieses Argument legt eine nega-

[1] Mitglied des Vorstandes der Gildemeister AG, Bielefeld

[2] Geschäftsführer der Allogistics GmbH, Gummersbach

tive Korrelation der Relevanz einer Teilfunktion für den Unternehmenserfolg mit der Tendenz zum Outsourcing dieser Funktion nahe.

- Erweiterung der Wissensbasis: Outsourcing kann als Chance begriffen werden, durch die Zusammenarbeit mit externen Partnern die Wissensbasis des eigenen Unternehmens zu erweitern. Outsourcing ist hiernach dann sinnvoll, wenn das externe Know-how das eigene übersteigt.

In der Praxis nimmt der Bereich der Kontraktlogistik einen Anteil von etwa 30% am Gesamtvolumen der Logistik-Dienstleistungen ein, das wiederum immerhin etwa 30% der gesamten Logistikkosten umfasst (Baumgarten et al. 2002). Die dort engagierten Systemdienstleister (3PL) übernehmen überwiegend operative, aber auch koordinierende Aufgaben entlang der Auftragsabwicklung. Typischerweise sind diese Funktionen, die mit der physischen Distribution der Ausgangsprodukte und daran angrenzenden Tätigkeiten wie Verpackung, Zollabwicklung und Transportsteuerung verbunden sind. In der Eingangslogistik bündeln Dienstleister Warenströme zu sequenzgerechter produktionsnaher Anlieferung. Die Automobilindustrie war Vorreiter der Just-in-Sequence-Belieferung, die auch bei innovativen Unternehmen anderer Industriezweige Einzug gehalten hat.

So arbeitet der GILDEMEISTER-Konzern mit einem Dienstleister zusammen, der einen großen Teil der Eingangsfrachten bei Lieferanten einholt, in einem werksnahen Transshipment-Point konzentriert und in täglichen Shuttle-Fahrten innerhalb vereinbarter Zeitfenster abgerufenes Material an das jeweilige Produktionswerk liefert. Die Koordination der Abholtermine erfolgt durch den Dienstleister in Verbindung mit den Lieferanten auf der Basis der Bestell- und Bedarfsdaten, die von GILDEMEISTER zur Verfügung gestellt werden. In den Leistungsumfang fallen weiterhin die Abwicklung von Transportschäden sowie das Management des Leerguts. Derselbe Dienstleister ist auch für die Ausführung der Frei-Haus-Lieferung der fertigen Maschinen zuständig – weltweit, einschließlich aller begleitenden Funktionen wie beispielsweise der Sendungsverfolgung und der Rückwarenabwicklung. Trotz der zusätzlichen vom Dienstleister zur Verfügung gestellten Services liegt das Kostenniveau des externen Bezugs dieser Teilfunktionen unter dem der internen Abwicklung des reinen Transports.

Derartige Beispiele für ein gelungenes Outsourcing legen die Überlegung nahe, auch komplexere Aufgaben der Planung und Steuerung durch externe Dienstleister ausführen zu lassen. Im Folgenden sollen zwei Fragen diskutiert werden:

- Können Aufgaben der Planung und Steuerung grundsätzlich von externen Dienstleistern ausgeführt werden?
- Welche Anforderungen müssen Dienstleister erfüllen, um solche Aufgaben wahrnehmen zu können?

Proprietät logistischer Planungs- und Steuerungsaufgaben

Unternehmen stehen heute in vielen Branchen marktseitig anspruchsvollen Aufgaben gegenüber (Aitken et al. 2002):

- Der Kundenbedarf ist schwankend und schwer prognostizierbar.
- Das Produktspektrum weist eine zunehmende Varianz auf.
- Kaufkriterium ist nicht allein der Preis, sondern vor allem die Verfügbarkeit des Produkts.
- Eine optimale Kostensituation ist kein Wettbewerbsvorteil, sondern Voraussetzung für den Unternehmenserfolg.

Daraus ergibt sich, dass insbesondere die kundenindividuelle, effiziente und flexible Darstellbarkeit des nachgefragten Produktes über den Unternehmenserfolg bestimmt. Der Planung und Steuerung des Wertschöpfungsprozesses kommt dabei insofern entscheidende Bedeutung zu, als mit der Verfügung über Kapazitäten sowohl im eigenen Unternehmen als auch bei Lieferanten Handlungsspielräume sukzessive eingeengt oder erweitert werden, kurz: Mit dem Fulfillment wird die physische Umsetzung des Kundenauftrags und somit die Wertschöpfung determiniert. Dabei sind Planung und Steuerung über die Rückkopplung der Steuerung auf die Planung aus praktischer Sicht nicht zu trennen.

In der Praxis zeigt sich, dass die Flexibilisierung des physischen Produktionsprozesses häufig einfacher zu bewerkstelligen ist als die des Materialflusses. Der Grund liegt in der Anzahl der zu koordinierenden Bereiche und damit der abzustimmenden Schnittstellen: Von der Feststellung des Auftragsinhalts im Vertrieb über die Allokation der Produktionsressourcen bis zur Steuerung der Lieferungen durch den Lieferanten ist eine Vielzahl von Parametern zu berücksichtigen und sind zahlreiche Prozesse, Systeme und Menschen involviert. Neben der Flexibilisierung des Produktionssystems gewinnen Geschwindigkeit und Qualität dieser Abstimmungsprozesse an Bedeutung.

Einem Outsourcing der Planungs- und Steuerungsfunktionen stehen somit mindestens zwei gewichtige Argumente entgegen: Zum einen ist nach der "klassischen Lehre" durch die Internalisierung der Schnittstellen in einem Unternehmen eine effizientere Abstimmung gewährleistet als über Unternehmensgrenzen hinweg. Dies resultiert aus den kürzeren Informationswegen und der kulturell bedingten Einheitlichkeit der Gewinnung, Aufbereitung und Interpretation von Informationen innerhalb einer organisatorischen Einheit (Frese 1993). Zum anderen stellt sich die Frage, inwieweit mit einem solchen Outsourcing dem eigenen Unternehmen wertvolles Know-how verlorengeht, zumal – wie bereits festgestellt – die durch Planung und Steuerung erworbene Reaktionsfähigkeit auf marktbedingte Anforderungen wettbewerbsentscheidende Bedeutung besitzt.

Die Autoren vertreten die Ansicht, dass diese beiden Argumente zumindest relativiert werden können. Die Informations- und Kommunikationstechnologien ermöglichen von nahezu jedem Punkt der Welt aus Zugriff auf beliebige Informationen wie auch die direkte Kommunikation zwischen Mitarbeitern. Es stellt sich die Frage, warum Mitarbeiter unterschiedlicher Unternehmen auch räumlich getrennt sein müssen. Wenn in Automobilwerken in unmittelbarer Nähe des Montagebandes Mitarbeiter von Zulieferunternehmen Komponenten montieren und somit zeitnah und unmittelbar Zuarbeiten zur flexiblen Wertschöpfung des Automobilherstellers leisten, erscheinen auch analoge Modelle in administrativen Bereichen vorstellbar. Hinzu kommt, dass ERP-Systeme nicht mehr nur von Terminals in den Räumlichkeiten eines Unternehmens zugänglich sind, sondern sogar von Dienstleistern über das Internet zur Verfügung gestellt werden. Somit sind identische Funktionen und Daten von beliebigen Lokationen aus verfügbar (Yamaya et al. 2002). Vor diesem Hintergrund scheinen – eher als die technischen und organisatorischen Möglichkeiten – Berührungsängste und Kreativitätsmängel entsprechende Lösungen zu hemmen. Dies betrifft auch das Argument der Gefährdung der Wettbewerbsfähigkeit über einen Know-how-Verlust, denn wenn die in Frage kommenden Aufgaben im Sinne des Unternehmens von einem externen Dienstleister zielführender verrichtet werden können, stärkt dies die Wettbewerbsposition des eigenen Unternehmens. Die entstehende Abhängigkeit – die im Übrigen bilateral ist – bedarf freilich einer detaillierten auch juristischen Regelung, um nicht zum Stolperstein für weitergehende Entwicklungen zu werden.

Der unternehmensübergreifenden Planung und Steuerung kommt ein weiterer logistischer Trend entgegen: Die lang- und mittelfristige Bedarfsplanung wird Lieferanten vermehrt nicht mehr auf Teileebene kommuniziert werden, sondern in Form von Kapazitätsbedarfen (Kehoe u. Boughton 2001). Zwar verstärkt dies den Druck auf die Flexibilisierung der gesamten Kette, trägt jedoch zur Reduktion der Komplexität der Kommunikation bei und sorgt für eine Glättung der Planung. Voraussetzung ist jedoch einerseits ein hohes Maß an Transparenz hinsichtlich der eingesetzten Methoden und Technologien sowie der damit verbundenen Kosten über Unternehmensgrenzen hinweg sowie andererseits eine partnerschaftliche, vertrauensvolle Zusammenarbeit der Mitglieder der Wertschöpfungskette.

Anforderungen an Dienstleister

Falls strategische, organisatorische und technische Möglichkeiten nicht gegen ein Outsourcing von Steuerungsaufgaben sprechen, gehört zum Gelingen einer solchen logistischen Lösung der geeignete Partner, also der kompetente Dienstleister. Aus den vorangegangenen Überlegungen ergeben sich vier Voraussetzungen, die ein solcher Dienstleister erbringen muss, damit ein Outsourcing von komplexen Steuerungsaufgaben sinnvoll erscheint: Fachliche Kompetenz, Integrationsfähigkeit, Zielharmonie und technologische Infrastruktur.

Fachliche Kompetenz

Die trivial anmutende Forderung nach fachlicher Kompetenz resultiert aus dem meist transportdominierten Hintergrund der Systemdienstleister (3PL) (Baumgarten et al. 2002). Planungs- und Steuerungsaufgaben, die in die physische Leistungserstellung hineinreichen, erfordern ein Qualifikationsprofil, das bislang eher selten zu finden ist. Dies betrifft nicht nur Kenntnisse der Produktionslogistik und Produktionstechnik. Vielmehr muss der Dienstleister auch spezifisches Know-how bezüglich der Branche, der Produkte, der Prozesspartner sowie der – auch informellen – Strukturen und Prozesse innerhalb der Wertschöpfungskette aufbauen, um wirkungsvoll agieren zu können. Es erscheint einsichtig, dass solches Know-how nicht beliebig vorhanden sein kann, umso höher ist Methodenkompetenz, Lernbereitschaft und Leistungswille des Dienstleisters als Schlüsselqualifikationen einzuschätzen.

Integrationsfähigkeit

Ein Outsourcing von Planungs- und Steuerungsfunktionen erscheint insbesondere dann erstrebenswert, wenn damit ein umfassender Problembereich aus dem operativen Fokus des Unternehmens entfernt wird. Der Dienstleister ist gefordert, ein Produkt zusammenzustellen, das dem Kunden einen signifikanten Mehrwert bei deutlich verringertem Management-Aufwand bietet, mithin ein "Rundum-Sorglos-Paket". Dies erfordert neben der rein fachlichen Adaption ein starkes Maß an Anpassungsfähigkeit an die Kundenprozesse und -strukturen der Unternehmensplanung und des Reportings. Dies wird besonders anspruchsvoll in komplexeren Produktionsnetzwerken mit unterschiedlichen Kulturen und Führungssystemen. Der Dienstleister steht hier vor der Aufgabe, sich als Partner des Wertschöpfungsverbundes einzugliedern und eine gestaltende Rolle als Supply Chain Manager – im Unterschied zum reinen Auftragsabwickler – wahrzunehmen. Integrationsfähigkeit wird damit zur entscheidenden Voraussetzung zur Übernahme komplexer Steuerungsaufgaben. Die Praxis zeigt, dass hier oftmals noch ein Umdenken auf Seiten der Logistik-Dienstleister stattfinden muss.

Zielharmonie

Oberstes Ziel einer Wertschöpfungskette ist die Zufriedenheit des (End-)Kunden. Der planende und steuernde Dienstleister muss sich diesem Ziel in besonderem Maße stellen und sein Geschäftsmodell entsprechend ausrichten. Nicht die vordringliche Optimierung der eigenen Prozesse führt zum Erfolg, sondern gerade die Synchronisation der Kette auf die gemeinsame Zielstellung. Der Dienstleister muss sich die Ziele und Werte der Kunden zu eigen machen und sein eigenes Handeln entsprechend fokussieren. Hier ist nicht nur der Dienstleister gefordert, Barrieren abzubauen und die Erstellung eines reibungsarmen Wertschöpfungsstroms zu gewährleisten.

Technologische Infrastruktur

Mit wachsender organisatorischer Distanz an den Prozessschnittstellen steigen die Anforderungen an die Technologie als Rückgrat des Fulfillments. Der Dienstleister muss hier die erforderliche Technologie bereitstellen, um unterschiedliche Systeme entlang der Wertschöpfungskette zu integrieren.

Aus dem Feld der Logistik-Dienstleister scheint sich derzeit noch kein Teilnehmer als ein solcher Systemintegrator abzuheben, auch wenn die rege Diskussion um die Fourth Party Logistics Provider (4PL) solchen Unternehmen vielversprechende Perspektiven verheißt (Zadek 2001). Gerade Industrieunternehmen, die ihre Stärken nicht auf dem Feld der Logistik sehen, werden der Entstehung der 4PL positiv gegenüberstehen. Die in dieser Hinsicht führenden Industrieunternehmen werden mit Blick auf konkurrierende Wertschöpfungsketten noch beweglicher werden müssen.

Fazit

Trotz der implizierten Schwierigkeiten erscheint ein Outsourcing logistischer Planungs- und Steuerungsfunktionen grundsätzlich möglich, in manchen Fällen sogar erstrebenswert. Dennoch muss davor gewarnt werden, in einem solchen Outsourcing einen generellen Erfolgshebel zu sehen: Zum einen muss im Einzelfall sorgsam abgewogen werden, ob die Vorteile einer externen Vergabe von Planungs- und Steuerungsfunktionen tatsächlich die Risiken der Suboptimalität des Schnittstellenmanagements und der Abhängigkeit überwiegen. Bei aller Euphorie muss das gewünschte Ergebnis rational und langfristig abgesichert werden.

Zum anderen muss die Tiefe der integrierten Planung über Unternehmensgrenzen hinweg sorgsam abgewogen werden. Die potentiellen Störgrößen eines solchen oftmals nichtlinearen Systems mehrerer oder vieler Prozessbeteiligter sind zahlreich (Bretzke 2002), die Reaktionen auf Ereignisse nicht immer deterministisch. Auch wenn die Versuchung groß ist, Unzulänglichkeiten der eigenen Prozesse durch einen externen Partner glätten zu lassen, ist der Erfolg eines solchen Unterfangens nicht garantiert.

Des Weiteren ist mit der externen Vergabe solcher komplexen Funktionen ein langer Prozess verbunden, bedingt durch die Notwendigkeit der Implementierung von Technologien und Prozessen, vor allem aber durch die schrittweise Annäherung der neuen Partner im Rahmen einer wachsenden wechselseitigen Abhängigkeit. Durch das Outsourcing entsteht eine auf Dauer angelegte Schicksalsgemeinschaft, deren Erfolg sich nicht automatisch und über Nacht einstellen wird. Outsourcing ist somit kein grundsätzliches Erfolgsrezept sondern vielmehr eine unter mehreren Strategien zur Gestaltung wettbewerbsfähiger Wertschöpfungsketten.

Literatur

Aitkin, J.; Christopher, M.; Towill, D. (2002): Understanding, Implementing and Exploiting Agility and Leanness. International Journal of Logistics, Vol. 5, Nr. 1, 2002, S. 59-74

Baumgarten, H.; Kasiske, F.; Zadek, H. (2002): Logistik-Dienstleister – Quo vadis? Logistik Management, Vol. 4, Nr. 1, 2002, S. 27-40

Baumgarten, H.; Zadek, H. (2001): Struktur des Logistik-Dienstleistungsmarktes; in: Baumgarten, H.; Wiendahl, H.-P.; Zentes, J. (2001): (Hrsg.): Logistikmanagement – Strategien-Konzepte-Praxisbeispiele; Springer; Berlin et al. 2002; lfd. aktualisiert; Abschnitt 9.01.01, S. 1-18

Bretzke, W.-R. (2002): "SCM-Collaboration" und "4PL's": Bemerkungen über die Grenzen eines Paradigmas. Logistik Management, Vol. 4, Nr. 1, 2002, S. 41-44.

Christopher, M. (1992): Logistics and Supply Chain Management, London, 1992.

Dragonetti, N.; Dalsace, F.; Cool, K. (2001): A Comparative Test of the Efficiency, Focus and Learning Perspective of Outsourcing. INSEAD Working Paper, Fontainebleau, 2001

Ekanayaka, Y.; Currie, W.L.; Seltsikas, P. (2002): Delivering Enterprise Resource Planning Systems through Application Service Providers. Logistics Information Management, Vol. 15, Nr. 3, 2002, S. 192-203.

Frese, E. (1993): Grundlagen der Organisation. Wiesbaden, 1993.

Kehoe, D.F.; Boughton, N.J. (2001): New Paradigms in Planning and Control across Supply Chains. International Journal of Operations & Production Management, Vol. 21, Nr. 5/6, 2001, S. 582-593.

Rabinovich, E.; Windle, R.; Dresner, M.; Corsi, T. (1999): Outsourcing of Integrated Logistics Functions. International Journal of Physical Distribution & Logistics Management, Vol. 29, Nr. 6, 1999, S. 353-373.

Yamaya; E.; Currie, W.; Sltsikas, P. (2002)

Zadek, H. (2001): Strategische Neuausrichtung von Logistik-Dienstleistern. Industrie Management, Nr. 17, 2001, S. 5-11.

Kapitel III

Logistik-Dienstleister als Manager der Supply Chain

Leistungen für das Management der Supply Chain

Inga-Lena Darkow[1]

Die Unternehmen aus der Logistik-Dienstleistungsbranche bewegen sich heute in einem Umfeld, das hohe Anforderungen an Effizienz und Flexibilität stellt: Logistik-Dienstleister sind in globale Netze innerhalb der Branche und mit ihren Kunden eingebunden. Eine Entwicklung der Märkte in Osteuropa steht zudem als konkrete Herausforderung mit der EU-Osterweiterung vor der Tür. Erste Studien und Markterhebungen der Unternehmen werden zurzeit durchgeführt, um mit der Öffnung der Grenzen über eine Strategie für einen eventuellen Markteintritt zu verfügen.

Die betrachteten Unternehmen kreieren durch eigenen Antrieb und gemeinsam mit ihren Kunden neue Produkte, die insbesondere Value Added Services abdecken. Kontraktlogistik und Systemdienstleistungen sind hierbei die langfristig kundenbindenden Konzepte, da diese aufgrund der Individualität logistischer Leistungen für Industrie und Handel nicht leicht nachahmbar sind. Mit zunehmend steigender Individualität der Kundenwünsche – auch in der Logistik – verstärkt sich dieser Effekt. Es werden jedoch auch hohe Ansprüche an die Problemlösungskompetenz des Logistik-Dienstleisters gestellt. Dieser reagiert nicht selten mit dem Aufbau eigener Logistik-Beratungskompetenzen bzw. geht Kooperationen mit entsprechenden Unternehmen ein. Einige der erwähnten Unternehmen streben jedoch nach mehr: Sie möchten die anspruchsvolle Stellung als Manager einer Supply Chain erlangen und Aufgaben in der Steuerung von Wertschöpfungsketten übernehmen.

In diesem Beitrag wird dargestellt, welche Leistungsfelder dazu gehören, wenn sich ein Logistik-Dienstleister als Manager der Supply Chain profilieren möchte. Wer steuert die Supply Chain? – so lautet die abschließend bearbeitete Fragestellung in diesem Kontext.

Leistungsspektrum für das Management der Supply Chain

Die steigende Vielfalt des Logistik-Dienstleistungsmarktes, der in seinem Umfang einem stetigen Wachstum unterliegt, trägt dazu bei, dass das entstehende Aufga-

[1] Unternehmensberaterin und Dozentin

benspektrum einen Logistik-Dienstleister neuer Prägung fordert, der eine Supply Chain ganzheitlich steuert. Es gibt bisher wenige Unternehmen, die sich selbst als solche Netzwerkintegratoren betrachten oder als solche definiert werden können. Im Rahmen der Diskussion um ein gefordertes und auch machbares Leistungsspektrum eines Fourth Party Logistics Provider (4PL) sind viele Themen immer wieder genannt worden. In diesem Abschnitt wird nun hergeleitet, welchen Aufgabenumfang ein solches Unternehmen haben muss, um sich konzeptionell adäquat vermarkten zu können.

Wesentliches Unterscheidungsmerkmal im Vergleich zu den etablierten Systemdienstleistern besteht in der Notwendigkeit, mit einer Vielzahl an Partnern zu kooperieren, die alle von dem Verkaufserfolg eines Produktes abhängig sind. Dabei muss mit dieser Aufgabe ein signifikanter Mehrwert erzeugt werden bzw. es müssen Kosteneinsparungen realisiert werden, die ohne eine Supply-Chain-weite Steuerung nicht möglich wären. Zudem müssen auch alle Partner diese Vorteile als solche wahrnehmen können.

Aus den Aufgaben, die im Rahmen der unternehmensübergreifenden Steuerung einer Supply Chain anfallen, kann ein Anforderungs- und Leistungsprofil mit Kernaufgaben für einen Manager der Supply Chain abgeleitet werden (siehe Abb. 1). Dazu zählen auf der strategischen Ebene Aufgaben wie Planung von Netzwerken sowie die Integration von IT-Systemen, die fast 10% des Handels und bis zu einem Viertel der Industrie fremdvergeben. Im Bereich von Lager- und Bestandsplanung bzw. -management beträgt der Outsourcingumfang heute ca. 25% in der Industrie und lediglich 5% im Handel. Schließlich sind bei 14% der befragten Handelsunternehmen und bei einem Drittel der Unternehmen führender Industriebranchen die Transport- und Tourenplanung auf der operativen Ebene sowie die Auftragssteuerung an externe Partner vergeben (Baumgarten u. Thoms 2002).

Abb. 1. Leistungsspektrum zum Management der Supply Chain

Ziel der Steuerung einer Supply Chain ist die kollaborative Abstimmung und Synchronisation der Abläufe zwischen den Beteiligten im Wertschöpfungsnetzwerk. Demnach sollten zum Leistungsspektrum eines Managers der Supply Chain die in Abbildung 2 dargestellten Aufgaben gehören, die unter den Begriffen Netzwerkplanung, Auftragsmanagement sowie Service Facility Management geordnet werden können (Baumgarten 2001a). Dabei definiert die Planung der Supply Chains die Rahmenbedingungen für die später folgenden eher operativen Prozesse des Auftragsmanagements. Mit den in diesem Bereich gebündelten Aufgaben findet die Synchronisation der Abläufe in der Wertschöpfungskette statt.

Netzwerkplanung

Unter dem Oberbegriff Netzwerkplanung soll an dieser Stelle der gesamte Aufgabenbereich verstanden werden, der sich mit der Planung und Gestaltung von Unternehmensnetzwerken beschäftigt. Bei der operativen Gestaltung steht dabei die unternehmensübergreifende Produktions- und Distributionsplanung entlang der Supply Chain im Vordergrund. Anwendungsfelder im taktischen Bereich sind beispielsweise eine Netzwerkplanung zur Abstimmung der Vorgehensweisen bei Beschaffung, Lagerung Bestandsverwaltung und Transport zwischen den beteiligten Unternehmen. Im Rahmen der strategischen Planung sind unter anderem Themen wie Standortfestlegung, Lieferantenauswahl, Bestimmung des Verkehrsträger-Mixes für die Transportleistungen und der jeweiligen Kapazitäten abzudecken. Der Logistik-Dienstleister als Manager der Supply Chain sollte auch im Bereich der strategischen Netzwerkplanung maßgeblich eingebunden sein, da dies die Voraussetzung für ein zu erzielendes Optimum der gesamten Wertschöpfungskette darstellt. In diesem Rahmen findet auch die Auswahl und Einbindung geeigneter Logistik-Dienstleister statt.

Der 4PL muss in der Lage sein, die Vielzahl der in der Supply Chain existierenden IT-Systeme zu vernetzen. Hierzu nimmt Stommel in seinem Beitrag in diesem Buch Stellung. Für eine übergreifende Kommunikation sind die Schnittstellen zwischen diesen Systemen zu definieren, die notwendigen Informationen standardisiert auszutauschen und eine Datenintegration in die IT-Systeme des jeweiligen Supply-Chain-Partners sicherzustellen.

Auftragsmanagement

Als Herz der Supply-Chain-Steuerung hat der zukünftige Manager der Supply Chain die Aufgabe, ein durchgängiges Auftragsmanagement für den Kunden zu etablieren. Dies geschieht teilweise auf Basis der Netzwerkplanung, orientiert sich jedoch nachhaltig an den tendenziell operativen Tätigkeiten der Auftragsabwicklung. Die Auftragsverfolgung (Order Tracking) muss über alle Partner der Supply Chain hinweg sichergestellt werden. Engpässe beispielsweise in der Versorgung,

Fertigung oder Auftragsbearbeitung können so frühzeitig erkannt und in der Kette signalisiert werden. Der Einsatz der oben geforderten IT-Schnittstellen für diese Fragestellung versteht sich von selbst. Mit den Partnern der Supply Chain sind geeignete Problemlösungen kurzfristig zu erarbeiten und abzustimmen. Dieses Aufgabenfeld stellt die Logistik-Dienstleister vor eine große Herausforderung, ist aber für dessen Kunden eine große Entlastung und damit Mehrwert.

Unter der Transportplanung sind nicht nur die klassischen Aufgaben, wie Transportmittelauswahl, Beladungsterminierung und Lade- und Stauplanung zu verstehen, sondern diese beinhaltet auch die Auswahl der für die Abwicklung einzubindenden Dienstleister. Die Tourenplanung und -optimierung muss unternehmensübergreifend erfolgen, was eine weitere große Herausforderung darstellt. Die Verkehre entlang der gesamten Supply Chain müssen unter Einbeziehung unterschiedlichster Verkehrsträger und einer Vielzahl von Quellen und Senken optimal verknüpft werden, ohne die Versorgung oder Auftragsabwicklung zu gefährden. Im Vergleich dazu gehört eine Sendungsverfolgung und Statusberichtsfähigkeit über die Ware im Transportprozess schon zu einer Standardleistung von zukunftsfähigen Logistik-Dienstleistern. Die Anforderungen bestehen hier in einer intermodalen Tracking-and-Tracing-Funktionalität und in der IT-gestützten Problemsignalisierung.

Ein unternehmensübergreifendes Lager- und Bestandsmanagement zur Minimierung der Bestandskosten in der Supply Chain bei gleichzeitiger Verfügbarkeitsgarantie kann als eine der Mindestforderungen von 4PL-Kunden angesehen werden. Dazu gehören die getrennte Disposition von Schnell- und Langsamdrehern, die Definition und Vorhaltung von Sicherheitsbeständen sowie die Artikelbereinigung. Ein wesentliches Aufgabengebiet des Auftragsmanagements ist zudem die Engpasssteuerung für Teile und Komponenten im Netzwerk.

Service Facility Management

Unter dem Oberbegriff des Service Facility Management werden – in Anlehnung an den Begriff des Facility Managements in der Gebäudebewirtschaftung – alle Aufgaben zusammengefasst, die recht spezifisch für den Bereich der Wertschöpfungskettensteuerung sind und als ergänzende Aufgabenpakete aufgefasst werden können.

Nicht zu vernachlässigen ist hierbei die Ermittlung von Gewinnen und Verlusten von einzelnen Partnern in der Supply Chain die aus der Erreichung eines Gesamtkettenoptimums resultieren und die faire Verteilung bzw. Ausschüttung der Ergebnisse an die Partner. Es ist zu vermuten, dass neben den bei allen Partnern zu tätigenden Investitionen einige wenige Unternehmen der Supply Chain erhöhte Prozesskosten haben werden, aber damit überhaupt erst ein verbessertes Gesamtoptimum erzielt wird. Eine Ausgleichszahlung wäre in diesem Fall anzudenken.

In globalen Netzwerken bleibt ein beachtlicher Dokumentenstrom der Partner nicht aus. Diesen gilt es im Rahmen eines Informationsmanagements entlang der Supply Chain zu bewältigen sowie eine geeignete physische und softwaretechnische Infrastruktur bereitzustellen. Die Bereitstellung der benötigten übergreifenden SCM-Software sollte insbesondere für kleine und mittlere Unternehmen über Application Service Providing erfolgen, damit nicht aufgrund der erforderlichen Investitionsvolumina und Implementierungskosten eine Integration der kleineren Supply-Chain-Partner ausbleibt.

Der 4PL sollte weiterhin in der Lage sein, Personal zum Ausgleich von Engpässen und Überkapazitäten mit dem Ziel der Flexibilisierung der Supply Chain bereitzustellen bzw. zu organisieren. Dies kann bis zur Einsteuerung von Personal in die Produktion der Kunden gehen – „atmende" Produktion. Des Weiteren sollte die Koordination von Finanzdienstleistungen durch Dritte für alle Partner der Supply Chain übernommen werden. Dazu könnte die Erstellung von Finanzierungskonzepten für Logistikzentren und Industrieparks gehören.

Abgerundet wird das ideale Leistungsspektrum eines 4PL durch die Beratung der Partner in der Supply Chain zu allen relevanten betriebswirtschaftlichen und technologischen Fragestellungen, die sich im Rahmen des integrierten und kooperativen Leistungserstellungsprozesses ergeben.

Wer steuert die Supply Chain?

Für die Aufgabe des Managements und der Steuerung einer Supply Chain werden in Wissenschaft und Praxis verschiedene Modelle diskutiert. Grundsätzlich kommt als Steuerer der Supply Chain ein Unternehmen bzw. eine Kooperation von Partnern der bestehenden Wertschöpfungskette oder aber ein externer Dienstleister in Betracht. Bisher wird die Steuerung vorrangig durch den dominierenden Partner der Supply Chain – das fokale Unternehmen – getrieben und implementiert. In den Versorgungsketten der Industrie sind dies vor allem die Hersteller oder Original Equipment Manufacturer, während in den Distributionsketten des Handels die führenden Handelsketten diese Aufgabe an sich ziehen. In beiden Fällen werden oft auch spezialisierte Tochterunternehmen mit der Steuerungsaufgabe betraut. Gleichzeitig bilden sich auf dieses Aufgabenfeld spezialisierte Logistik-Unternehmen heraus, die als unabhängige Dritte die Steuerung als komplexe Systemdienstleistung anbieten.

Im lukrativen Marktsegment der Steuerung gesamter Supply Chains stehen deshalb heutige Koordinatoren innerhalb der Wertschöpfungskette damit zunehmend in direkter Konkurrenz zu Logistik-Dienstleistern. Die Bereitschaft, die Steuerung von Wertschöpfungsketten und Netzwerken an einen externen Dienstleister zu vergeben, ist bei Industrie und Handel in weiten Teilen heute noch verhalten. Immerhin planen knapp 20% der Industrieunternehmen und fast 10% der Handelsunternehmen eine Fremdvergabe von zentralen Steuerungsaufgaben wie Logistik-Planung, IT-Integration und Bestandsmanagement (Baumgarten u. Thoms 2002). Verschiedene Logistik-Dienstleister werden daher weiterhin proaktiv „Rundum-sorglos-Pakete" entwickeln und anbieten. Überzeugende Kompetenzen, Erfahrungen und der Aufbau von Vertrauen sind die Grundlage für die Übernahme dieser verantwortungsvollen Aufgaben.

Fazit

Vielfältige Logistik-Dienstleistungen fordern vielseitige Dienstleister. Dabei besteht mit der verstärkten Fokussierung auf Kernkompetenzen in Industrie und Handel der Trend, immer mehr und auch immer höherwertige Leistungen anzubieten. Die Gesamtheit dieser Dienstleistungen kann jedoch im Regelfall nicht durch ein Unternehmen allein erbracht werden. Insbesondere im Bereich der unterstützenden Dienstleistungen entlang der Supply Chain können sich die Unternehmen hier neu positionieren. Die Kompetenz eines Logistik-Dienstleisters neuer Prägung besteht gerade in der Bündelung von Diensten Dritter. Im Wesentlichen werden hierzu IT-Service Provider und 3PL zur operativen Abwicklung der physischen Logistikleistungen eingebunden werden (Baumgarten 2001b).

Wichtig ist dabei die Fähigkeit des Logistik-Dienstleisters, sich auf die Anforderungen aus der Supply Chain einzustellen und das Vertrauen der beteiligten Partner zu gewinnen. Seine Kooperationsfähigkeit dient dabei als Basis für eine erfolgreiche Unterstützung der gesamten Wertschöpfungskette und deren Steuerung. Immer offensichtlicher wird im Rahmen der in den letzten Monaten geführten Diskussionen um den 4PL, Netzwerkintegrator oder auch Lead Logistics Provider, dass die häufig zur Doktrin hochstilisierte Fragestellung, ob das Unternehmen über Assets im Sinne von Fuhrpark, Immobilien und IT-Netzwerken verfügt, für die Steuerung der Supply Chain nur eine von vielen Facetten darstellt. Vielmehr fordern die Kunden aus Industrie und Handel den Aufbau von Planungs- und Steuerungskompetenz für das gesamte Netzwerk.

Wesentlicher Diskussionspunkt bleibt jedoch, welcher Partner in der Supply Chain neben den Logistik-Dienstleistern maßgeblich an Steuerungs- und Managementaufgaben beteiligt ist. Dazu ist die Entwicklung verschiedener Konzepte möglich, die im sich nun anschließenden Beitrag von Baumgarten und Kasiske „Der Weg zum Manager der Supply Chain“ aufgezeigt werden.

Literatur

Baumgarten, H. (2001a): Globale Trends und Strategien in der Logistik – Fit For Future? – Logistikdienstleister im Wandel; in: Bundesvereinigung Logistik (Hrsg.): 18. Deutscher Logistik-Kongress – Vision real – Lösungen für die Praxis; Berichtsband 2001; Band 2; Huss-Verlag; München; 2001; S. 813-825

Baumgarten, H. (2001b): Auf halbem Weg – 4PL in der Praxis; in: Logistik heute; 23. Jahrgang; Heft 11; Huss-Verlag; München; 2001; S. 36-38

Baumgarten, H.; Darkow, I.-L.; Walter, S. (2000): Die Zukunft der Logistik – Kundenintegration, globale Netzwerke und e-Business; in: Hossner, R. (Hrsg.): Jahrbuch der Logistik 2000; Verlagsgruppe Handelsblatt; Düsseldorf; 2000; S. 12-23

Baumgarten, H.; Thoms, J. (2002): Trends und Strategien in der Logistik – Supply Chains im Wandel; Berlin 2002

Wege zum Manager der Supply Chain

Felix Kasiske[1]

Die Konzentration auf Kernkompetenzen und der nachhaltige Trend zum Outsourcing führen zu einer verstärkten Fragmentierung der Wertschöpfungskette. Die Steuerung dieser Fragmente über eine Vielzahl von Unternehmen und Unternehmensteilen bedarf insbesondere der Nutzung adäquater Informations- und Kommunikationssysteme. Das komplexeste und gleichzeitig aktuellste Aufgabenfeld in der Logistik ist damit die Steuerung unternehmensübergreifender Versorgungs- und Distributionsnetzwerke. Die Supply-Chain-Steuerung umfasst demnach alle übergreifenden Maßnahmen, die eine Ergebnisverbesserung über Unternehmensgrenzen hinweg zum Ziel haben.

Das im vorangegangenen Kapitel dargestellte Leistungsspektrum eines Logistik-Netzwerkintegrators oder Fourth Party Logistics Providers (4PL) unterstellt den Gedanken, dass es sich bei dem 4PL um den Steuerer einer Wertschöpfungskette im weitesten Sinne handelt. Dazu zählen die Optimierung von Dienstleistungsfunktionen, wie Transport und Informationsmanagement, aber auch Aufgaben der Bestandssteuerung und Losgrößenanpassung, die in die direkte Produktionsplanung der Supply Chain Partner hineinreichen. Voraussetzungen dafür sind eine hinreichende Beherrschung der Informations- und Kommunikationstechnologie, um die Integration unterschiedlicher Dienstleistungen realisieren sowie ein detailliertes Branchenwissen, um Besonderheiten berücksichtigen zu können. Die Optimierung der Abläufe von komplexen Liefer- und Logistik-Strukturen setzt eine ausgesprochene Transparenz bezüglich unternehmensspezifischer und zum Teil sensibler Steuerungsdaten gegenüber dem Steuerer voraus. Hierin liegt ein wesentlicher Grund für die zu beobachtende Skepsis und Zurückhaltung von Industrie und Handel bei der Vergabe von Supply-Chain-Steuerungsaufgaben an Externe.

Unter Berücksichtigung dieser Aspekte werden in diesem Beitrag verschiedene Wege aufgezeigt, die ein Unternehmen befähigen, als Netzwerkintegrator oder 4PL aufzutreten.

---

[1] Wissenschaftlicher Mitarbeiter am Bereich Logistik, Institut für Technologie und Management, Technische Universität Berlin

Herkunft eines Netzwerkintegrators

Das Aufgabenspektrum klassischer Logistik-Dienstleistungsunternehmen unabhängig vom Reichweitenaspekt – ein Unternehmen versus eine Supply Chain als Kunde – wird somit weit überschritten. Insofern stellen jene 4PL ein neues Segment der Logistik-Dienstleister dar. Daraus folgt aber auch, dass derartige Unternehmen neu zu gründen sind oder bestehende sich dahin entwickeln müssen. Für die Entstehung eines 4PL gibt es mehrere zielführende Möglichkeiten (Baumgarten 2001):

- Ein OEM gründet ein Tochterunternehmen als 4PL oder richtet ein vorhandenes Tochterunternehmen darauf aus.
- Ein Beratungsunternehmen übernimmt die Rolle des 4PL.
- Ein IT-Dienstleister wird zum 4PL.
- Ein Joint-Venture-Unternehmen aus Partnern der Supply Chain wird 4PL.
- Ein 3PL entwickelt sich zum 4PL.

Die letztgenannte Möglichkeit wird in diesem Zusammenhang besonders häufig zum Gegenstand der aktuellen Diskussion, da sich Third Party Logistics Provider aufgrund ihrer Herkunft durchaus auch über Zwischenstufen zum 4PL entwickeln können. Eine Möglichkeit liegt in der Übernahme der Steuerung des gesamten logistischen Dienstleistungsnetzwerkes, dies dann jedoch ohne direkten Eingriff in die Wertschöpfungsprozesse der auftraggebenden Supply Chain Partner.

Entwicklung aus einem Tochterunternehmen der Original Equipment Manufacturer

Am weitesten sind in komplexen Supply Chains Lösungen verbreitet, die aus den Reihen der Supply Chain Partner selbst getrieben sind. Dies ist insbesondere dann der Fall, wenn innerhalb des zu betrachtenden Netzwerkes ein oder nur wenige besonders starke Partner die Möglichkeit besitzen, die Gesamtprozesse über mehrere Wertschöpfungsstufen hinweg zu beeinflussen. Dabei kann es graduelle Unterschiede geben, die sich in der Reichweite dieses Einflusses widerspiegeln. Zum einen – dies ist die häufiger zu beobachtende Ausprägung – kann sich der Einfluss vor allem auf die Logistikprozesse zwischen den beteiligten Partnern beschränken. Zum anderen kann sich dieser Einfluss aber auch auf die gesamte Netzwerkgestaltung, also auch auf Standortentscheidungen und neben den Lieferfrequenzen auch auf die Produktionsfrequenzen erstrecken.

Automobilindustrie und Handel nehmen hier eine Vorreiterrolle ein. Es werden zuvor eher transportorientierte Dienstleistungs-Tochterunternehmen der Endprodukt-Hersteller (OEM) als 4PL ausgerichtet. Diese steuern, strategisch wie operativ, für ihre Mutterhäuser abhängig von Fokus und Reichweite der Einflussnahme die gesamten logistischen Beschaffungs- bzw. Distributionsprozesse über mehrere

Stufen hinweg. Dabei gestalten sie das Systemdesign, horizontal wie vertikal und optimieren kontinuierlich die Geschäftsprozesse gemäß den Optimierungszielen der Mutterhäuser. Sie stellen die IT-Infrastruktur zur Abwicklung der übernommenen Prozesse zur Verfügung und erbringen teilweise die Integrationsleistung der IT-Systeme zu ihrer Zentrale und den eingebundenen vor- oder nachgelagerten Partnern in der Supply Chain. Ein erfolgreiches Beispiel wird in dem Beitrag von Prümper und Butz in Kapitel IV aufgezeigt.

Da die Zielsysteme dieser Dienstleister jedoch im Regelfall durch den Endprodukthersteller (OEM) dominiert sind, lässt sich ein globales Supply Chain Optimum nur schwer erreichen. Von einer Steuerung der gesamten Supply Chain als ein zu optimierendes Gesamtsystem kann somit eigentlich nicht gesprochen werden.

Entwicklung aus Beratungsunternehmen

Die im Kontext der Definition des Fourth Party Logistics Providers ursprünglichste Möglichkeit der Entstehung eines 4PL wird in der Übernahme der Steuerungsleistung und Koordination durch Beratungsunternehmen gesehen. Die treibende Kraft resultiert aus dem Erfahrungsschatz von Beratungsunternehmen bei der Evaluierung von Kooperationsmodellen und Organisationsalternativen, welche bei einer strategischen Konfiguration einer Supply Chain maßgeblichen Anteil haben und die Implementierung von SCM-Software begleiten (Störmer 2002). Zusätzlich bringen Beratungsunternehmen die Kompetenz zur Ausschreibung und Beauftragung der im Rahmen der Umsetzung der Kooperationskonzepte benötigten Dienstleistungen von 3PL und IT Service Providern ein.

Als deutliches Defizit bei der Umsetzung kann sich der Fokus der großen Beratungsunternehmen vor allem auf strategische Unternehmensaspekte erweisen. Die strategische Perspektive ist einerseits Voraussetzung für die Beurteilung von Synergien und Optimierungspotenzialen über die gesamte Supply Chain. Andererseits sind zu einer erfolgreichen Umsetzung auch auf der Prozessebene innerhalb der jeweiligen Unternehmen große Anpassungen nötig, zu deren Umsetzung den Unternehmen selbst die Ressourcen fehlen.

Beratungsunternehmen, die auf der Prozessebene eines Kunden tätig sind und die internen Abläufe mit ihren Schnittstellen zu anderen Supply Chain Partnern vollständig beherrschen, weisen ebenso Potenziale zur Gestaltung eines Supply Chain-weiten Steuerungskonzepts auf. Die strategische Bedeutung der unternehmensübergreifenden Steuerung sollte in diesem Fall zwischen den Supply Chain Partnern bereits erkannt worden sein, so dass das Beratungsunternehmen vielmehr mit der Moderation einer gemeinsamen Konzeptfindung und der Umsetzung des gewählten Vorgehens betraut ist. Dabei ist es sinnvoll, das Beratungsunternehmen bereits in der Phase der strategischen Konzeption durch die beteiligten Unternehmen der Wertschöpfungskette in den Informationsfluss mit einzubeziehen.

Entwicklung aus IT-Dienstleistern

Die Entwicklung der letzten Jahrzehnte ist von einer zunehmenden IT-Durchdringung aller Unternehmensbereiche gekennzeichnet. Durch Supply-Chain-Management-Konzepte können Transaktionskosten, die aus der institutionellen und organisationalen vertikalen Desintegration von Supply Chains aufgrund von Outsourcing-Aktivitäten entstehen, auf der Ebene der Informations- und Kommunikationstechnik nivelliert werden. Mit der zunehmenden Verbreitung von kostengünstigen Möglichkeiten der elektronischen Datenübertragung, vor allem durch die Nutzung des Internets, ergeben sich neue Möglichkeiten, der Fragmentierung durch die Verbindung von E-Business-Konzepten und dem Supply Chain Management zu einem E-Supply Chain Management entgegenzuwirken (Baumgarten u. Zadek 2002). Das IT-Know-how nimmt somit eine Schlüsselrolle für die erfolgreiche Steuerung von Supply Chains ein. Aufgrund der intensiven Auseinandersetzung mit der Materie auf strategischer Ebene, aber auch auf (einer meist standardisierten) Prozessebene besitzen Software-Produzenten und IT-Dienstleister gute Chancen, Steuerungsaufgaben innerhalb von Supply Chains zu erkennen und entsprechende Aufgaben eines 4PL wahrzunehmen.

Die Steuerung der Supply Chain erfordert dabei eine branchenspezifische Software mit einer Vielzahl von Schnittstellen zur Anbindung der bei den jeweiligen Partnern etablierten ERP-Systeme. Diese Schnittstellenproblematik ist von den großen Softwarehäusern und IT-Dienstleistern erkannt worden und wird mit unterschiedlichem Erfolg umgesetzt. Damit haben IT-Dienstleister gute Voraussetzungen, die Steuerungsfrage unter Einbeziehung von E-Business-Funktionalitäten im Rahmen eines übergreifenden Softwaretools bzw. eines Supply Chain Portals zu lösen. Dieses Portal verbindet sämtliche Supply Chain Partner über das Internet, inklusive der an der Gesamtleistung beteiligten Dienstleistungsunternehmen. Aufgrund der Erfahrungen bei der Umsetzung und Abbildung von Kundenprozessen in entsprechenden Softwareapplikationen sind die IT-Dienstleister mit einem entscheidenden Wettbewerbsvorteil ausgestattet.

Etablierung eines Joint-Venture-Unternehmens

Eine der größten Hürden für ein erfolgreiches Supply Chain Management liegt in den Anforderungen an das Vertrauen, die partnerschaftlichen Ansätze und die resultierenden Verhaltensweisen. Besonders beim unternehmensübergreifenden Handeln bekommen diese Aspekte eine entscheidende Bedeutung (Sulogtra 2002). Eine Möglichkeit, die daraus entstehenden Barrieren für ein erfolgreiches Supply Chain Management zu überwinden ist die Einigung aller Supply Chain Partner auf ein gemeinsames Gremium als Joint-Venture. Dabei sind verschiedene Abstufungen möglich, wie ein gemeinsames Board von verantwortlichen Mitarbeitern der Supply Chain Partner aber auch Ausgründungen von Teilbereichen aus den beteiligten Unternehmen bis hin zu Gemeinschaftsunternehmen der SC-Partner mit Dienstleistungsunternehmen, wie Beratungsfirmen, IT-Dienstleistern oder Logistik-Dienstleistungsunternehmen. Inwieweit die potentiellen Kunden in der Wertschöpfungskette – die eigentlichen Supply Chain Partner – von der Unabhängigkeit dieser Töchter von ihren Mutterhäusern hinsichtlich bestimmter Supply Chain-spezifischer Interessen und einer Vermeidung entsprechender Interessenskonflikte überzeugt werden können, bleibt in letzterer Variante abzuwarten. Auf der anderen Seite bietet diese Variante in Supply Chains ohne ausgeprägte Machtballung bei einem oder wenigen Unternehmen die größte Umsetzungswahrscheinlichkeit, da das Vertrauensproblem zwischen den Wertschöpfungspartnern aus der Kette selbst gelöst ist und mittels eingebundener Dienstleistungsunternehmen die benötigte Kompetenz mit erhöhter Transparenz verfügbar ist.

Evolution vom 3PL zum 4PL

Die meisten Aktivitäten zur Marktpositionierung als Fourth-Party-Logistics-Provider werden derzeit von Unternehmen aus dem klassischen Logistik-Dienstleistungsbereich und hier vor allem von Third Party Logistics Providern unternommen. Der Vorteil für diese Unternehmen ist in der Möglichkeit zu sehen, von einem für ein oder mehrere Unternehmen innerhalb einer Supply Chain bereits bestehenden Leistungsportfolio in die Aufgabe eines Steuerers sukzessive hineinwachsen zu können. So besteht die Möglichkeit, bei der Evolution vom 3PL zum 4PL bereits existierende Erfahrungen und Kontakte zu betreuten Kundensegmenten einbringen zu können. In der Praxis werden oftmals neben der eigenen Tourenplanung bereits Aufgaben wie Transportplanung, Lager- und Bestandsmanagement, Order Tracking und ähnliche Value Added Services erfolgreich für die betreuten Kunden wahrgenommen.

Durch eine günstige Positionierung eines 3PL als Manager von einer Reihe eingesetzter Subunternehmen kann sich der 3PL zu einem Steuerer der Logistik-Dienstleistungsprozesse für die gesamte Supply Chain etablieren, wobei Aspekte, die in die Hoheit der wertschöpfenden Partner der Supply Chain hineinreichen, unangetastet bleiben und das Leistungsspektrum der Institution Fourth-Party-Logistics-Provider nicht voll erfüllt wird. Es ist jedoch zu erwarten, dass ohne institutionelle Trennung des Steuerers der Logistik-Dienstleistungskette von seinem Mutterunternehmen Probleme in der Kundenakzeptanz auftreten. Zum einen bestehen seitens der Verlader immer wieder Zweifel an der Neutralität eines solchen Dienstleisters, vor allem hinsichtlich einer möglichen Bevorzugung von eigenen Ressourcen zur Fixkostendegression, die jedoch nicht zwingend einem Supply Chain Optimum zuträglich sein müssen. Zum anderen liegt heute bei vielen Logistik-Dienstleistern eine IT-Infrastruktur vor, die vor allem die Bedürfnisse des Dienstleisters reflektiert und keine unternehmensübergreifende Steuerung erlaubt. Auch wenn vielfach Schnittstellen zum Datenaustausch mit Kunden und Subunternehmern existieren und erfolgreich betrieben werden, erlauben die vorhandenen Systeme keine übergreifende Steuerung von Abläufen, sie spiegeln lediglich die Prozesse zwischen den auftraggebenden Supply Chain Partnern und dem

Dienstleister wider, nicht jedoch die Beziehungen der Supply Chain Partner untereinander.

Fazit

Die beschriebenen Entwicklungspfade legen das im vorangehenden Kapitel beschriebene Leistungsspektrum eines 4PL zugrunde. Sie stellen damit systematisierte Evolutionsprozesse dar. In der praktischen Umsetzung sind Überschneidungen zwischen den einzelnen Pfaden, aber auch verschieden weit reichende Dienstleistungsangebote abhängig von den jeweils konkreten Rahmenbedingungen, beispielsweise innerhalb eines bestimmten Industriesektors, zu beobachten. So sind gemeinsame Unternehmen aus IT-Dienstleistern und Third-Party-Logistics-Providern eine Spielart, wie das Geschäftsmodell des Fourth-Party-Logistics-Providers in die Realität überführt werden kann.

Abschließend ist somit erneut deutlich geworden, dass es nicht nur eine einzige Form für den Manager der Supply Chain geben kann. Formen und Konstruktionen sind hier vielfältig und kontextabhängig zu gestalten, so dass auch auf dem Weg zum Supply Chain Manager ein reger Wettbewerb herrscht.

Literatur

Baumgarten, H.; Kasiske, F.; Zadek, H. (2002): Logistik-Dienstleister – Quo Vadis? Stellenwert der Fourth Party Logistics Provider (4PL); in: Logistik Management; 4. Jg. (2002); Heft 1; S. 27-44

Baumgarten, H.; Zadek, H. (2002): Netzwerksteuerung durch Fourth-Party-Logistics-Provider (4PL); in: Hossner, R. (Hrsg.): Jahrbuch der Logistik 2002, Verlagsgruppe Handelsblatt, Düsseldorf, 2002, S. 14-19

Baumgarten, H. (2001b): Auf halbem Weg – 4PL in der Praxis; in: Logistik heute; 23. Jahrgang; Heft 11; Huss-Verlag; München; 2001; S. 36-38

Störmer, O. (2002): Neue Wege in der eEconomy: Joint Ventures von Beratungs- und Kundenunternehmen – Synergie im Supply-Chain-Management-Modell `Fourth Party Logistics`; Verlag Dr. Kovač, Hamburg 2002

Sulogtra (2002): Supply Chain Case Studies, Sulogtra Deliverable Report D11-14, Work Package 7, Brüssel, Berlin 2002, verfügbar: www.logistik.tu-berlin.de/sulogtra+pro trans

Kundenorientierung zur Integration in die Supply Chain

Hartmut Zadek[1]

Für alle Unternehmen wird zukünftig die Kundenorientierung mit dem Ziel einer langfristigen Kundenbindung zu einem der strategisch wichtigsten Wettbewerbsfaktoren. Für Logistik-Dienstleister gilt dies doppelt. Einerseits sollten Logistik-Dienstleister das Thema Kundenorientierung priorisieren, um langfristige Wertschöpfungspartnerschaften auf- bzw. auszubauen. Andererseits erwarten ihre Kunden verstärkt individuelle, wettbewerbsdifferenzierende Logistik-Services als Angebot an ihre Endkunden. Die Kundenorientierung ist also ein wesentlicher Bestandteil in der Marketingstrategie von Logistik-Dienstleistern.

Zukünftig wird sich die Wettbewerbsfähigkeit von Industrieunternehmen auf zwei wesentliche, den Kunden unmittelbar tangierende Faktoren konzentrieren: Innovationen und Service. Erstgenannter Faktor erfordert unter anderem eine langfristige Förderung, hohe Investitionen und kreative Mitarbeiter. Der Service als Wettbewerbsfaktor betrifft sämtliche Dienstleistungen in der gesamten Kunde-Kunde-Prozesskette vom Kundenauftrag über die Herstellung und Auslieferung des Produktes bis hin zur Wartung, zum After-Sales-Service sowie zur Entsorgung bzw. Wiederaufbereitung und Wiedereinsteuerung in den Produktkreislauf. Der Anteil der Logistikleistungen an den gesamten Dienstleistungen ist beträchtlich. Industrieunternehmen werden zukünftig gezwungen sein, über eine kundenorientierte Gestaltung ihrer logistischen Prozessketten nachzudenken und somit ihren Service wettbewerbsentscheidend zu verbessern. Gleichzeitig liegen hier die Chancen für kundenorientierte Logistik-Dienstleister. Um diese Chancen wahrnehmen zu können, bedarf es einer proaktiven Kommunikation seitens der Logistik-Dienstleister in Richtung ihrer Kunden.

Kundenorientierung als strategischer Erfolgsfaktor

Allein die Notwendigkeit für eine hohe Kundenorientierung reicht in der Regel nicht aus, Unternehmen zu einer Investition in diese Richtung zu bewegen. Kundenorientierung muss sich auch als ein Erfolgsfaktor erweisen, wenn Unternehmen diesen Leitgedanken als strategisches Unternehmensziel formulieren sollen.

---

[1] Partner der Visality Consulting GmbH, Berlin

Die Kundenorientierung hat als maßgebliche Ziele die Kundenzufriedenheit und Kundenbindung. Meyer und Dornach sehen eine Verbindung in Form folgender Kausalkette: Kundenorientierung führt zu Kundenzufriedenheit, diese zu Kundenbindung und damit zu langfristigem Gewinn (Meyer u. Dornach 1998). Der Zusammenhang zwischen Kundenorientierung und Kundenzufriedenheit ist offensichtlich. Durch geeignete Maßnahmen können die Erwartungen des Kunden erfüllt oder gar übertroffen werden, was unmittelbar zu einer Erhöhung der Kundenzufriedenheit führen wird. Die Kundenzufriedenheit ihrerseits hat eine herausragende Bedeutung für die Kundenbindung.

Kundenorientierung darf nicht beim Vertragsabschluss enden. Die Abbildung 1 macht deutlich, aus welchen Phasen eine Geschäftsbeziehung besteht. Diese Geschäftsbeziehung, auch als Kundenlebenszyklus bezeichnet, kann in eine Akquisitionsphase und eine Bindungsphase unterteilt werden (Meyer u. Dornach 1998).

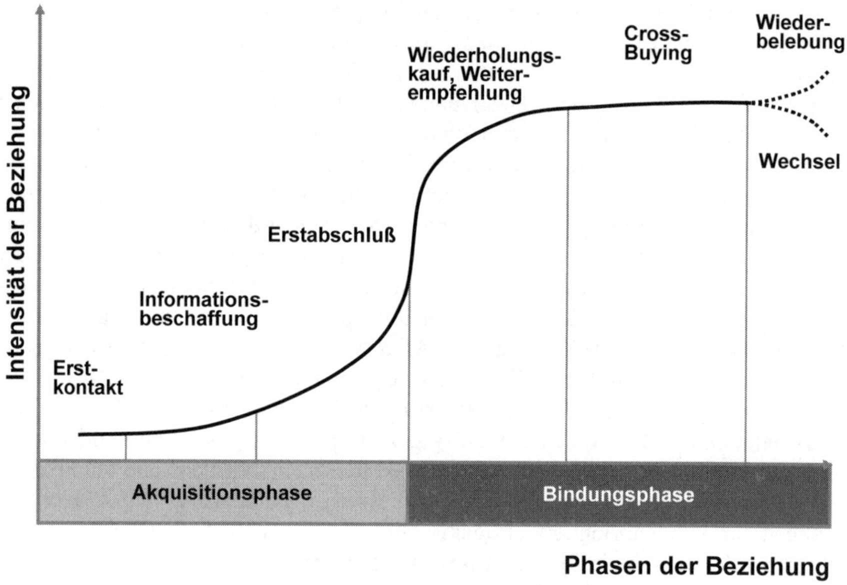

Abb. 1. Phasen der Geschäftsbeziehung (Meyer u. Dornach 1998)

Oft wird die Kundenorientierung innerhalb der Bindungsphase vernachlässigt oder gar vergessen. Stattdessen begeben sich Vertriebsmitarbeiter auf eine neue kostspielige Kundenakquisition. Empirische Untersuchungen belegen den positiven Zusammenhang zwischen dem Grad an Kundenbindung und Gewinnhöhe. So steigt bei einer Intensivierung der Kontakte nicht nur der Umsatz sondern auch der Gewinn pro Jahr mit zunehmender Dauer der Geschäftsbeziehung. Für eine Geschäftsbeziehung ist daher die Betrachtung des Kundenlebenswertes wichtig. Der höhere Jahresgewinn pro Stammkunden hat zwei wesentliche Ursachen. Zum einen steigt bei zufriedenen Kunden im Zeitverlauf die Kauffrequenz bzw. die gekaufte Menge (Meyer u. Dornach 1998). Zum anderen sind diese Kunden aufgrund des aufgebauten Vertrauensverhältnisses eher bereit, weitere zusätzliche Leistungen der Unternehmen nachzufragen – das Cross-Buying-Potenzial dieser Kunden steigt (Homburg u. Garbe 1995 sowie Meyer u. Dornach 1998).

Der Aufbau eines Vertrauensverhältnisses mit dem Ziel der langfristigen Kundenbindung führt auch zu einer Reduzierung der Marketing- und Vertriebskosten für die Erhaltung der Geschäftsbeziehung. Die Vertriebskosten für neue Kunden (Geschäftsbeziehung dauert bis zu 2 Jahren) sind ca. achtmal so hoch wie für alte Kunden (Geschäftsbeziehung hält seit mindestens 8 Jahren an). Die Pflege eines Kundenstamms kostet weniger als die Gewinnung neuer Kunden. Die Neukundenakquisition gilt als die teuerste Leistung im Vertriebsbereich (Homburg/Rudolph 1995). „Die Akquisition eines Neukunden ist ... fast fünfmal teurer als die dauerhafte Bindung eines Altkunden" (Dommann 1997). Zwei Drittel des Geschäfts werden in der Regel mit Stammkunden abgewickelt. Insofern ist es fragwürdig, wieso in Deutschland die Mitarbeiter maßgeblich für das Neukundengeschäft mit Provisionen belohnt werden und nicht für die Aktivitäten, um bisherige Kunden zu halten. Die soeben erläuterten rentabilitätssteigernden Erfolgspotenziale werden durch die Abbildung 2 anschaulich zusammengefasst.

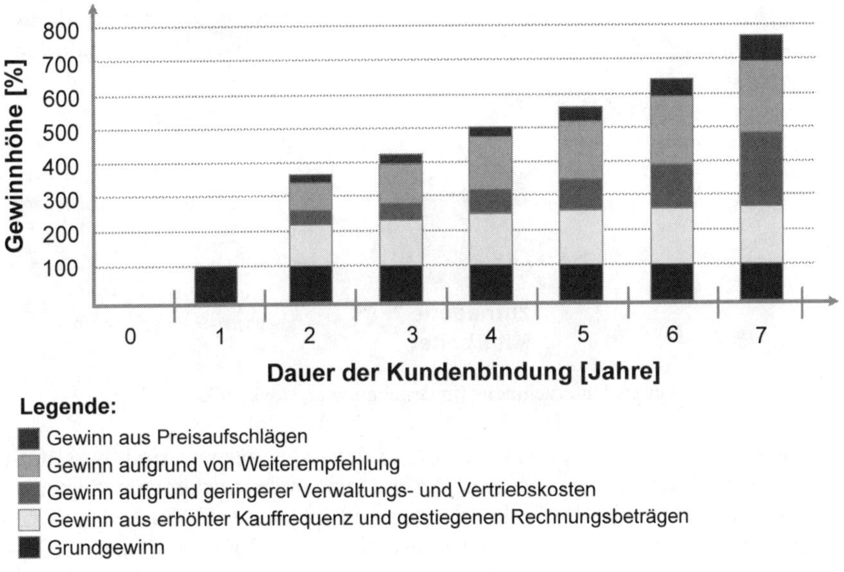

Abb. 2. Ursachen der steigenden Rentabilität bei zunehmender Dauer der Kundenbeziehung (Reichheld u. Sasser 1998)

Kunden und Kundensegmente

Als Kunden sind nicht nur die Abnehmer einer Leistung zu sehen. Auch die Mitarbeiter des Unternehmens sowie die Kapitalgeber sind maßgebliche Interessensgruppen mit Bedürfnissen, die vergleichbar mit Kundenwünschen sind. Die Abbildung 3 verdeutlicht anhand eines Erfolgskreises, dass nur die gemeinsame Berücksichtigung aller drei Interessengruppen auch die für jede Gruppe spezifischen Vorteile hervorbringt. Bereits die Vernachlässigung einer Gruppe durchbricht den Erfolgskreis und somit die Unternehmensstrategie zur Steigerung der Kundenzufriedenheit.

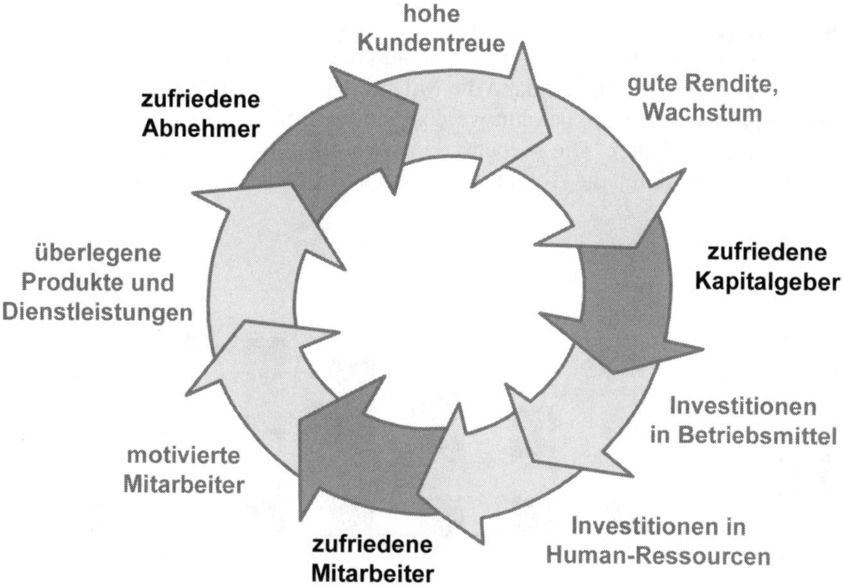

Abb. 3. Erfolgskreis eines Unternehmens (in Anlehnung an Bock 1995)

Während die Wünsche der Kapitalgeber in der Regel bekannt sind, wissen die Unternehmen häufig zu wenig über die Anforderungen ihrer externen und internen Kunden. Hinsichtlich der Logistikleistungen und -prozesse wissen Unternehmen oftmals gar nicht, wer die internen Kunden sind. Mit Hilfe der Prozessanalyse können nicht nur die einzelnen Leistungen und Prozesse sondern auch die Kunden und die Nähe zu den externen Kunden festgestellt werden.

Damit Maßnahmen zur Kundenorientierung finanziell nicht über alle Grenzen steigen, ist eine Kosten-Nutzen-Abwägung erforderlich. Hier zeigt sich, dass es nicht effizient ist, alle Anforderungen eines jeglichen Kunden voll zu erfüllen. Vielmehr ist eine Kundensegmentierung erforderlich, die die Kunden beispielsweise in nachfragehomogene Gruppen unterteilt. Dies erlaubt eine je nach Stellenwert spezifische Betreuung der Kundensegmente. Eine undifferenzierte Bearbeitung der Kunden kann zu erheblichen Fehlallokationen von Ressourcen führen (Homburg 1995 und Utzig 1997).

„Da für einzelne Kundengruppen wie beispielsweise Neukunden, Kunden mit hoher Wettbewerbserfahrung oder Berufstätige deutlich unterschiedliche Anspruchs- und Erwartungsprofile nachweisbar sind, kann Kundenorientierung konsequenterweise nur über eine zielgruppenspezifische Leistungsdifferenzierung erreicht werden“ (Meyer u. Dornach 1998). Eine Segmentierung der Kunden kann auf verschiedene Arten vorgenommen werden. Beispielsweise können die Kunden mit Hilfe der ABC-Analyse nach dem Umsatz segmentiert werden. Allerdings sollte auch das zukünftige Potenzial der Kunden berücksichtigt werden. In diesem Zusammenhang wird auch vom Customer-Lifetime-Value gesprochen, eine Schätzung der zu-künftigen Kundenumsätze unter Berücksichtigung der anfallenden Kosten durch die jeweiligen Kunden. Dieser Ansatz ist aufgrund der sehr prognoseabhängigen Daten nur schwer zu verfolgen.

Wolff bildet Kundenklassen in Abhängigkeit des Lieferterminwunsches (Wolff 1995). Dieser Ansatz ist bezüglich seiner Auswirkungen auf die Kunden sehr förderlich und ließe sich auf andere Servicekomponenten ausweiten. Allgemein bedeutet dies eine Segmentierung hinsichtlich der Kundenanforderungen an Logistikleistungen. Jedoch sollten Kunden zusätzlich nach einer weiteren Dimension segmentiert werden. Die Bedeutung bzw. der Stellenwert der Kunden sollte Einfluss auf die Erfüllung der Kundenanforderungen haben. Hier bietet sich als Dimension die Kundenattraktivität an. In der Regel ist die Ermittlung der Kundenattraktivität aufgrund der Prognoseunsicherheiten schwierig. Eine vergangenheitsbezogene Analyse der Kundenumsätze ist in aller Regel nicht zielführend. Die umsatzschwachen Kunden würden konsequenterweise keine intensive Betreuung mehr erfahren. Jedoch könnten gerade dies bisher abwartende Kunden sein, die sich bei entsprechender Betreuung in sehr lukrative Stammkunden verwandeln. Entscheidend daher ist die zukunftsbezogene Attraktivität eines Kunden.

Als Methode für die Kundensegmentierung bietet sich die Portfolio-Analyse an. In einem Kundenportfolio werden die Kunden entsprechend der zu betrachtenden Dimensionen einzelnen Matrixfeldern zugeordnet. Anhand der Matrixfelder können Segmente gebildet und diesen Segmenten Strategien oder Handlungsanweisungen zugeordnet werden. Beispiele für Kundenportfolios zeigen u.a. Homburg u. Werner sowie Peter (Homburg u. Werner 1998 sowie Peter 1997). Die Kundensegmentierung hat ihre Grenzen, wenn der Aufwand den Nutzen übersteigt. In dem Fall ist es effizienter, gleich einen höheren Service als Standard anzusetzen.

Analog zu den externen Kunden könnte eine Kundensegmentierung für interne Kunden erfolgen. Daraus lassen sich gezielt Maßnahmen zur Förderung und Weiterbildung von Mitarbeitern sowie Teilaspekte für eine kundenorientierte Entlohnung ableiten.

Ein strategischer Wettbewerbsvorteil liegt vor, wenn er für den Kunden wichtig, wahrnehmbar und dauerhaft ist. Daher sind Logistikleistungen und -prozesse auf ihre Bedeutung und Wahrnehmbarkeit beim Kunden zu untersuchen, in entsprechend bedeutsame und unbedeutsame Leistungen zu unterscheiden. Die bedeutsamen Leistungen müssen gezielt untersucht und hinsichtlich der Erstellungsform optimal gestaltet werden. Für die in verschiedenen Prozessen integrierten Logistikleistungen sind dabei nicht nur die externen sondern auch die internen Kunden relevant.

Maßnahmen und Vorteile

Logistikführer sind Vorreiter hinsichtlich der Kundenorientierung und messen die Kundenzufriedenheit am intensivsten (European Logistics Association 1997). Trotz dieser erhöhten Anstrengungen weisen Logistikführer wesentlich geringere Logistikkosten als der Durchschnitt auf. Logistikführer erreichen durch Kundenorientierung eine höhere Performance. Kundenorientierte Logistikprozesse werden somit zu einem wesentlichen Steuerungselement für die aktive Kundenbindung. Insbesondere neuartige Logistikprozesse im After-Sales-Service eröffnen diesbezüglich große Erfolgspotenziale. Dies ist jedoch nur ein, wenn auch wesentlicher Baustein auf dem Weg zur höheren Kundenzufriedenheit in logistischen Prozessen.

Für die Realisierung einer umfassenden Kundenorientierung bei Logistik-Dienstleistern sind diverse Maßnahmen zu ergreifenden:

- Die Unternehmensziele sind an den Erwartungen der Kunden, Mitarbeiter und Gesellschafter auszurichten, insbesondere erstere sind zu analysieren und einzubeziehen.
- Logistikleistungen, die eine nachhaltige Wirkung beim Kunden hinterlassen, sind gezielt auszubauen und mit Investitionen zu versehen.
- Die für den Kunden wertvollen Logistikkompetenzen müssen identifiziert, gestärkt und im Marketing herausgestellt werden.
- Der Kunde stellt die Anforderungen und Erwartungen – eine enge Integration des Kunden ermöglicht proaktives Handeln und somit schnelles, flexibles Reagieren.
- Nicht alle Kunden sind gleich – einige sind gleicher. Für das Unternehmen bedeutsame Kunden sind zu identifizieren, um Kundenbindungsmaßnahmen sowie erforderliche Ressourcen sinnvoll auf diese zu konzentrieren.
- Den bedeutsamen Kunden sollte immer etwas mehr Leistung gegeben werden als gefordert – sei es durch eine effizientere Durchführung (Kostensenkung) oder höhere Qualität bzw. besseren Service.
- Ohne Controlling einschlägiger Kennzahlen können Verbesserungen nicht registriert werden. Nur die Gewissheit über Kunden- und Leistungskennzahlen hilft weiter.
- Um Kunden gezielt betreuen zu können, bedarf es geregelter Abläufe und Aktivitäten sowie Daten aus der Kundenhistorie. Ein umfassendes Customer Relationship Management bzw. ein gezieltes Kundenbindungsmanagement mit IT-Unterstützung ist hierfür dienlich.
- Auf der Basis eines Customer Relationship Management sind gezielt Maßnahmen zur Verbesserung der Kundenorientierung und -integration vorzunehmen.

- Auch nach innen gerichtet, nämlich für die Mitarbeiter sind Maßnahmen einzuleiten. Hauptsächlich geht es um die Steigerung der Mitarbeiterzufriedenheit, was sich z.B. in der Einräumung von Weiterbildungsaktivitäten niederschlagen kann.

Die Kundenorientierung bringt aber nicht nur dem ausführenden Unternehmen langfristig Vorteile, sondern auch den gebundenen Kunden. So haben Stammkunden

- einen Informationsvorsprung,
- geringeren Zeitaufwand bei der Leistungssuche,
- Sicherheit bzw. erfahrungsbasierte Gewissheit über die Leistungsqualität,
- geringere Transaktionskosten sowie
- eine gewisse Vorzugsstellung (Meyer u. Dornach 1998).

Eine höhere Kundenorientierung erreicht ein Logistik-Dienstleister natürlich nur durch gezielte Anstrengungen, die erwartungsgemäß auch mit Kosten verbunden sind. Zusätzliche Kosten entstehen durch

- die Umstrukturierung des Unternehmens,
- einen anspruchsvolleren Informationsfluss,
- regelmäßige Kundenuntersuchungen,
- einen kundenspezifischeren Service,
- die individuelle und zielorientierte Betreuung der Kunden,
- gewährte kundenindividuelle Preisnachlässe sowie
- notwendige Schulungen für Mitarbeiter (Homburg 1995).

Die weiter oben ausgeführten Erfolgspotenziale übersteigen aber bei weitem die zur erfolgreichen Kundenorientierung erforderlichen Kosten. Ein Unternehmen muss jedoch berücksichtigen, dass sich die Bemühungen erst langfristig rentieren.

Fazit

Wenn ein Logistik-Dienstleister die beschriebenen Erfolgspotenziale nutzen will, so muss die Kundenorientierung langfristig bei allen Führungskräften und Mitarbeitern priorisiert werden und Bestandteil der Unternehmens- und insbesondere der Marketingstrategie werden. Bei langfristiger Verfolgung der Kundenorientierung ist auch eine Unterstützung des Unternehmenswachstums zu erwarten. Studien belegen, dass bei Unternehmen mit einer höheren Kundenorientierung das Umsatzwachstum und die Umsatzrendite überdurchschnittlich zunehmen.

Logistik-Dienstleister werden es mit einer Strategie zur Kundenorientierung leichter haben, sich in Supply Chains zu integrieren. Sie sind sensibler für die einzelnen Fragestellungen im Supply Network und stellen sich schneller auf die Bedürfnisse des Kunden und seiner Partner ein. Will also ein Logistik-

Dienstleister Manager der Supply Chain sein, d.h. langfristiger Partner und Netzwerkintegrator, ist ein professionelles Kundenmanagement unerlässlich.

Literatur

Baumgarten. H.; Zadek, H.: Kundenintegration in logistische Prozessketten; in: Hossner, R. (Hrsg.): Jahrbuch der Logistik 2000; Verlagsgruppe Handelsblatt; Düsseldorf 2000; S. 128-133

Bock, F. (1995): Der Hochleistungsansatz von Arthur D. Little; in: Nippa, M.; Picot, A. (Hrsg.): Prozeßmanagement und Reengineering; Campus Verlag; Frankfurt am Main, New York; 1995; S. 78-92

Dommann, D. (1997): Alle reden von Dienstleistung, aber keiner will dienen; in: Elektrizitätswirtschaft; 96. Jg. (1997) 17; S. 867-872

European Logistics Association (ELA) (Hrsg.) (1997): Towards the 21st Century, Trends and Strategies in European Logistics; Results of the ELA Survey 1997; Berlin/Brussels; 1997

Homburg, C. (1995): Kundennähe als Management-Herausforderung: Neue Erkenntnisse und Empfehlungen; in: Homburg, C. (Hrsg.): Management Know-how – praxisnah und aktuell; Paket 2: Kundennähe; Teil 6; Wissenschaftliche Hochschule für Unternehmensführung; Lehrstuhl für Betriebswirtschaftslehre, insbesondere Marketing; Vallendar; 1995

Homburg, C.; Garbe, B. (1995): Das Management industrieller Dienstleistungen – Problemfelder und Erfolgsfaktoren; in: Homburg, C. (Hrsg.): Management Know-how – praxisnah und aktuell; Paket 2: Kundennähe; Teil 3; Wissenschaftliche Hochschule für Unternehmensführung; Lehrstuhl für Betriebswirtschaftslehre, insbesondere Marketing; Vallendar; 1995

Homburg, C.; Rudolph, B. (1995): Wie zufrieden sind Ihre Kunden tatsächlich?; in: Harvard Business manager; 17. Jg. (1995) 1; manager magazin Verlagsgesellschaft; Hamburg; S. 43 50

Homburg, C.; Werner, H. (1998): Kundenorientierung mit System: Mit Customer-Orientation-Management zu profitablem Wachstum; Campus Verlag; Frankfurt am Main, New York; 1998

Meyer, A.; Dornach, F. (1998): Das Deutsche Kundenbarometer 1998 – Qualität und Zufriedenheit: Jahrbuch der Kundenzufriedenheit in Deutschland 1998; Deutscher Marketing-Verband, Deutsche Post AG (Hrsg.); Verlag ServiceBarometer AG; München; 1998

Peter, S. I. (1997): Kundenbindung als Marketingziel: Identifikation und Analyse zentraler Determinanten; Neue betriebswirtschaftliche Forschung; Band 223; Betriebswirtschaftlicher Verlag Dr. Th. Gabler; Wiesbaden; 1997

Reichheld, F. F.; Sasser, W. E (1998) Zero-Migration – Dienstleister im Sog der Qualitätsrevolution; in: Bruhn, M.; Homburg, C. (Hrsg.): Handbuch Kundenbindungsmanagement – Grundlagen, Konzepte, Erfahrungen; Be-triebswirtschaftlicher Verlag Dr. Th. Gabler; Wiesbaden; 1998; S. 135 150

Stautner, U.: Kundenorientierte Lagerfertigung im Automobilvertrieb – Ergänzende Ansätze zum Supply Chain Management; Deutscher Universitätsverlag; Wiesebaden 2001

Utzig, B. P. (1997): Kundenorientierung strategischer Geschäftseinheiten: Operationalisierung und Messung; Neue betriebswirtschaftliche Forschung; Band 221; Betriebswirtschaftlicher Verlag Dr. Th. Gabler; Wiesbaden; 1997

Wolff, S. (1995): Zeitoptimierung in logistischen Ketten – Ein Instrumentarium zum Controlling von Liefer und Durchlaufzeiten bei kundenspezifischer Serienproduktion; in: Baumgarten, H.; Ihde, G. H. (Hrsg.): Schriftenreihe der Bundesvereinigung Logistik; Band 35; Huss Verlag; München; 1995

Strategien für Logistik-Dienstleister

Helmut Baumgarten[1], Inga-Lena Darkow[2] und Hartmut Zadek[3]

Bei der Betrachtung des Logistik-Dienstleistungsmarkts, der Herausforderungen im Supply Network und der neuen Leistungsfelder im Management der Supply Chains wird deutlich, dass die Chancen für Logistik-Dienstleister, neue Marktpotenziale zu erschließen, mehr als günstig sind. Voraussetzung hierfür ist jedoch, dass die Logistik-Dienstleister in ihrer Entwicklung nicht stehen bleiben, sondern neue Geschäftsfelder aktiv gestalten. Wie so oft gilt auch für diese Unternehmen „Structure follows Strategy". Erst mit einer ausgereiften Strategie für das Unternehmen kann der Zielmarkt adäquat und erfolgsversprechend bearbeitet werden.

Logistik-Dienstleistern kann nur empfohlen werden, sich selbst unter die Lupe zu nehmen und eine Standortbestimmung durchzuführen. Dabei hilft die im Beitrag von Zadek gegebene Strukturierung zum Logistik-Dienstleistungsmarkt, um einerseits eine heutige Unternehmensposition abzuleiten und andererseits die zukünftig gewünschte zu definieren. Dann können geeignete Maßnahmen ergriffen werden, um dieses Ziel zu erreichen.

Wie im Beitrag von Darkow und Kieffer aufgezeigt wurde, sollten Logistik-Dienstleister in diesem Rahmen eine strategische Geschäftsfeldplanung durchführen, um vorhandene Marktpotenziale strukturiert zu erschließen. Dabei sollte versucht werden, eine Unique Selling Proposition einzunehmen. Hierzu wurden verschiedene Aspekte wie Kostenführerschaft, Qualitätsführerschaft, Branchen- oder Segmentführerschaft, Innovationsführerschaft, IT-Integrator angeführt, in denen dieses Alleinstellungsmerkmal erlangt werden kann.

Es können an dieser Stelle nicht endgültige Strategien für Logistik-Dienstleister formuliert werden, da diese immer unternehmensindividuell erarbeitet werden müssen. Gleichwohl können aber für die Unternehmensstrategie grundsätzliche Überlegungen und Ableitungen aus dem Logistik-Dienstleistungsmarkt und den Herausforderungen im Supply Network getroffen werden, so dass darauf im Folgenden eingegangen wird. Anhand eines morphologischen Kastens mit Strategieaspekten und möglichen Ausprägungen werden wichtige Facetten für eine Strategiefindung aufgezeigt (vgl. Abb. 1). Somit können Logistik-Dienstleister relativ leicht ein Strategieprofil für sich formulieren, wobei auch Kombinationen je As-

---

[1] Leiter des Bereichs Logistik, Geschäftsführender Direktor des Instituts für Technologie und Management, Technische Universität Berlin

[2] Unternehmensberaterin und Dozentin

[3] Partner der Visality Consulting GmbH, Berlin

pekt denkbar sind. Dieses Profil ist auch ein entscheidender Ausgangspunkt für einen proaktiven Marktauftritt und eine effektive Zielmarktbearbeitung.

Zielsystem	Kostenführer	Qualitätsführer	Serviceführer	Innovationsführer		
Leistungsart	operativ	koordinierend	steuernd	strategisch		
Leistungsfeld	Entwicklung	Beschaffung	Produktion	Distribution	Entsorgung	Spezialsegment
Branchenfokus	Industrie	Handel	Dienstleistung	ausgewählte Branchen	ausgewählte Unternehmen	
Aktionsraum	lokal	national	regional	kontinental	global	
Logistik-Assets	Fuhrpark	Lager und Lagereinrichtung	Umschlag und Umschlagtechnik	Informationstechnologie		
Interne Organisation	verkehrsträgerorientiert	prozessorientiert	produktorientiert			
Supply Network Integration	Bilateral: 1:1	Lateral: 1:m	Multilateral: n:m			
IT-Integration	ERP	SCM	SRM	CRM	EAI	
Datenaustausch	manuell	EDI	Web-EDI	XML		
Marktauftritt	reaktiv	antizipativ	proaktiv			

Abb. 1. Morphologischer Kasten mit Strategieaspekten und Ausprägungen

Zielsystem

Ausgangspunkt von Überlegungen zur Bestimmung sinnvoller Geschäftsfeldstrategien eines Unternehmens ist der Wunsch nach Vorteilen, die eine deutliche Unterscheidung von der Konkurrenz ermöglichen und als solche vom Kunden wahrgenommen werden. Grundsätzlich besteht die Möglichkeit, Wettbewerbsfähigkeit an den Zielen Kosten und Leistungsfähigkeit auszurichten. Dabei wird vorausgesetzt, dass die geforderte und zugesagte Qualität eines Produktes bzw. einer Leistung erreicht werden kann. Damit sind die genannten Wettbewerbsvorteile dann zu erreichen, wenn entweder der Preis eines Produkts aus der Sicht des Kunden bei gegebenem Nutzen niedriger oder der Nutzen bei gegebenem Preis höher ist als der der Wettbewerber.

Konkret lassen sich neben der Kostenführerschaft auch die Qualitäts-, Service- und Innovationsführerschaft am Markt beobachten. Die Kostenführerschaft bedingt in allen Leistungsprozessen eine schlanke Abwicklung und ist eigentlich nur zu realisieren, wenn eine hohe Auslastung der Ressourcen vorliegt. Werden Sub-Dienstleistungen von Partnern eingekauft, so müssen die Partner ein ähnlich gelagertes Zielsystem haben. Hier gilt es also nicht nur, ein Leistungsangebot zu beurteilen, sondern vor allem die Philosophie des Sub-Dienstleisters und dessen Zielsystem.

Die Qualitätsführerschaft impliziert, dass der Logistik-Dienstleister eine höherwertige Leistung erbringt und sich diese auch entsprechend vergüten lässt. Die höhere Qualität muss allerdings auch für den Kunden wahrnehmbar sein. Dies erfordert zum einen Transparenz in den Abläufen und zum anderen eine Dokumentation der durchgeführten Prozesse und Aktivitäten. Insofern kann dem Logistik-Dienstleister eine Zertifizierung weiterhelfen, seinen Qualitätslevel nach außen hin zu dokumentieren. Letzten Endes sollten Qualitätsführer ihre Performance über Kennzahlen messen und dokumentieren sowie gegebenenfalls im Rahmen einer Balanced Scorecard einbringen. Da der Kunde des Logistik-Dienstleisters in der Regel darauf bedacht ist, die Preise gering zu halten, bietet es sich an, ein Qualitäts- und Leistungsvergütungssystem gemeinschaftlich aufzustellen und in den Rahmenvertrag zu integrieren. Dadurch können spätere Auseinandersetzungen über Leistung und Preis sowie eventuell daraus resultierende Nachverhandlungen vermieden werden

Entscheidet sich der Logistik-Dienstleister für die Serviceführerschaft so sollte er die Kundenorientierung zu seiner Maxime ernennen. Gelingt es ihm, seine Leistungen derart mit Service anzureichern, dass seine Kunden regelrecht begeistert sind, so festigt sich die Kundenbindung. Der Servicegrad ist für eine derartige Dienstleister-Positionierung der Performance-Indikator, den es in regelmäßigen Abständen zu messen und auszuwerten gilt. Beispiele für Serviceleistungen sind die Gewährleistung der Versorgung mit und die Verfügbarkeit von Teilen sowie die Informationsbereitschaft.

Der Logistik-Dienstleister als Innovationsführer ist Treiber bei der Entwicklung neuer Logistiklösungen in der Praxis. Dies geht einher mit neuen Herausforderungen, die bei seinen Kunden auftreten. Seine Kunden sind z. B. zunehmend gefordert, die Wertschöpfungstiefe zu verringern, kürzere Entwicklungs- und Produkteinführungszeiten zu realisieren oder das Fabriklayout zu verändern. Als Folge davon entwickeln und realisieren Innovationsführer in der Logistik-Dienstleistung beispielsweise neue Versorgungskonzepte und -abläufe. Diese Lösungen sind in der Regel nicht so leicht imitierbar und verschaffen nicht nur dem anbietenden Logistik-Dienstleister, sondern auch seinen Kunden Wettbewerbsvorteile.

Jedes Zielsystem hat in der Regel andere Zielkunden zur Folge. Andererseits bedingen bestimmte Leistungsfelder auch entsprechende Zielsysteme. So wird es nur schwer gelingen, Standard-Transporte als Innovationsführer anzubieten, da hier aufgrund des Wettbewerbs und der Angebotsvielfalt ein Preisverfall existiert. Hingegen kann im Bereich Sondertransporte auch ein anderes Zielsystem als die Kostenführerschaft Erfolg haben, so z. B. beim Schwerlasttransport.

Leistungsart

Einen weiteren Strategieaspekt stellt die Leistungsart dar, die in die Ausprägungen operativ, koordinierend, steuernd und strategisch gegliedert werden kann. Es versteht sich von selbst, dass es kein Unternehmen gibt, das nur Leistungen einer Ausprägung durchführt. Dennoch lassen sich bei den Logistik-Dienstleistern unterschiedliche Schwerpunkte in den Ausprägungen feststellen.

Ein überwiegend operativ tätiger Logistik-Dienstleister ist beispielsweise der Transporteur. Sein Kerngeschäft besteht im physischen Transport von Waren. Hingegen hat ein Spediteur neben operativen Leistungen einen bedeutenden Anteil koordinierender Aufgaben zu erledigen. Koordiniert ein Logistik-Dienstleister mehrere Lieferanten und führt als Systemdienstleistung die Versorgung eines Werkes an, so ist er i. d. R. steuernd tätig. 3PL und 4PL weisen einen signifikant hohen Anteil steuernder Leistungen auf. Bietet ein Logistik-Dienstleister Planungs-, Beratungs- und Entwicklungsleistungen an, so werden von ihm auch strategische Aufgaben wahrgenommen.

Leistungsfeld

Unter dem Aspekt Leistungsfeld wird beschrieben, in welchen Prozessen ein Logistik-Dienstleister aufgrund seines langjährigen Know-hows hauptsächlich agiert und somit Kompetenzfelder besitzt. Mit Blick auf die Vergangenheit lagen die Leistungsfelder überwiegend in den Prozessketten Beschaffung bzw. Versorgung sowie Distribution und Entsorgung. In den letzten Jahren hat sich zunehmend gezeigt, dass der Logistik-Dienstleister auch in die Prozesskette Produktion vordringt. Durch Fragestellungen hinsichtlich der kompletten Produktionsversorgung werden angrenzende Aufgaben mit übernommen bis hin zu bestimmten Vormontage- oder Finishing-Tätigkeiten. Zukünftig werden Logistik-Dienstleister auch in der Prozesskette Entwicklung gefordert sein. Neben den genannten Prozessketten gibt es natürlich auch Spezialsegmente, auf die sich ein Logistik-Dienstleister mit dem Ziel konzentrieren kann, eine Marktführerschaft oder möglichst unersetzbare Rolle zu erlangen.

Branchenfokus

Neben der Konzentration auf bestimmte Leistungsfelder kann der Zielmarkt auch über eine Branchenfokussierung eingeschränkt werden. Strukturell kann in die Branchensektoren Industrie, Handel und Dienstleistung unterschieden werden. Diese Einteilung ist auch in vielen Fällen sinnvoll, da das vom Logistik-Dienstleister anzubietende Leistungsspektrum für diese drei Sektoren unterschiedlich ist. Daher ist auch oft zu beobachten, dass Logistik-Dienstleister nur für Industrie- oder nur für Handelsunternehmen tätig sind. In der Regel findet sogar eine weitergehende Eingrenzung auf ausgewählte Branchen statt. So konzentrieren sich verschiedene Logistik-Dienstleister auf die Automobilindustrie und versuchen, sich dort zunehmend stärker in die Wertschöpfungskette ihrer Kunden einzubringen. Nicht selten wird auch die Strategie der prozessaffinen Branchen verfolgt. D. h. ist ein Logistik-Dienstleister in einer Branche mit bestimmten Leistungsprozessen platziert, so versucht er sein Know-how in eine andere Branche zu übertragen, die ähnliche Leistungsprozesse aufweist wie die mit Erfolg betreute Kernbranche. So kann auf Jahre ein Expansionspfad vorgezeichnet werden. Eine noch engere Ausrichtung des Logistik-Dienstleisters findet statt, wenn er sich auf einzelne Unternehmen konzentriert. Hintergrund sind oft langjährig gewachsene Wertschöpfungspartnerschaften. Auch wenn zu erkennen ist, dass eine derart intensive und vertrauensvolle Zusammenarbeit noch lange Zeit Fortbestand haben wird, so muss doch festgehalten werden, dass dieser Logistik-Dienstleister sich in einer stark abhängigen Position befindet. Eine moderate Kundendiversifikation scheint hier mehr als angebracht.

Aktionsraum

Bezüglich des Aspektes Aktionsraum muss ein Logistik-Dienstleister entscheiden, ob er überwiegend lokal, national, regional, kontinental oder global agieren möchte. Ein Logistik-Dienstleister kann sich strategisch auf einen Aktionsraum ausrichten. Während Transporteure eher lokal und national tätig sind, haben Spediteure einen kontinentalen oder globalen Fokus. Ein Systemdienstleister als sogenannter global player hat beispielsweise weltweite Produktionsnetze zu versorgen. Treiber der weltweiten Ausrichtung ist die zunehmende Globalisierung der Wirtschaft, insbesondere bezüglich Beschaffung und Distribution.

Für alle Wettbewerber in dem umkämpften Logistik-Markt besteht die Notwendigkeit, grundsätzlich für die Kunden den gesamten Erdball zu erreichen. Die Mehrzahl der Unternehmen greift hier auf Kooperationen mit anderen Logistik-Dienstleistern oder insbesondere im Mittelstand auf etablierte Netzwerke zurück. Die globale Präsenz spielt dabei nicht nur für die Erfüllung eines konkreten Kundenauftrags, sondern auch für das grundlegende Verständnis der mit internationalen Transport- und Steuerungsaufgaben verbundenen Aufgaben eine wesentliche Rolle. Neben Zollabwicklung und der Einhaltung verschiedener nationaler Transportvorschriften gehört dazu sicherlich das Wissen über andere Kulturen und deren Gepflogenheiten bei der Geschäftsabwicklung.

Weiter zunehmende Außenhandelsvolumina durch die geplante EU-Osterweiterung und steigende Anforderungen an die Qualität der europäischen Logistik-Systeme stellen eine Chance für Logistik-Dienstleister mit breitem, qualitativ hochwertigem Leistungsportfolio dar. Der in den mittel- und osteuropäischen Staaten entstehende Bedarf nach einer Neuausrichtung und Verbesserung der logistischen Strukturen generiert für Logistik-Dienstleister neue lukrative Märkte.

Logistik-Assets

Die Frage nach den Logistik-Assets hat angesichts der zunehmenden Forderung nach höherer Flexibilität an Bedeutung gewonnen. Zu den wesentlichen Assets zählen Fuhrpark, Lagerräume und -technik, Umschlagflächen und -technik sowie Informationstechnologie. Durch Assets wird nicht nur Kapital gebunden, sondern auch eine Eingrenzung bzw. Priorisierung des Leistungsspektrums vorgenommen. Diese Aspekte können nicht losgelöst voneinander betrachtet werden.

Während Transporteure einen Fuhrpark für die Ausübung ihres Kerngeschäftes benötigen, haben große Speditionen ein Netzwerk von Niederlassungen mit Lagerräumen und Umschlagsflächen. Unterrepräsentiert ist bei Logistik-Dienstleistern bisher die Informationstechnologie (IT). Hier sind in der Verarbeitungsgeschwindigkeit und Systemverfügbarkeit selten ausreichend Vorkehrungen getroffen worden. Auf die IT-Integration spezialisierte Dienstleister verfügen über Redundanzsysteme, die eine permanente Verfügbarkeit sicherstellen. Insbesondere für die Steuerung von Logistikleistungen im Supply Network ist IT und die Fähigkeit, IT-Systeme zu integrieren, unerlässlich geworden.

Unterschiedlich diskutiert wird die Frage, wie viel Assets ein Steuerer der Supply Chain noch haben sollte. Im Sinne eines 4PL sollte er bis auf IT so gut wie keine Assets haben, damit er hoch flexibel auf die Kundenanforderungen reagieren kann. Andererseits wird ihm vorgeworfen, zu wenig von den physischen Prozessen zu verstehen, um diese steuern zu können. Weiterentwickelte 3PL, die auch Steuerungsleistungen anbieten – sogenannte Lead Logistics Provider (LLP) –, behalten bewusst ihre Assets, angereichert durch leistungsfähige IT. Da die Frage nach den Assets nur eine von vielen Facetten bei der Steuerung der Supply Chains ist, hängt es immer vom Anwendungsfall ab, welche Assets wirklich beim Logistik-Dienstleister vorhanden sein sollten.

Interne Organisation

Die Ausrichtung eines Logistik-Dienstleisters an den Anforderungen des Marktes ist das Fundament für die Akquisition neuer Kunden und die Erfüllung von Kundenwünschen. Um ein effizientes Handeln zu ermöglichen, benötigt das agierende Unternehmen jedoch auch eine passende interne Organisation und Struktur.

Große Speditionen und 3PL sind oftmals nach Verkehrsträgern als Sparten organisiert. Hauptaufgabe ist in der Regel, die verfügbaren Kapazitäten der Verkehrsträger und bestehenden Netzwerke auszulasten. Konflikte können auftreten, wenn der Kunde verkehrsträgerübergreifende Logistiklösungen, z. B. Kontraktlogistikleistungen, benötigt. Da für die Kontraktlogistikleistungen Rahmenverträge mit Zusicherung einer Gesamtkapazität für eine Periode geschlossen werden, kann nicht exakt eine Planung der benötigten Ressourcen vorgenommen werden. Dies erschwert die Dimensionierung der Verkehrsträgerkapazitäten und deren Verfügbarkeit für die umfassenden Systemleistungen.

Eine andere Organisationsform ist die prozessorientierte Aufstellung. Ausgehend vom Kundenprozess und der geforderten Leistungserstellung wird für den Kunden ein Team mit definierten Ansprechpartnern bereitgestellt. In der Regel ist ein derartiges Team mit einer Niederlassung in der Nähe des Kunden angesiedelt. Aufgabe des Teams ist nicht nur die vertraglich geregelte Leistung zu erbringen, sondern auch das Leistungsspektrum für den Kunden kontinuierlich zu erweitern und somit neue Umsatzpotenziale zu erschließen. Im Vordergrund steht also nicht primär die Auslastung der eigenen Transport- oder Lagerkapazitäten, sondern die maßgeschneiderte Kundenlösung.

Bei Spezial-Dienstleistern ist auch häufig eine produktorientierte Organisation zu beobachten. Dies hat den Vorteil, dass für ein Leistungsfeld alle Know-how-Träger organisatorisch vereint sind. Dadurch kann einerseits eine hohe Performance für den Kunden erbracht werden, andererseits kann in der Gruppe das Leistungsfeld innovativ weiterentwickelt werden, damit dem Kunden weitere Services additiv angeboten werden können. Hier besteht eine Analogie zum Zielsystem Innovationsführerschaft, so dass sich eine Kombination aus beiden anbieten würde.

Supply Network Integration

In einem dynamischen Marktumfeld ist die Wandlungsfähigkeit eines Unternehmens Voraussetzung für sein Überleben. Mit ausgedehnteren Märkten, die es zu beobachten und zu bearbeiten gilt, sowie mit zunehmenden und individualisierten Kundenwünschen steigt die zu beherrschende Komplexität für jedes einzelne Logistik-Dienstleistungsunternehmen. Ein Logistik-Dienstleister muss sich überlegen, in welche Leistungs-Komplexität er sich begeben will bzw. welche Komplexität er bewältigen kann.

Charakteristisch für die Komplexität ist die Anzahl einzubindender Partner in die Abwicklung einer Leistung. Historisch gewachsen und heute hauptsächlich noch anzutreffen sind bilaterale Beziehungen bzw. 1:1-Relationen: Ein Kunde beauftragt den Logistik-Dienstleister, der nur für ihn die Leistung erbringt und nur mit ihm kommuniziert. Ein Beispiel hierzu ist die Lagerung von Gütern oder der Transport von A nach B.

Eine höhere Komplexitätsstufe ist die laterale Leistungsbeziehung bzw. 1:m-Relation: Der Kunde beauftragt den Dienstleister mit der Werksversorgung unter Einbindung diverser Lieferanten. Warehousing oder kommissionierte Just-in-Sequenz-Belieferung sind hierfür Beispiele. Seitens des Logistik-Dienstleisters wird vorausgesetzt, dass er in der Lage ist, mit den Lieferanten zu kommunizieren und mögliche Engpässe selbstregelnd zu verhindern.

Betrachtet man Leistungen über mehrere Stufen der Supply Chain oder im Supply Network, so sind multilaterale Leistungsbeziehungen bzw. n:m-Relationen anzutreffen: Ein Logistik-Dienstleister verbindet seinen oder mehrere Kunden mit Systemlieferanten und Sub-Lieferanten gegebenenfalls unter Einbindung diverser

Sub-Dienstleister. Hier wird vom Logistik-Dienstleister die Fähigkeit zur Steuerung der Supply Chain mit allen Anforderungen an die IT-Anbindung erwartet.

IT-Integration

Der Informationsfluss ist heute ebenso wichtig geworden wie der Materialfluss selbst. Er ist aus den Leistungsprozessen nicht mehr wegzudenken. Um so höher ist der Stellenwert, wenn mehrere Beteiligte in der Wertschöpfungskette agieren. Zu oft ist die Zusammenarbeit von Medienbrüchen, Doppelerfassungen in IT-Systemen oder manuellen Datenübermittlungen gekennzeichnet. Logistik-Dienstleister als verbindendes Glied in der Supply Chain müssen zunehmend in der Lage sein, die Informationen aus den IT-Systemen der Kunden zu lesen und für die anderen Partner verarbeitungsgerecht aufzubereiten.

So muss eine Anbindung an die Produktionsplanungs- und –steuerungssysteme, wie beispielsweise ERP-Systeme (Enterprise Resource Planning), der Hersteller möglich sein, um Lieferabrufe mitgeteilt zu bekommen. Auf der Basis kann eine Disposition der Abholung bei den Lieferanten und Anlieferung beim Hersteller vorgenommen werden. Da ERP-Systeme nicht immer eine optimale operative Steuerung der Supply Chain gewährleisten, setzen Hersteller ergänzend auch spezielle Supply-Chain-Management-Systeme bzw. sogenannte APS-Systeme (Advanced Planning and Scheduling) ein. Auch hier benötigt dann der Logistik-Dienstleister entsprechende Schnittstellen.

Hat der Logistik-Dienstleister verstärkt mit der Steuerung von Lieferanten zu tun, so wäre für ihn ein Supplier-Relationship-Management-System (SRM) von Vorteil. Hiermit kann er nicht nur alle relevanten Kontaktdaten der Lieferanten verwalten, sondern auch Bewertungen und Verhaltensmuster, die für die Steuerung des Lieferanten relevant sind. In Richtung des Kunden bietet sich ein Customer-Relationship-Management-System (CRM) an, um eine langjährige Kundenbeziehung zu festigen bzw. auszubauen. Dies ist insbesondere bei standortübergreifenden Kunden relevant, da die Informationen zu einem Kunden dann weltweit vorliegen.

Liegt bei einer Leistungserstellung mit vielen eingebundenen Partnern eine heterogene IT-Landschaft vor, wovon in der Regel auszugehen ist, so sollte der Logistik-Dienstleister über eine Integrationsplattform nachdenken. Die Lösung könnte ein EAI-System (Enterprise Application Integration) sein, das es ermöglicht, die Daten aus den originären IT-Systemen der Partner zu übernehmen, zu verarbeiten und relevante Daten wieder zurückzugeben.

Datenaustausch

Zum Informationsfluss gehören nicht nur die IT-Systeme sondern auch der Datenaustausch selbst. Dieser kann über standardisierte Datenformate erfolgen. Durch

Datenformate wird definiert, welche Informationen in welcher Form übertragen werden. Sie strukturieren und standardisieren also den Informationsaustausch. Mit Zunahme des elektronischen Datenaustauschs (EDI) entstanden Mitte der 80-er Jahre verschiedene inkompatible EDI-Datenformate in verschiedenen Branchen. Aus diesen Branchenstandards formten die Vereinten Nationen (UN) einen universellen Standard, der unter EDIFACT (Electronic Data Interchange For Adminstration, Commerce and Transport) bekannt wurde. Die ODETTE als europäische Organisation der Automobilindustrie generierte 1989 auf dieser Basis einen vorwettbewerblichen EDIFACT-Subset für die Automobilindustrie, der durch eine weite Verbreitung noch heute Gültigkeit besitzt. Aufgrund der notwendigen hohen Investitionen schritt die Verbreitung von EDI jedoch nur langsam voran. Vor Einführung des Internet tauschten lediglich ein Drittel der Supply Chain Partner ihre Daten auf Basis von EDI aus. Heute arbeitet ODETTE mit entsprechenden Organisationen in Nordamerika und Asien zusammen, um eine weltweite EDI-Kompatibilität zu erreichen.

Die Einführung des Internets ermöglichte eine kostengünstige Anbindung von Unternehmen an das World Wide Web. Konsequent erfolgte eine Übertragung von EDI ins Internet: Web-EDI. Jedoch sind im EDI-Format übertragbare Inhalte begrenzt. Im Bereich netzwerkweiter Fragestellungen, die eine Transparenz in der Supply Chain und deren Steuerung ermöglichen, stößt EDI an seine Grenzen. Der unternehmensübergreifende Datenaustausch soll heute u. a. eine Visualisierung der Prozesse im Netzwerk, eine nachfrageorientierte Kapazitätsplanung sowie ein engpassorientiertes Management der Ressourcen ermöglichen.

Basis für die Abbildung dieser Informationsanforderungen ist die internetfähige Sprache XML (Extended Markup Language). Die Entwicklung der Sprache ging einher mit der des Internets. Diese Sprache erlaubt es, Datenformate je nach Bedarfsfall sehr flexibel zu definieren woraus sich die Zukunftsfähigkeit derartiger Kommunikationsstrukturen ergibt.

Logistik-Dienstleister werden zunehmend gefordert sein, den Datenaustausch in sämtlichen Formaten durchführen zu können. Darüber hinaus wird es für diejenigen von Vorteil sein, die in der Lage sind, Daten von einem Format in das andere zu konvertieren.

Marktauftritt

Ein hier abschließend zu nennender Strategieaspekt ist der Marktauftritt. Darunter ist zu verstehen, in welcher Form der Logistik-Dienstleister seine Leistungsangebote darstellt und an seine Kunden herantritt. Hier lassen sich grundsätzlich drei verschiedene Verhaltensweisen beobachten: Der Marktauftritt kann reaktiv, antizipativ oder proaktiv erfolgen.

Historisch gesehen lässt sich Logistik-Dienstleister ein eher reaktiver Auftritt zuordnen. Sie warten auf eine Anfrage oder Ausschreibung des Verladers und reagieren mit einem Angebot. Wenn sie denn zu einer Angebotsabgabe aufgefordert werden, dann sind sie in der Regel auch flexibel und kreativ, um eine individuelle Kundenlösung zu erarbeiten.

Unter einem antizipativen Marktauftritt ist zu verstehen, dass ein Logistik-Dienstleister für einen Kunden tätig ist und ihm auffällt, welche zusätzlichen Leistungen er zukünftig mit übernehmen könnte. Er bereitet sich mit seinem Personal und Fachwissen intern darauf vor, diese Leistungen abdecken zu können. Dann versucht er den Kunden von der Leistungserweiterung in Kenntnis zu setzen. Meist dauert es dann einige Zeit bis der Kunde die Vorteile einer weiteren Fremdvergabe von Leistungen erkennt.

Zunehmend zeigt sich heute aber im Logistik-Dienstleistungsmarkt ein proaktives Handeln. Hier entwickelt der Logistik-Dienstleister auf Basis seines Know-hows und seiner langjährigen Branchenerfahrungen neue Leistungsangebote. Dies können Leistungen sein, die der potenzielle Kunde noch gar nicht kennt bzw. von denen er noch gar nicht weiß, dass sie für ihn sinnvoll sind. D. h. der Logistik-Dienstleister weckt erst das Bedürfnis nach diesen Leistungen bei seinen potenziellen Kunden und generiert sich so einen Teil seines Marktwachstums selbst.

Fazit für den Supply Chain Fit

Die Entwicklung der Logistik ist derzeit maßgeblich durch die Individualisierung der Kundenbedürfnisse, die Vernetzung von Unternehmen und die Weiterentwicklung von Informationstechnologien geprägt. In der Folge werden sich die Supply Chains in vielen Branchen grundlegend wandeln. Starre, unbewegliche Strukturen aus überwiegend stark diversifizierten, hochkomplexen Unternehmen verändern sich zu flexiblen, reaktionsfähigen Netzwerken. Nur diese erhöhte Flexibilität – basierend auf standardisierten Prozessen, Abläufen und Informationsflüssen – gewährleistet die heute geforderte kurze Reaktionszeit auf Nachfrageveränderungen.

In Netzwerken richten sich Unternehmen durch die Fremdvergabe logistischer Aufgaben und die Neuverteilung der Wertschöpfung strategisch neu aus, mit tiefgreifenden Auswirkungen auf die Supply Chains. Die Reduzierung der Fertigungstiefe in vielen Bereichen der Industrie und die fraktale Verteilung von Wertschöpfung und Know-how resultiert in der Notwendigkeit einer intensiveren Zusammenarbeit zwischen Herstellern und deren Lieferanten. Dies erfordert ein deutlich höheres Maß an gegenseitigem Vertrauen sowie Kosten- und Ergebnisgerechtigkeit unter den Akteuren.

Eine weitere zentrale Herausforderung besteht in der Integration und Abstimmung der in Netzwerken institutionell und geografisch stark fragmentierten Ressourcen und Wertschöpfungsaktivitäten. Dies ist mit enormen technischen, organisatorischen und sozialen Anforderungen verbunden. Die Logistik stellt in diesem Zusammenhang das entscheidende Bindeglied zwischen den Wertschöpfungspartnern dar und ist Grundvoraussetzung für die erfolgskritische Zusammenarbeit verschiedener Wertschöpfungsstufen. Die Logistik ist damit weiterhin ein entscheidender Wettbewerbsfaktor.

Die strategische Ausrichtung der Logistik-Dienstleister kann und muss auf diese Ansätze der Industrie- und Handelsunternehmen aufsetzen. Sie können ihnen helfen, für die Supply Chain „fit“ zu werden. Denn Supply Chain Management ist trotz intensiver Diskussionen in Wissenschaft und Praxis heute keineswegs Unternehmensalltag. Die Realisierung von SCM-Konzepten wird von wenigen führenden Unternehmen – vor allem der Automobilindustrie – vorangetrieben. In der Unternehmenslandschaft konzentriert sich der Großteil der Konzepte bislang nur auf einzelne Ausschnitte der gesamten Supply Chain. Dieses Vorgehen ist aus der Perspektive einzelner Unternehmen teilweise verständlich, unter dem Gesichtspunkt der Steigerung des Nutzens für den Endkunden jedoch kritisch zu hinterfragen.

Die heute bestehenden suboptimalen Lösungen für Teilsysteme machen die Zusammenarbeit aller Partner – heute unter dem Begriff Collaboration diskutiert – zu einer notwendigen Voraussetzung. Auf dieser Basis kann der Status Quo in den Supply Chains anhand des Collaboration Fit eingeordnet werden. Dieser beschreibt auf der Grundlage objektivierbarer Kriterien die Fähigkeit eines Unternehmens zu Supply Chain Collaboration. Folgende Kriterien können zur Bewertung des Collaboration Fits abgeleitet werden:

- Motivation und Bedeutung des Supply Chain Managements,
- Hierarchische Verankerung des Supply Chain Managements,
- Integration interner Funktionen und externer Lieferanten,
- Realisierungsstand und IT-Systeme,
- Etablierung von SCM-Controlling und
- Fähigkeit zum Cost Benefit Sharing.

Der sich verschärfende Wettbewerb zwischen global agierenden Netzwerken führt zu einer Steigerung der Bedeutung des Supply Chain Managements und erfordert eine interne Motivation zum Umdenken in der Zusammenarbeit mit den beteiligten Unternehmen. Dieser Prozess muss durch die Unternehmensführung angestoßen und begleitet werden. Der hohe Innovationsgehalt des Supply Chain Managements macht zudem eine Verankerung in der Unternehmensphilosophie notwendig.

Die Chancen für Logistik-Dienstleister, in und mit dem Markt zu wachsen, sind groß. Wichtig ist eine klare Positionierung des Unternehmens im Logistikmarkt und Abgrenzung vom Wettbewerb durch Alleinstellungsmerkmale. Die in diesem Beitrag dargelegten Strategieaspekte mit ihren Ausprägungen geben Logistik-Dienstleistern eine Hilfestellung für ihre strategische Ausrichtung. Natürlich bedingen die Strategieaspekte einander und sind nicht voneinander unabhängig. Daher sind Iterationen notwendig, um einen Pfad und eine abschließende Strategie zu definieren.

Kapitel IV

Best Practices von Logistik-Dienstleistern

Herausragende Lösungen aus der Praxis

Hartmut Zadek[1]

Der Logistik-Dienstleistungsmarkt ist zu einem der interessantesten Märkte geworden. Die voranstehenden Kapitel zeigen, welche Marktpotenziale möglich sind, welchen Herausforderungen im Supply Network sich Logistik-Dienstleister heute und zukünftig stellen müssen und wie ein Logistik-Dienstleister sich entsprechend strategisch ausrichten kann und sollte.

In diesem Kapitel wird nun ein Einblick in Best-Practices von Logistik-Dienstleistern gegeben. Sicher sind die hier vorgestellten Best-Practices nur eine Auswahl der am Markt existierenden herausragenden Logistiklösungen und erheben keinen Anspruch auf Vollständigkeit. Durch die Beispiele wird deutlich, dass die hier dargestellten Logistik-Dienstleister die Zeichen der Zeit erkannt haben und sich mit ihren Logistiklösungen proaktiv nach vorne entwickeln. In eindrucksvoller Weise zeigen die Beiträge auf, wie durch Einbindung des Logistik-Dienstleisters ein Mehrwert für den Kunden und die gesamte Supply Chain geschaffen werden konnte.

Die Beiträge von Aden sowie Harland und Ruhnow verdeutlichen den Stellenwert des Logistik-Dienstleisters in der Versorgung eines Produktionsnetzwerks am Beispiel der Automobilindustrie. Dass Logistik-Dienstleister in der Lage sind, komplexe Leistungen und Abläufe zu steuern, zeigt Löhr am Beispiel der Retourenabwicklung für Konsumgüter auf. Ein weiteres komplexes Abwicklungsbeispiel erläutern Schneider und Unzeitig im After-Sales-Bereich. Fiege und Leeman stellen am Beispiel der Bekleidungsindustrie dar, wie durch eine langfristige Partnerschaft zunehmend Vertrauen aufgebaut und somit der für den Kunden zu erbringende Leistungsumfang kontinuierlich ausgebaut werden konnte. Wie eine langfristige Partnerschaft mit dem Kunden aufgebaut wird, zeigt das Beispiel im Beitrag Herzog, in dem durch kontinuierliche Erweiterung des Leistungspaketes mit zunehmender Individualisierung für den Kunden dauerhaft ein Mehrwert geschaffen wird. Der Beitrag von Heistermann erläutert innovative IT-Lösungen zur Verbesserung des Informationsflusses in der Supply Chain. In den Darstellungen von Froschmayer und Janetzko wird deutlich, wie durch innovative Lösungen neue Leistungsfelder und Marktpotenziale erschlossen werden können. Der Beitrag von Pintsch beschreibt neue Einsatzfelder für Logistik-Dienstleister im Healthcare-Bereich. Für den Handel zeigen Prümper und Butz auf, wie durch den Aufbau einer handelsgetriebenen Versorgungslogistik eine Steuerung des Lieferantennetzwerkes gelingt.

---

[1] Partner der Visality Consulting GmbH, Berlin

Automobil-Logistik: Netzwerke statt Insel-Lösungen

Detthold Aden[1]

Die Logistik ist ein entscheidender Bestandteil des laufenden Globalisierungsprozesses. Zu den Branchen die dabei am weitesten fortgeschritten sind, gehört die Automobilindustrie. Die drei wesentlichen Faktoren der Globalisierung – Global Sourcing, Global Production, Global Selling – bestimmen die Strategie der großen Hersteller. Diese Strategie setzt absolut zuverlässige Supply Chains bei der weltweiten Teilebeschaffung, bei den Produktionsprozessen und in der Distribution der Fertigfahrzeuge voraus. Hier liegen gute Perspektiven für den kompetenten Logistik-Dienstleister, wenn er in der Lage ist, die schnell voranschreitende Entwicklung in der Branche aktiv zu begleiten und mitzugestalten.

Die BLG LOGISTICS GROUP und die E.H. Harms Automobile-Logistics haben deshalb ihre Dienstleistungen in der Fertigfahrzeug-Logistik gebündelt. Die BLG hat zum Jahresbeginn 2002 einen Gesellschaftsanteil von 50 Prozent der Harms-Gruppe und gleichzeitig auch die unternehmerische Führung übernommen. Harms verfügt unter anderem über eine moderne LKW-Flotte von 400 Autotransportern, mit denen regelmäßig mehr als 7.000 Autohändler in Deutschland und Europa versorgt werden. Ausgenommen von dem Engagement der BLG ist das Reedereigeschäft, das weiterhin in der alleinigen Zuständigkeit von Harms verbleibt.

Neben Umschlag, Lagerung, technischer Aufbereitung und Endfertigung von Fahrzeugen in den Häfen Bremerhaven, Hamburg und Cuxhaven sowie im süditalienischen Gioia Tauro bieten die BLG und Harms nun gemeinsam Speditions- und Transport-Dienstleistungen per Schiene und Straße sowie auf Binnen- und Küstenwasserwegen an. Zum Netzwerk gehören zahlreiche Inland-Terminals in Deutschland, Österreich und Polen sowie Stützpunkte und Vertretungen in Osteuropa, Afrika, Nord- und Südamerika. Durch die Kompetenzvernetzung werden alle logistischen Leistungen in den Supply Chains geboten – von den Automobilherstellern bis zur Versorgung von Endkunden mit Fahrzeugen.

Die Leistungsbündelung ist auch eine Stärkung der automobilen Kompetenz des Standortes Bremerhaven, der mit einem Jahresvolumen von mehr als 1,2 Millionen Fahrzeugen zu den führenden Autohäfen der Welt gehört.

Das vormals getrennte Engagement von BLG und Harms in Bremerhaven hat bereits eine lange Geschichte, die in den späten 1970er Jahren begann. Als die

[1] Vorstandsvorsitzender der BLG LOGISTICS GROUP, Bremen

japanische Kfz-Industrie damals auf die europäischen Märkte drängte, waren beide Unternehmen frühzeitig mit ihren vernetzbaren Ideen bei den Herstellern präsent. Bremerhaven konnte in der Summe der Dienstleistungen ein geschlossenes Konzept bieten, das neben den üblichen Leistungen eines Hafenstandortes wie Umschlag und Zwischenlagerung erstmals auch technische Leistungen und die gesamte logistische Distribution der Fahrzeuge zu den deutschen und europäischen Händlern beinhaltete.

Das war der Start einer erfolgreichen Entwicklung, denn die meisten japanischen Hersteller waren von dem logistischen Gesamtkonzept überzeugt und entschieden sich für Bremerhaven als Sprungbrett für ihre Exporte nach Deutschland und in andere europäische Länder. Später kamen die koreanischen Fabrikate und Hersteller aus anderen Ländern in Übersee hinzu. Nicht zuletzt nutzen deutsche Hersteller die logistischen Kompetenzen von BLG und Harms für ihre Exporte sowie auch für die Einfuhren der in den Werken in Übersee gefertigten Modellreihen.

Die ausgeglichene Stärke als Export- und Importhafen für Fahrzeuge ist attraktiv für die Autoreeder, weil sie in einem Hafen ihre Schiffe sowohl löschen als auch wieder beladen können. Derzeit laufen pro Jahr fast 1.500 Autoschiffe Bremerhaven an. Hohe Abfahrtsfrequenzen sind auch für die Hersteller wichtig, weil die Märkte schnell und regelmäßig versorgt werden können und damit auch die Kapitalbindung reduziert wird. Dabei fungiert Bremerhaven als so genannter Hub-Port.

Übersee-Car-Carrier aller namhaften Autoreedereien mit Stellkapazitäten für bis zu 6.500 Pkw laufen die Autoterminals der BLG an und löschen große Mengen von Fahrzeugen. Die Fahrzeuge werden je nach Bestimmung auf dem Terminal über Barcodes und das IT-System INGRID sortiert. Sind sie bereits verkauft, werden sie sofort dem Technik-Zentrum zugeführt und dort so aufbereitet, dass sie den jeweiligen Händlern kundengerecht zur Verfügung gestellt werden können. Nicht verkaufte Fahrzeuge werden bis zur weiteren Verfügung in weiträumigen Hochregalen zwischengelagert. Andere Fahrzeuge sind für den Weitertransport zum Beispiel nach Skandinavien bestimmt. Sie werden mit kleineren Autoschiffen (Feeder) auf dem Seeweg weitertransportiert (Transhipment) oder gelangen auch mit Auto-Ganzzügen via Schiene in das europäische Hinterland. Exportfahrzeuge erreichen das Autoterminal Bremerhaven zumeist mit Ganzzügen. Sie werden ebenfalls je nach Bestimmung in Bremerhaven sortiert und den Autoschiffen in den verschiedenen Fahrtgebieten zugeführt.

Das erfolgreiche Hub-System Bremerhavens wurde inzwischen auch auf den süditalienischen Hafen Gioia Tauro übertragen, wo die BLG AUTOMOBILE LOGISTICS Italia ein zentrales Hub-Terminal für den gesamten Mittelmeerraum und die angrenzenden Seegebiete aufbaut. Das Logistikzentrum im Mittelmeer ist ideal für den optimalen Einsatz der großen Car Carrier.

Sie brauchen nur einen Hafen anzulaufen und die Verteilung der Fahrzeuge zu kleineren Häfen entlang der mediterranen Küsten erfolgt wiederum mit Feeder-Schiffen oder für den italienischen Markt auch per Bahn. Da insbesondere für den südosteuropäischen Raum ein dauerhaft wachsender Autoabsatz prognostiziert wird, hat die BLG sich mit den Planungen auf eine Jahreskapazität von bis zu 500.000 Fahrzeugen in Gioia Tauro eingerichtet.

Die BLG verfügt über eine qualitätszertifizierte Kernkompetenz in der Automobillogistik. Im Bereich der Fertigfahrzeuge ist diese einschließlich der technischen Dienstleistungen unter dem Dach der BLG AUTOMOBILE LOGISTICS mit ihren großen Terminals in Bremerhaven und Gioia Tauro konzentriert. Die technischen Leistungen umfassen neben der Reinigung der Fahrzeuge vom Transportschmutz und der ersten Inspektion (Pre-Delivery-Inspection) auch die Umrüstung der Fahrzeuge gemäß den Zulassungsbestimmungen in den einzelnen Empfangsländern sowie bei Bedarf auch Reparaturen von Transportschäden. Nicht zuletzt erfolgt in den Bremerhavener Technikzentren häufig auch die Endfertigung der Fahrzeuge. Dies betrifft insbesondere die Ausstattung entsprechend der individuellen Käuferwünsche. So werden beispielsweise Klima- und HiFi-Anlagen eingebaut. Spoiler, Sonnendächer, Sportfelgen, Lederausstattungen für den Innenraum und weiteres mehr stehen ebenfalls auf dem Programm.

Im Bereich der weltweiten Produktionslogistik für Fahrzeugteile (Automobillogistik) sind die Kompetenzen bei der BLG INTERNATIONAL LOGISTICS zusammengefasst. So läuft zum Beispiel die Versorgung der DaimlerChrysler-Montagelinien in Südafrika mit Produktionsteilen für die C-Klasse zentral über unser Logistikzentrum in Bremen. In Südafrika liegt derzeit ein Schwerpunkt der überseeischen DaimlerChrysler-Produktion, wir versorgen aber auch alle anderen Montagestandorte weltweit mit sämtlichen Produktionsteilen für die Modelle der C-Klasse mit CKD-Bausätzen.

Das Fertigungsverfahren CKD – completely knocked down – stellt den Auslandsmontagestätten die Fahrzeuge montagegerecht sortiert und zeitgerecht in Einzelteilen zur Verfügung. Der CKD-Systematik vergleichbar ist das Part-by-Part-Verfahren. Es wird bei größeren Produktionsmengen bevorzugt. Bei CKD-Lieferungen enthält jeder einzelne Container sechs komplette Fahrzeugbausätze. Beim Part-by-Part-System wird in jeden Container eine sehr viel größere Anzahl von homogenen Einzelteilen verpackt. Für die Belieferung der Montage müssen dann also immer mehrere Container kombiniert werden. Mit den CKD- oder Part-by-Part-Verfahren wird zumeist die nationale Nachfrage in überseeischen Einzelländern abgedeckt. Gegenüber der Lieferung von Fertigfahrzeugen bringt das System entweder deutliche Zollvorteile oder trägt zur Erfüllung von Local-Content-Bestimmungen bei.

Im Detail verlangt die CKD-Logistik ein enormes Leistungspotential. Das Sortiment der C-Klasse umfasst rund 3.500 unterschiedliche Einzelteile. Diese laufen von den DaimlerChrysler-Werken in Deutschland sowie von zahllosen europäischen Zulieferern in das BLG Logistik-Zentrum in Bremen. Bestimmung und Überwachung von Liefermengen und Lieferfristen liegen in der Hand des Logistik-Dienstleisters. Im Konsolidierungszentrum werden Qualität und Quantität kontrolliert und die Teile anschließend dem Speziallager zugeführt.

Je nach Produktionsbedarf in den einzelnen Ländern werden die für die unterschiedlichen Modelle benötigten Teile in Bremen zusammengestellt, montagegerecht verpackt und in Container gestaut. Integriert sind aber auch einzelne Montageleistungen wie etwa die Konservierung von Karosserien oder die Aushärtung von Klebeteilen. Die Härtung und Reinigung erfolgt in einer industriellen Großanlage im BLG Logistik-Zentrum in Bremen. Die BLG INTERNATIONAL LOGISTICS ist weltweit der einzige Logistik-Dienstleister, der über eine derartige Anlage verfügt.

Von Bremen aus erfolgt die Verschiffung nach Übersee und der Nachlauf in die einzelnen Montagestätten. Das gesamte Supply Chain Management liegt in der Verantwortung der BLG. Als Systemdienstleister ist die BLG voll in den Produktionsablauf integriert. Da die Montagestraßen bedarfsgerecht bestückt werden müssen, ist das logistische System extrem anspruchsvoll. Der Logistik-Dienstleister trägt das Risiko bei Fehllieferungen, Fehlmengen oder Unpünktlichkeit. Notprogramme mit integrierten Luftfrachtkomponenten sowie Kurier- und Expressdiensten sichern das System ab. Um solche Systemdienstleistungen exakt zu realisieren, bedarf es nicht nur des entsprechenden Know-hows, sondern auch sehr zuverlässiger Arbeitsabläufe in der gesamten Logistikkette. Trotz Null-Fehler-Ziel und ausgefeiltem Qualitätsmanagement sind Fehler niemals vollkommen zu vermeiden. Allerdings sind sie ziemlich selten und bislang noch nie in einer Qualität eingetreten, die den Start unserer Notprogramme erfordert hätten.

Anfänglich wurden lediglich kleinere Fahrzeug-Stückzahlen CKD oder Part by Part nach Übersee geliefert und im Ausland montiert. Da die Supply Chain aber sehr zuverlässig arbeitet, haben sich diese Systeme durchgesetzt. So werden zum Beispiel in Südafrika neben den Fahrzeugen für den regionalen Markt inzwischen auch alle Rechtslenker für den Weltmarkt gebaut. Hinzu kommen aber auch Linkslenker für den Weltmarkt, weil sich die Nachfrage nach der C-Klasse mit der Produktion in Deutschland nicht komplett decken lässt. Deshalb werden auch C-Klasse-Fahrzeuge für den US-Markt in Brasilien montiert. Insgesamt führt die BLG allein für den Kunden DaimlerChrysler etwa 60.000 Fahrzeuge im Jahr CKD oder Part by Part der Auslandsmontage zu. In allen Fällen arbeitet die BLG INTERNATIONAL LOGISTICS als Systemdienstleister.

Der Leistungsumfang wird nicht nur für DaimlerChrysler dargestellt, sondern in einer modifizierten Variante in erheblichem Umfang auch für VW und AUDI. Dabei unterstützt die BLG weltweit die Supply Chain mit einem jährlichen Warenvolumen von rund 300.000 Kubikmetern Fahrzeugteilen von etwa 300 Zulieferern. Dazu gehört auch die Verpackungsentwicklung und die logistische Rückführung von 500.000 Verpackungseinheiten zur Wiederverwertung bei den Zulieferern.

Auch im Projekt für die Mercedes-Benz de Argentina lässt sich die Systemdienstleistung exemplarisch darstellen. In Argentinien werden die Kleinlastwagen des Typs SPRINTER montiert. Er setzt sich aus 1.100 unterschiedlichen Teilen zusammen, die von 250 Zulieferern aus acht verschiedenen Ländern stammen. Der physische Ablauf wird in Zusammenarbeit mit mehreren Partnern realisiert.

Das Supply Chain Management aber liegt komplett in der Verantwortung des Logistik-Dienstleisters BLG. Dazu gehören Value Added Services – wie etwa Qualitätskontrolle, Verpackung, Leergutrückführung, Tracking und Tracing oder Dokumentation.

Entscheidend ist, dass der Logistik-Dienstleister nicht nur eine Informationskette managt, die bei den Zulieferern anfängt und in der Montagelinie endet. Das würde bedeuten, dass nur das Projektzentrum des Logistik-Dienstleisters selbst umfassend informiert ist. Die Kommunikation darf keine Einbahnstraße sein, sondern sie ist ein multifunktionaler Kommunikationsknoten, in den alle Partner des gesamten Leistungspaketes eingebunden sind und entsprechend ihrem jeweiligen Informationsbedarf Zugriff haben.

In der Globalisierung braucht die Automobilindustrie keine Insellösungen, sondern Netzwerke. Die BLG INTERNATIONAL LOGISTICS hält für die Hersteller ein vollständiges und flexibles Leistungsangebot vor. Das beginnt mit der Beschaffungslogistik für die Produktion einschließlich Vormontagen und Werksversorgungen, geht über die Abnahme der Fahrzeuge an den Produktionsstandorten, die technische Bearbeitung bis hin zur Endfertigung, die weltweite Distribution bis zu den Händlern und reicht schließlich – so die Planungen – bis zu Wiederverwertung und Entsorgung von Altfahrzeugen.

Partnerschaft und Vertrauen für Supply Chains in der Bekleidungsindustrie

Hugo Fiege[1] und Joris J.A. Leeman[2]

Das Phänomen Supply Chain Management (SCM) hat seine Wurzeln in stark veränderten Wettbewerbsbedingungen und den damit verbundenen, wachsenden Anforderungen an die logistische Leistungsfähigkeit der Unternehmen. Als größte Herausforderung stellt sich dabei die Entwicklung einer engen Zusammenarbeit aller beteiligten Unternehmen innerhalb einer Wertschöpfungskette.

Vor dem Hintergrund von steigenden Kundenanforderungen sowie zunehmender Produkt- und Variantenvielfalt tendieren Unternehmen zu einer Konzentration auf ihre Kernkompetenzen und zu einem Outsourcing von logistischen und wertschöpfenden Leistungen. Fertigungs- oder Wertschöpfungstiefen werden verringert. Die Besinnung auf eigene Unternehmensstärken wird zudem gleichgesetzt mit Kostenreduktionen in allen Randbereichen. Mit anderen Worten erhält die Logistik durch diese Sichtweise eine neue Wertung, indem ihr plötzlich eine „Gewinnorientierungsfunktion" zukommt. Jedoch muss eine Senkung der Transaktions- und Prozesskosten zwingend einhergehen mit einer permanenten Orientierung am Kunden und am Kundennutzen.

Im besonderen Maße treten die Aspekte einer enormen Produktvielfalt und steigender Kundenanforderungen im Fashion-&-Lifestyle-Segment der Modebranche auf, in dem extrem kurze Produktlebenszyklen und zeitkritische Auslieferungen die Regel sind. Darüber hinaus ist dieser Bereich durch ein starkes Wachstum und einen intensiven Wettbewerb gekennzeichnet. Das Modeunternehmen Esprit verzeichnet in diesem Segment seit Jahren überdurchschnittliche Wachstumsraten. Um dieses extreme Wachstum abzufangen, entschied sich Esprit im Jahre 2000 für eine strategische Partnerschaft mit dem Logistik-Dienstleister Fiege. Mittelfristig strebt Esprit dabei die Realisierung einer End-to-End-Supply Chain zur Sicherung der Flexibilität und schnelleren Reaktion auf Kundenwünsche an, wobei Fiege eine tragende Rolle zukommt.

---

[1] Geschäftsführender Gesellschafter der Fiege Gruppe, Greven
[2] Vorstand Organisation der Esprit Europe AG, Düsseldorf

Best-Practice-Beispiel Esprit-Fiege

Esprit Europe und die Fiege Gruppe (siehe Abb. 1) zählen in ihren jeweiligen Tätigkeitsfeldern zu Marktführern. Als Modeunternehmen mit ausgeprägten Fähigkeiten in den Bereichen Design, Einkauf und Distribution hat sich Esprit seit 1976 zu einem der erfolgreichsten Young-Fashion-Anbieter und Markenartiklelanbieter auf dem europäischen Modemarkt entwickelt und erreicht derzeitig Wachstumsraten von über 30 Prozent. Aktuell erfolgt eine Ausweitung der Aktivitäten auf den US-Markt. Das Angebot von Esprit umfasst die Produktbereiche bzw. Divisionen Women Casual und Collection, Men Casual und Collection, Kids, Accessories, Shoes, Bodywear, EDC (trendiges Sofortprogramm) und Sports, die als selbstständige unternehmerische Einheiten organisiert sind. Je nach Division gibt es jährlich sechs bis zwölf Kollektionen mit bis zu zwölf Auslieferzyklen, wobei möglichst keine Bestände gehalten werden und Nachbestellungen nur bedingt möglich sind. Des Weiteren unterhält Esprit verschiedene Lizenzpartnerschaften (Uhren, Schmuck, Strümpfe etc.). Zentraler Punkt der Esprit-Philosophie ist der Lifestyle-Gedanke: vom reinen Produkt zur kompletten Service-Strategie.

ESPRIT Europe	
Gründung:	1976
Mitarbeiter:	ca. 2.000
Firmensitz:	Düsseldorf
9 eigene Produktlinien, 10 Lizenzpartner	
7.500 Großhandelskunden, 150 Franchise-Stores, 1.100 Shop-in-Stores, 115 eigene Stores	
Verkaufsfläche:	ca. 60.000 m²
Umsatz 01/02:	ca. 980 Mio. €

FIEGE Gruppe	
Gründung:	1873
Inhaber:	Heinz u. Dr. Hugo Fiege
Mitarbeiter:	ca. 11.000
Firmensitz:	Greven
Standorte:	153 in 15 Ländern
Lager- und Logistikflächen:	ca. 1,9 Mio. m²
Umsatz 2001:	1,272 Mrd. €

Abb. 1. Eckdaten der Geschäftspartner Esprit und Fiege (Stand: 06/2002)

Die Kompetenz der Fiege Gruppe besteht insbesondere in der Entwicklung und Realisierung integrierter, ganzheitlicher Logistiksysteme. Das Angebot umfasst somit nicht nur die Umsetzung von Logistikkonzepten sondern auch die Entwicklung aus der Praxis für die Praxis. Gemeinsam mit dem Kunden wird ein ganzheitliches System zur nachhaltig optimalen Logistiklösung für seine individuellen Anforderungen entwickelt. Aufgrund dieser Fähigkeiten ist Fiege zum Marktführer in der Kontraktlogistik aufgestiegen. Als Grundlage der gemeinsamen Arbeit bietet die Fiege Gruppe die gesamte Bandbreite logistischer Dienstleistungen vom Engineering bis zum Logistik-Management. Dabei schafft sie europa- und weltweit individuelle Warenwirtschaftssysteme.

Auf dem gesamten europäischen Kontinent ist Fiege mit einem engmaschigen Netz leistungsstarker Standorte vertreten, die einzeln oder im Verbund die unterschiedlichsten logistischen Aufgaben bewältigen.

Fiege als Partner in der Supply Chain von Esprit

Sein überdurchschnittliches Wachstum zwang Esprit Europe zu einem Umdenken bezüglich der Beherrschung seiner Waren- und Informationsflüsse von den weltweit verteilten Herstellern bis hin zu den Stores und Shops in Europa. Unter dem Titel „End-to-End-Supply Chain Management" wurde ein Gesamtkonzept zur Steuerung der eigenen Liefer- und Wertschöpfungskette konstruiert (siehe Abb. 2). Neben der schnelleren Befriedigung von Kundenbedürfnissen und der Sicherung einer hohen Flexibilität galt dabei der Reduzierung der Transaktions- und Prozesskosten ein besonderes Augenmerk, da deren Bedeutung als zentraler Wettbewerbsfaktor erkannt wurde.

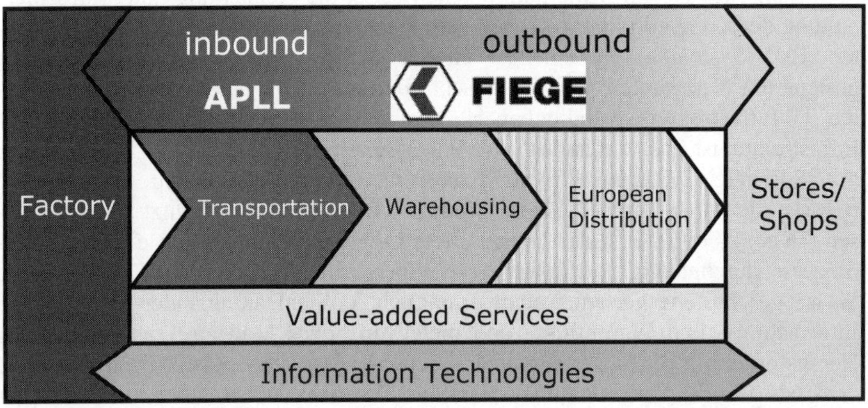

Abb. 2. Die End to End Supply Chain von Esprit

Die Umsetzung des Konzeptes begann mit der Suche nach den passenden Partnern für definierte, komplexe Logistikleistungen, die u.a. nach dem Kriterium der jeweiligen Kompetenzführerschaft ausgewählt wurden. Vor allem im Bereich des Warehousing drohte ein Engpass, hervorgerufen durch fehlende Flächen-, Personal- und Managementressourcen. Die Anforderungen an den künftigen Partner waren ein individueller Lösungsvorschlag zur Komplexitätsbeherrschung und eine schnelle und reibungslose Umsetzung. Aufgrund seiner langjährigen Erfahrung in der Kontraktlogistik war Fiege in der Lage, auf diese Anforderungen schnell zu reagieren, indem zunächst ein geeigneter Standort und qualifiziertes Personal zur Verfügung gestellt wurde. Durch eine nachhaltige Verbesserung der Liefer- und Servicequalität konnte Fiege in kurzer Zeit den Erwartungen von Esprit nicht nur gerecht werden, sondern diese sogar teilweise übertreffen.

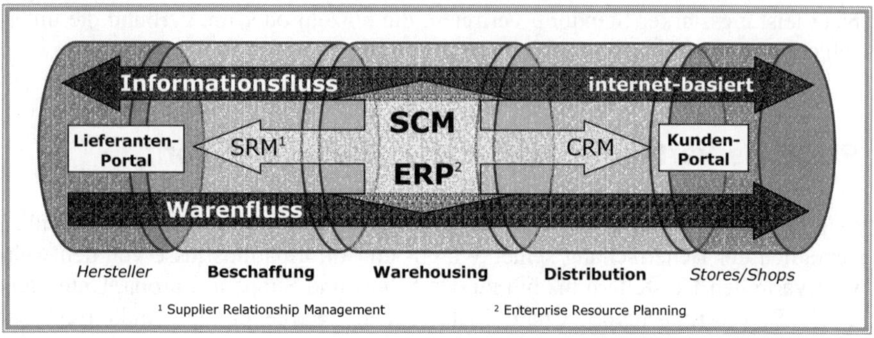

Abb. 3. Die Esprit Supply Chain und deren integrierte IT-Systeme im „Pipeline"-Format

Über die primär zugewiesene physische Dienstleistung hinaus kommt den Inbound- und Outbound-Supply-Chain-Partnern zunächst die Aufgabe eines aktiven Managements der eigenen Schnittstellen im Sinne eines horizontalen Informationsaustausches zu. Im Mittelpunkt stehen dabei die Herstellung und Aufrechterhaltung der Kompatibilität zwischen dem eigenen und den vor- bzw. nachgelagerten EDV-Systemen. In einem weiteren Schritt erfolgt der Aufbau eines gesteuerten Netzwerkes, wobei die Schaffung einer adäquaten, mehrdimensionalen IT-Infrastruktur unabdingbar ist. Hauptbestandteil dieser integrierten IT-Infrastruktur ist das vorhandene Warenwirtschaftssystem (ERP) in Kombination mit Software-Lösungen für SCM und Customer Relationship Management (CRM), die durch internetbasierte Module wie z.B. Portale ergänzt werden müssen (siehe. Abb. 3). Erst das Internet liefert die Technologien, um die Geschäftsprozesse durchgängig und unternehmensübergreifend abzubilden. Das auf diese Weise geschaffene Gesamtsystem ermöglicht optimal aufeinander abgestimmte Informations- und Warenflüsse und bietet ein hohes Maß an Transparenz. Als Herausforderung für Fiege leitet sich daraus ab, dass der Logistik-Dienstleister in der End-to-End-Supply Chain von Esprit das Netzwerk mitgestalten muss und sich durch einen erfolgreichen Beitrag zur Symbiose von Logistik und IT als langfristiger Partner bewähren kann.

Aufbau der strategischen Partnerschaft Esprit-Fiege

Die Entscheidung von Esprit zum Outsourcing in Folge des starken Wachstums war mit der Idee verbunden, einen strategischen Partner zu finden, der nicht nur über die erforderlichen Flächen-, Personal- und Managementkapazitäten verfügt, sondern sich auch unter der Voraussetzung einer vertrauensvollen Zusammenarbeit als aktives Element in die End-to-End-Supply Chain implementieren lässt. Unter Qualitäts- und Kostengesichtspunkten definierte Esprit die Grundsätze für die Geschäftsbeziehung mit den Begriffen Kapazität, Know-how, Flexibilität und Schnelligkeit.

Aus Sicht von Fiege entsprachen die nachgefragten Dienstleistungen exakt den eigenen Kernkompetenzen. Als Partner verfolgt Fiege das Ziel, die Bedürfnisse der Kunden unter Wahrung ihrer langfristigen Geschäftsinteressen zu befriedigen. Die Erfüllung vereinbarter Qualitätsstandards und Flexibilität in der Zusammenarbeit bildet dabei die Basis einer vertrauensvollen Kundenbeziehung. Außerdem sieht Fiege ein hohes Optimierungspotenzial, das beide Partner in einem gemeinsamen Team erschließen und realisieren wollen.

Entwicklungsstufen der Zusammenarbeit

Die Übernahme der Abwicklung erfolgte in Teilschritten entsprechend eines festgelegten Zeitplans. Esprit beabsichtigte mit diesem Vorgehen, die Gefahr einer eingeschränkten Lieferfähigkeit und -flexibilität vor dem Hintergrund des stetigen Wachstums und der hohen Komplexität - verschiedene Produktlinien mit mehreren Kollektionen und vielen kurzen Auslieferzyklen - zu minimieren.

Das stufenweise Outsourcing begann im Mai 2000 mit der Aufnahme des Warehousing für die Division Kids am Standort Ibbenbüren. Drei Monate später kam die Division Men hinzu, bevor im November desselben Jahres auch der Produktbereich Accessories integriert wurde. Im Februar 2001 überließ Esprit Fiege die Abwicklung der Spezialbereiche NOOS (never out of stock) und Stock (Restevorrat). Nachdem Fiege seine Kompetenz unter Beweis gestellt hatte und das wechselseitige Vertrauen gefestigt worden war, übernahm Fiege im Rahmen eines Betriebsübergangs nach § 613 a BGB im Oktober 2001 das europäische Stammlager von Esprit in Ratingen. In diesem werden die volumenstärkste Division Women und die logistisch anspruchsvolle Division EDC abgewickelt (siehe Abb. 4). Letztlich gab Esprit im Mai 2002 die Division Shoes in Fiege-Hände.

Die Geschäftsbeziehung Fiege-Esprit

	Standort Ibbenbüren	**Standort Ratingen**
◆ Beginn:	Mai 2000	Oktober 2001
◆ Logistikfläche:	ca. 18.500 m²	ca. 10.000 m²
◆ Personaleinsatz:	ca. 200 Mitarbeiter	ca. 220 Mitarbeiter
◆ Divisionen:	Kids, Men, Accessories, Shoes	Women, EDC
◆ abgewickelte Menge im Geschäftsjahr 01/02:	ca. 21 Mio. Teile	ca. 22 Mio. Teile
◆ Value-added Services:	Auszeichnung, Konfektionierung, Sicherungsetikettierung, Qualitätsprüfung, Verzollung etc.	

Abb. 4. Eckdaten der Geschäftsbeziehung Esprit-Fiege (Stand: 06/2002)

Parallel zur Schrittweisen Übernahme des Warehousing bot Fiege die Durchführung von wertschöpfenden Serviceleistungen wie bspw. Qualitätsprüfung, Warenauszeichnung und Sicherungsetikettierung an und wurde mit diesen betraut. Im Laufe der bisherigen Geschäftsbeziehung profitierte Esprit immer wieder von wertvollen Know-how-Impulsen seitens Fiege. Mittlerweile befinden sich diverse Projekte wie z.B. zur Pick-&-Pack-Automatisierung, zur Einführung von Mehrweg-Transportsystemen und zum Aufbau eines sog. Special Services Warehouse (Vorhaltung versandfertiger Ware für ausgewählte Kunden) in der Umsetzung. Sämtliche Prozesse unterliegen einer Servicegrad-Vereinbarung, die auf den Leistungskriterien Lieferqualität nach Art und Menge sowie Lieferzuverlässigkeit bzw. Termintreue beruhen. Ein markantes Merkmal der Geschäftsbeziehung sind wechselseitige Kontrollmechanismen. Beispielhaft sei hier die Vorgehensweise bei Problemfällen erwähnt: Esprit und Fiege haben sich verpflichtet, gemeinsam in definierter Zeit und zu minimalen Kosten eine Lösung zu erarbeiten.

Sowohl Fiege als auch Esprit interpretieren die gesamte Geschäftsentwicklung als ein Zeichen wachsenden, gegenseitigen Vertrauens. Aus dieser Position heraus hat Fiege nun die Möglichkeit, sich in das Supply Chain Management von Esprit zunehmend einzubringen. So kann Fiege einerseits für den horizontalen Datenaustausch mit den Stores und Shops selbstständig Software-Tools entwickeln und andererseits im Rahmen des Gesamtkonzeptes von Esprit nicht nur für Esprit selbst, sondern auch für andere Supply-Chain-Mitglieder beratend und unterstützend tätig werden.

Übernahme von Steuerungsfunktionen in der Supply Chain

Die konsequente Weiterentwicklung der Geschäftsbeziehung sehen sowohl Esprit als auch Fiege darin, dass Esprit einzelne Steuerungsaufgaben in der Supply Chain an seinen Dienstleister delegiert. Dies kann mit Hilfe der entsprechenden Software-Lösungen die Verwaltung relevanter Informationen über die Nachfrage und die Auslösung der Materialflüsse in der Supply Chain bedeuten. Damit verbunden sind die Koordination und Synchronisation der Bestellung der Kunden mit den Lieferungen der Hersteller, mit den Zielen, die gesamte Durchlaufzeit zu verringern, die Ablaufprozesse zu flexibilisieren, Bestände zu vermeiden und Transaktionskosten zu senken.

Im Einzelnen steht dabei die Schaffung einer internetbasierten Informationsplattform im Vordergrund. Das Internet erweist sich als einziges geeignetes Medium innerhalb der globalen Supply Chain von Esprit, da nur dort ein unmittelbarer Datentransport und -austausch in einem einheitlichen Format möglich ist. Zum einen ist die Informationsplattform an die Stores und Shops mit von Esprit „kontrollierter“ Fläche (Franchise-Stores, Shop-in-Stores und eigene Stores) gerichtet. Für diese Kunden gewinnt ein dem Warenfluss vorauseilender Informationsfluss angesichts knapper und überteuerter Geschäfts- und Lagerräume in Innenstädten sowie der Schnelllebigkeit und Wechselhaftigkeit der Mode zunehmend an Bedeutung.

Zum anderen ist die Plattform für die Produzenten und Transporteure auf der Beschaffungsseite geöffnet. Wichtige Funktionalitäten sind Bestellungen, Abrufe, Avisierungen und Abfragen des Lieferstatus. Die Avisierungsfunktion nutzen die Zulieferer, um Fiege den Termin sowie Art und Umfang eines Wareneingangs anzukündigen; Fiege wiederum generiert daraus Avise für die oben genannten Esprit-Kunden. Analog dazu kommen in umgekehrter Richtung die Abfragen des Lieferstatus zur Anwendung. Durch die technische Anbindung und die Möglichkeit zur durchgängigen Verfolgung von Bestellungen und Abrufen werden die Kunden vollständig in die Supply Chain integriert und fungieren gewissermaßen als Impulsgeber für alle vorgelagerten Prozesse (Pull-Prinzip).

Die durch die Informationsplattform erzeugten Daten werden in einer von Fiege bereitgestellten Datenbank gesammelt und entsprechend des Informationsbedarfs der Supply-Chain-Mitglieder in individueller Form aufbereitet. Um jedoch die Plattform letztlich als Steuerungsinstrument nutzen zu können, muss der daraus generierte Informationspool mit den jeweils eigenen Systemen der Beteiligten korrespondieren. Im Sinne des Wertschöpfungsgedankens und mit Blick auf die erwähnten Zielsetzungen ist jeder einzelne Partner gefordert, die zusätzlich gewonnenen Daten gleichzeitig zur Anpassung seiner eigenen Prozesse und zur ganzheitlichen Optimierung der abgebildeten Supply Chain einzusetzen. Letzteres setzt vor allem eins voraus: eine vertrauensvolle Kooperation zwischen den Partnern. Wenn diese Voraussetzung erfüllt ist, haben alle Beteiligten den maximalen Nutzen. Anders ausgedrückt es entsteht eine „Win-Win-Situation".

Fiege versteht im Rahmen der Notwendigkeit einer optimalen Abstimmung aller Informations- und Materialflüsse seine Aufgabe u.a. darin, anhand der gewonnenen und für die eigenen Zwecke aufbereiteten Daten das Bestellverhalten kontinuierlich zu analysieren. Mit Hilfe eines Rechenmodells werden die Warenströme zu den Stores und Shops simuliert und daraus individuelle Lieferalgorithmen abgeleitet. Ziel ist dabei eine Optimierung des Bestellverhaltens sowie der Sendungsstrukturen und folglich eine Ausrichtung der Warehouse-Aktivitäten auf die Distribution. Angestrebt wird eine Verringerung des Anteils der Paketsendungen, der momentan über 80 Prozent der gesamten europaweiten Auslieferung ausmacht. Die Kenntnis darüber, was wann in welchen Mengen den Kunden erreichen soll, und die darauf aufbauende Einflussnahme auf die Distribution führt zu einer Senkung der Transaktions- und Prozesskosten.

Da die Verbesserung der Prozesse keine einmalige Aktivität darstellt, besteht die Steuerungsaufgabe von Fiege insbesondere in der rollierenden Optimierung der Waren- und Informationsflüsse. Ausgehend vom Warehousing übernimmt Fiege auf diese Weise im Endeffekt die Federführung auf der Outbound-Seite und dehnt somit seinen Einfluss in der Supply Chain von Esprit aus.

Visionen zur Partnerschaft Esprit-Fiege

Das eigene Wachstum erfolgreich zu bewältigen und dabei die Lieferzeit zu verkürzen, die Transaktionskosten zu reduzieren und die Kundenzufriedenheit zu erhöhen, wird Esprit zukünftig nur bei einer Konzentration auf seine Kernkompetenzen gelingen. Für diese Ziele sind strategische Partner unerlässlich, die zur Beherrschung der Waren- und Informationsflüsse in einer End-to-End-Supply Chain integriert werden. In dieser werden sie zwar steuernd aktiv, die übergeordnete Steuerung bzw. die Koordination der Steuerung verbleibt jedoch in Esprit-Händen. Dabei legt Esprit die Rahmenbedingungen fest, in denen die Supply-Chain-Partner agieren und kooperieren. Zu diesen Rahmenbedingungen zählen die Mittel und Wege des Informationsaustausches, deren Kernelement das Internet darstellt. Die Steuerungsfunktion von Esprit ist darüber hinaus im Sinne einer Aufgabenverteilung zu verstehen. Dies geht sogar so weit, dass sich Esprit die wechselseitige Austauschbarkeit der Supply-Chain-Partner vorstellen kann.

Fiege strebt stets langfristige Verträge mit den Schwerpunkten Management- und IT-Unterstützung für ganzheitliche Logistiksysteme an. Für den Kunden Esprit bedeutet das, dass Fiege an der Entwicklung einer EDV-Lösung für die End to End Supply Chain mitwirkt und relevante Module des so geschaffenen Netzwerks betreibt. Daraus leitet sich für Fiege eine Systemführerschaft in der Lager- und Distributionslogistik ab – orientiert an den Zielen von Esprit.

Fazit

Supply Chain Management ist immer dann erfolgreich, wenn die vollständige Integration in eine IT-Landschaft gelingt. Neben dieser längst unbestrittenen Bedingung kommt dem Wert Vertrauen im Miteinander der Supply-Chain-Partner die dominanteste Stellung zu. Erfolgreiches Supply Chain Management verlangt langfristige, strategische Partnerschaften, wobei sich der Logistik-Dienstleister die Position als ein steuerndes Element der Supply Chain erarbeiten muss.

Vertrauen ermöglicht Kooperation.

Kooperation ermöglicht Integration.

Integration ermöglicht kürzere Durchlaufzeiten und geringere Kosten.

Erfolg basiert auf Menschen!

Damit schließt sich der Kreis zum entscheidenden Erfolgsfaktor für das Management einer Supply Chain: dem Vertrauen.

Innovative Geschäftsmodelle für das Management von Supply Chains

Andreas Froschmayer[1]

Der Übergang vom Management von Logistik-Teilleistungen – Transport, Lager, Umschlag – zum Management von Supply-Chain-Netzwerken erfordert sowohl von Industrie und Handel als auch von Logistik-Dienstleistern ein hohes Maß an Innovationsfähigkeit und Komplexitätsverarbeitungskompetenz.

Um die Komplexität des Managements von Supply-Chain-Netzwerken zu reduzieren, werden neue Dienstleistungen und Technologien angeboten, die sich auf die Handhabung dieser Herausforderungen beziehen. Auf der einen Seite können durch neue Technologien Geschäftsprozesse integriert und unternehmensübergreifend geplant werden, auf der anderen Seite sind für die operative Abwicklung eines Managements einer Supply Chain auch neue Organisationsformen notwendig.

In diesem Beitrag sollen insbesondere die Möglichkeiten und Formen neuer Organisationsmodelle für das Managements von Supply Chains erläutert werden. Das Unternehmen eCHAIN Logistics selbst ist bereits eine solche neue Organisationsform und wird daher kurz skizziert. Durch die Verbindung von komplementären Fähigkeiten der Gesellschafter wurde ein neues Diensleistungsangebot in der Logistik entwickelt. Für die Kunden der eCHAIN Logistics AG werden zusätzlich neue Umsetzungsmodelle entwickelt, um für die individuellen Anforderungen ein passendes Management der Supply Chain zu ermöglichen. Auch diese neuen Management-Formen zur Steuerung von Supply Chains (Logistic Service Units) werden anhand eines Beispiels erläutert.

Neue Unternehmensmodelle sind notwendig, da die innovativen Konzepte des Managements von Supply Chains in den traditionellen Unternehmensstrukturen oftmals nicht umgesetzt werden können. Industrie und Handel suchen in der Strategieentwicklung deshalb nicht nur eine technologische Lösung, sondern parallel eine organisatorische Weiterentwicklung der Strukturen.

Das Spektrum des Themas Supply-Chain-Netzwerke reicht dabei von vertraglich geregelten Kooperationsbeziehungen über Netzwerke bis hin zu konzentrativen Unternehmenszusammenschlüssen in Form von internationalen Konzernen.

Die Logistik (in diesem Sinne) ist demnach ein spezieller Führungsansatz zur Entwicklung, Gestaltung, Lenkung und Realisation effektiver und effizienter Flüsse von Objekten (Güter, Informationen) in unternehmensweiten und -übergreifenden Wertschöpfungssystemen.

---

[1] Mitglied des Vorstands der eCHAIN Logistics AG, München

Im Folgenden werden zunächst die erforderlichen Fähigkeiten für das Management von Supply Chains am Beispiel des Unternehmens eCHAIN Logistics dargestellt, um anschließend die Aufgaben und Rollen in den Organisationsformen von Supply Chains zu untersuchen. Die Neugestaltung einer Logistik- und Handelsgesellschaft wird anhand eines Projektbeispiels betrachtet, um dann jedoch wieder den Blick für alternative Gestaltungsmöglichkeiten zu öffnen, bevor ein Fazit diesen Beitrag abschließt.

Komplementäre Fähigkeiten für die Steuerung von Supply Chain Netzwerken

Für die Entwicklung von Konzepten und Anwendungen eines Managements von Supply Networks werden spezielle Fähigkeiten nachgefragt, die – gerade in Deutschland – in ihrer Gesamtheit oftmals noch nicht integriert angeboten werden können. Zunächst ist vor allem strategisches Denken und Handeln gefordert, da sich SCM-Themen mit den Grundfragen der Unternehmensführung befassen. In Deutschland reichern sich derzeit u.a. Logistik-Dienstleister mit SCM Software an, die technologischen Fähigkeiten für die Implementierung von dieser SCM Software sind jedoch Domäne von speziellen IT-Organisationen. Diese wiederum haben nicht das tiefe Know-how von operativen logistischen Abwicklungsprozessen, welches jedoch für das tagtägliche Management von Supply-Chain-Netzwerken unabdingbar ist.

Das Geschäftsmodell des Unternehmens eCHAIN Logistics, ein 50:50 Joint Venture zwischen dem IT-Dienstleister CSC Ploenzke AG und dem internationalen Logistik-Dienstleister DACHSER GmbH & Co. Dies ist die Verknüpfung der komplementären Fähigkeiten von zwei großen Konzernen mit entsprechenden strategischen und operativen Erfahrungen (siehe Abb. 1).

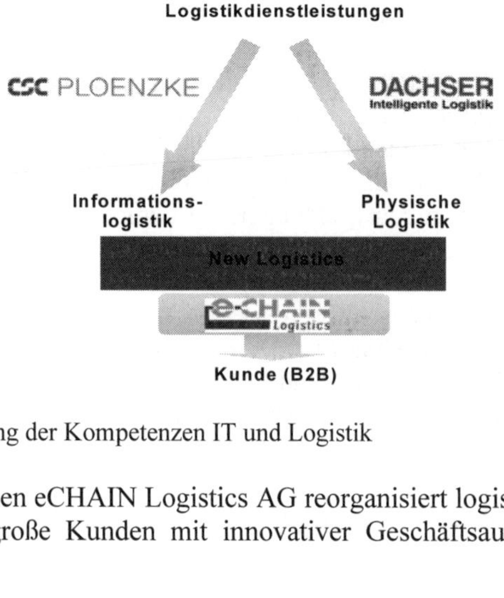

Abb. 1. Bündelung der Kompetenzen IT und Logistik

Das Unternehmen eCHAIN Logistics AG reorganisiert logistische Warenketten für mittlere bis große Kunden mit innovativer Geschäftsauffassung durch die

Konzeption von Warenflüssen und deren Steuerung mit Hilfe modernster Technik. Das Diensleistungsportfolio ist darauf ausgerichtet, Geschäftsprozesse logistisch durchgängig zu gestalten und somit den Geschäftserfolg der Kunden zu erhöhen.

Der Erfolg des Unternehmens basiert auf der Verbindung der Fähigkeiten der beteiligten Unternehmen und der Hauptleistungsträger. Die Zusammenführung der Fähigkeiten eines Logistik-Dienstleisters mit den Möglichkeiten von Unternehmensberatung und IT-Unternehmen führt zu einem Gesamtangebot, das für die Realisierung des Managements von logistischen Netzwerken notwendig ist (siehe Abb. 2).

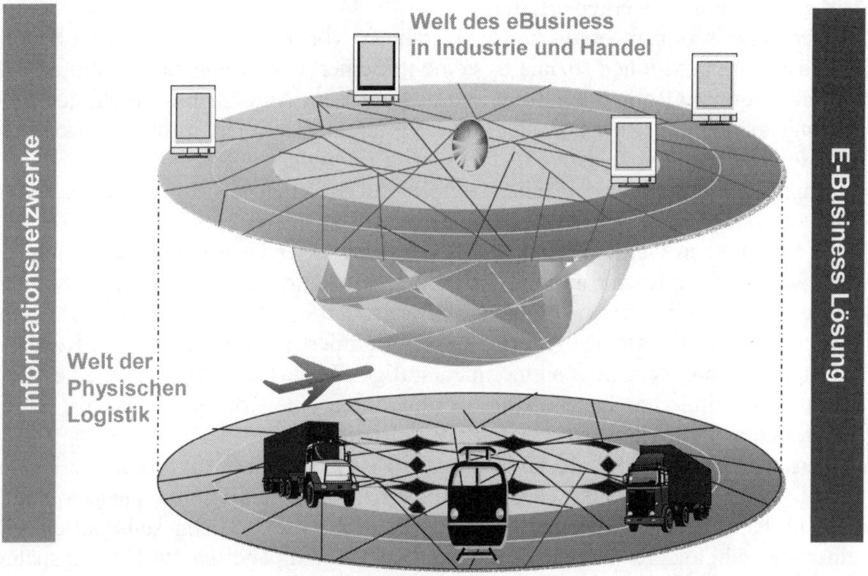

Abb. 2. Verknüpfung von Logistik und IT

Der Vorteil für den Kunden ist die Professionalität der Beratung und Implementierung im Vergleich zu anderen Teilanbietern dieser Art von Dienstleistungen. Durch die Zusammenführung der komplementären Fähigkeiten der Gesellschaften kann die Nachfrage nach der Verbesserung der logistischen Leistungen durch die Konzeption Supply Chain Management und die Nutzung des Internets aus einer Hand angeboten werden. Bisher wurden diese Dienstleistungen entweder von Beratern oder von Logistik-Dienstleistern angeboten und wiesen somit an bestimmten Punkten Bruchstellen auf. Eine spezielle Entwicklung der eCHAIN Logistics AG ist die strategische Beratung und die anschließende Realisierung von Organisationsmodellen zum Management von Supply Chains wie Logistic Service Units, auf die im Folgenden eingegangen wird.

„Logistic Service Units“ zur Steuerung von Supply Chain Netzwerken

Organisationen sind in der Betriebswirtschaftslehre oftmals dadurch gekennzeichnet, dass sie planvoll organisiert sind, wobei eine Kombination der Produktionsfaktoren (dispositive und auszuführende Arbeit, Betriebsmittel und Werkstoffe) mit dem Ziel erfolgt, Sachgüter und Dienstleistungen bereitzustellen. In der Diskussion um Supply-Chain-Netzwerke geht es weniger um einzelne Unternehmen als um Supply Chains, die Aufgaben in unterschiedlichster Weise in Form von Unternehmens-Netzwerken erfüllen.

Der organisationstheoretische Bezugsrahmen von Kirsch geht zunächst davon aus, dass Organisationen soziale Systeme mit einer Verfassung sind. Mitglied ist, wer eine formale Rolle übernimmt und dadurch dem Autorisierungsrecht der verfassungsmäßigen Organe unterliegt. Die Verfassung definiert so die Grenzen des sozialen Systems 'Organisation'“.

Supply Chains können in einem ersten Zugriff auch als *Organisationen von Organisationen* (Teubner 1989; Ringsletter 1995) mit einer kollektiven Verfassung beschrieben werden, wobei die Verfassung einer Unternehmensverbindung auch sehr diffus oder nur implizit vorhanden sein kann. Man denke hier beispielsweise an Netzwerke, deren Mitglieder teilweise nur durch Rahmenvereinbarungen oder institutionalisierte Tauschbeziehungen definiert sind. Im Falle von Konzernen spricht man dagegen von einer mehrstufigen Verfassung: Die durch eine Verfassung konstituierten Teileinheiten werden durch eine Konzernverfassung als übergreifende Verfassung „verbunden“ (Ringlstetter 1995).

Jenseits des Konzerns rücken in jüngster Zeit jedoch auch multiorganisationale Verbindungen aller Art ins Bewusstsein. Eine Untersuchung von Theisen zeigt, dass in der Bundesrepublik Deutschland rund 90% aller Aktiengesellschaften mit einer Vielzahl anderer Organisationen verbunden sind (Theisen 1991). Wie später noch zu präzisieren ist, sind jedoch auch die kooperativen Zusammenschlüsse von zunehmender Bedeutung, wobei gerade bei diesen Formen der „Partner“ oft auf internationaler Ebene gesucht wird (Hopfenbeck 1993).

„Um (...) ihre strategische Führungsaufgabe zu erfüllen, muss die Unternehmensspitze mehr Wert schaffen, als bei Verselbstständigung der Unternehmensteile - und damit direkter Verbindung zum Kapitalmarkt - oder bei Übergang auf andere Eigentümer entstünde“ (Henzler 1988).
Neben den klassischen Wachstumszielen durch Diversifikation rücken jedoch auch Fragen der Synergierealisierung – insbesondere in logistischen Fragen - in den Mittelpunkt (unternehmensübergreifende logistische Bündelungsmodelle, gemeinsame Kapazitäten, Lagernutzung usw.). Weitere Motive können in der Nutzung von Flexibilitätspotenzialen und Mobilisierungsmöglichkeiten, in der Risikostreuung des eingesetzten Vermögens und einer Stärkung der Machtposition innerhalb der Wettbewerbskräfte begründet liegen.

Die Existenz ausdifferenzierter Einheiten (Geschäftsbereiche, Profit Center, Divisionen) und die Verbindung von Organisationen zu Allianzen oder Netzwerken hat nun über die formale Struktur hinaus entscheidende Auswirkungen auf die

Prozessstrukturen. Konsensstrukturen in Bezug auf bestimmte Strategien oder Machtstrukturen im Hinblick auf eine adäquate Ressourcenallokation werden in Supply Chains durch das Bestreben nach Entscheidungsautonomie und bestehenden Interessensdivergenzen in asymmetrische Führungsstrukturen münden.

Für logistische Fragen werden daher zunehmend auch neue Organisationsformen vorgeschlagen. Das Management einer Supply Chain kann dabei sowohl von einem Industrieunternehmen übernommen werden als auch an spezielle Logistik-Dienstleister ausgegliedert werden (Outsourcing). Hierfür entwickeln sich in der Branche der Logistik-Dienstleister auch neue Unternehmen mit speziellen Funktionen und Fähigkeiten (Fourth Party Logistics Provider).

Betrachtet man die Fülle der Problemstellungen und Aufgaben, mit denen sich das Management von Supply Chains konfrontiert sieht, aus der Perspektive der Fähigkeiten, so lässt sich auch hier ein Resümee der Problemtypen ziehen:

Zum einen ergibt sich die Notwendigkeit einer *Fähigkeit zur Gestaltung der Rollenverteilung innerhalb des Managements einer Supply Chain.* Zunächst ist zu strukturieren, welche Rollenverteilung zwischen Industrie und Dienstleister zu wählen ist (Make or Buy). Darin eingeschlossen sind Fragen der Erzielung eines Mehrwertes des Gesamtsystems (Logistikqualität und Logistikkosten) und die Ausgestaltung der Bindungsintensität durch Verträge oder gemeinsame Gesellschaften.

Zum zweiten ergibt sich eine Notwendigkeit in der *Fähigkeit zur Integration der Organisationsform für das Management der Supply Chain.* Darin subsumiert sind die Handhabung der Beziehungen zwischen Industrie-Netzwerken und Dienstleistern, die Fragen der Ausgestaltung der Austauschrelationen (Aufgabenbereiche, gegenseitige Leistungsverrechnungen, finanzielle Abwicklung, Ertragsfeststellung und Allokation des Synergiegewinnes), der Transfer von Wissen und von Kapazitäten sowie Fragen der Kultur und Identität aus der Sicht der Teileinheiten und (sofern vorhanden) der zentralen Einheit.

Somit bewegen sich die Führungsaufgaben von Supply Chains in einem Dilemma zwischen einer wachsenden Autonomie einzelner Unternehmenseinheiten bei gleichzeitiger Zunahme der Koordinations- und Integrationsnotwendigkeit. Das Prozessmanagement für die Ausgestaltung der Rollenverteilung und die Entwicklung der Integration der Supply Chain kann u.a. auch durch einen externen Moderator wahrgenommen werden.

Dieses Vorgehen wird im folgenden Praxisbeispiel erläutert, da in dem nachfolgend beschriebenen Projekt mehrere Organisationen mit unterschiedlichen (bestehenden und zukünftigen) Rollen involviert sind und somit auch Koordinations- und Integrationsanforderungen zu lösen waren.

Ein innovatives Logistik-Konzept für Tankstellen-Shops

Das Management der Informations- und Warenlogistik zur Versorgung von Tankstellen-Shops wird von Mineralölgesellschaften oftmals als One Stopp Shopping nachgefragt. Die Nachfrage beinhaltet sowohl die Handelsfunktion (Convenience-

Sortiment und Non-Food-Waren) als auch die logistischen Funktionen Lagerung, Auslieferung und Rücktransporte. Darüber hinaus werden IT-Systeme u.a. zur Steuerung der täglichen Bestell- und Abwicklungsvorgänge sowie zur mittel- und langfristigen Planung und Steuerung des Warenflusses benötigt.

Die eCHAIN Logistics AG entwickelte zusammen mit der WEVER & Co. GmbH eine Handels- und Logistik-Lösung zur Versorgung der Tankstellen-Shops mit dem von den Mineralölgesellschaften bzw. Shopbetreibern nachgefragten Sortiment. Analog zu den bisherigen Überlegungen zur Verbindung von Kompetenzen in neuen Organisationsformen und der Verteilung von Rollen wurden auch hier verschiedenen komplementäre Fähigkeiten zusammengeführt:

Das Unternehmen WEVER ist ein Großhändler, der insbesondere die Fähigkeiten zur Versorgung von Mineralölgesellschaften mit dem Sortiment von Tankstellen-Shops besitzt. Zusammen mit der eCHAIN Logistics AG wurde ein Unternehmen gegründet, das die Funktionen Sortiment, Informationstechnologie und Logistik für die Belieferung von Tankstellen-Shops integriert anbieten kann und die Geschäftsprozesse kontinuierlich weiterentwickelt.

Die „seven24 services GmbH" bietet das Management der gesamten Supply Chain der Tankstellenlogistik bis in den Shop hinein an, indem sowohl die Handelsfunktion als auch die Logistikfunktion zentral von diesem Unternehmen angeboten werden. Darüber hinaus werden weitere Dienstleistungen (Business Intelligence, Reporting, Call-Center, Service-Funktionen) zur Verfügung gestellt (siehe Abb. 3)

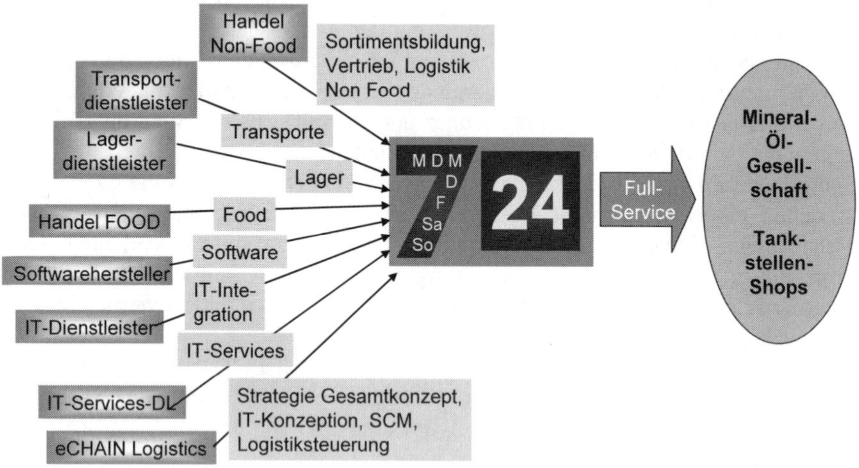

Abb. 3. Unternehmensmodel „seven24 services"

Die eigentliche Innovation liegt in der Umsetzung der logistischen Funktionen durch eine intelligente Steuerung im Sinne eines Fourth-Party-Logistics-Ansatzes, der eine Nutzung vorhandener Kapazitäten von Logistik-Dienstleistern ermöglicht. Durch die Nutzung von Umschlag-Terminals und Transport-Equipment der beteiligten 3PL-Dienstleister und Kapazitätsanbieter werden Assets eingespart und

Kosten minimiert. Durch neue technologische Anwendungen werden zudem die Kassensysteme mit logistischen Systemen verbunden, um die Geschwindigkeit und Profitabilität für diese Wertschöpfungskette zu erhöhen. Somit stellt hier die Integration der Beteiligten zwar eine Herausforderung durch die Vernetzung der Systeme und Prozesse dar, andererseits wird durch die bessere Kapazitätsauslastung das Kostenniveau gesenkt sowie durch die Fokussierung auf die Kernkompetenzen der Teilnehmer die Qualität erhöht.

Durch die neue Konzeption des Managements der Supply Chain können folgende Erfolgswirkungen erzielt werden:

Economies of scale: Durch die Analyse der Wertschöpfungskette über alle Prozesse hinweg werden Assets besser genutzt bzw. eingespart sowie eine Konzentration der Lagerfunktion auf wenige Standorte vollzogen, was zu erheblichen Größenvorteilen in den Transportmengen und zu Kosteneinsparungen in der operativen Umsetzung führt. Zusätzlich wird durch Bündelungskonzepte in der Transportlogistik Sammelgutnutzen erzeugt.

Economies of speed Durch die genaue Beobachtung der Warenströme – insbesondere auch Abverkaufsdaten der Shops – über Unternehmensgrenzen hinweg (Mineralölgesellschaft, seven24 services, Dienstleister, Hersteller) und die Transparenz über den Durchfluss von Gütern wird die Geschwindigkeit der Wertschöpfungskette steigen: Verhinderung von Liegezeiten, Beschleunigung des Warendurchlaufes und Erhöhung der Umschlagsgeschwindigkeit sind die betriebswirtschaftlichen Resultate.

Economies of scope Die beteiligten Unternehmen bringen ihre Fähigkeiten in das Netzwerk ein, so dass die historisch entwickelten Funktionen Handel, Logistik und Informationstechnologie in einer neuen und integrierten Konstellation in Form einer innovativen Gesellschaft dem Nutzer (hier dem Mineralölkonzern) komplett als One Stopp Shopping angeboten werden kann.

Manager der Supply Chain – Alternative Betrachtungen

Die Gründung eines neuen Unternehmens – wie im Beispiel beschrieben – ist nur eine von verschiedenen Alternativen zur Realisierung eines professionellen Managements einer Supply Chain. Aus diesem Grunde möchte ich noch einen kurzen Ausblick über andere Umsetzungsmöglichkeiten geben.

Die im vorliegenden Beispiel dargestellte Möglichkeit besteht darin, dass sich ein Logistik-Dienstleister neuer Prägung (4PL) zusammen mit einem Industrie- oder Handelskunden verbindet, um in Form einer Logistic Service Unit das Management der Supply Chain zu übernehmen.

Eine weitere Alternative ist natürlich das vollständige Outsourcing an einen Logistik-Dienstleister. Bei dieser Form werden jedoch auch die Fähigkeiten und Kompetenzen zur Steuerung der Supply Chain vergeben, so dass das auftraggebende Industrie- oder Handelsunternehmen die Führung zur Steuerung der Supply Chain abgibt. Dies sollte unter Berücksichtigung des Konzeptes der Kernkompetenzen genauestens untersucht werden. Nur in dem Fall, in dem die Steuerung der

Supply Chain nicht die Kernkompetenz eines Unternehmens ist, kann dieser Weg zu empfohlen werden.
Als weitere Variante ist zu beobachten, dass Industrie- und Handelsunternehmen das Management der Supply Chain als Kernkompetenz betrachten und deshalb diese Leistung selbst erbringen wollen. Diese Unternehmen streben danach, die Fähigkeiten eines 4PL selbst aufzubauen. Dieser Ansatz wird von eCHAIN Logistics unterstützt, da die Fähigkeiten eins 4PL ebenso auf Industrieunternehmen anwendbar sind. In Strategie- und Umsetzungsprojekten begleitet eCHAIN Logistics Unternehmen auf diesem Weg zur Entwicklung einer eigenen Organisationseinheit zum Management eines Supply-Chain-Netzwerkes des entsprechenden Industrie- oder Handelsunternehmens.

Fazit – Die unterschätzte organisatorische Komponente

Als Fazit lässt sich zusammenfassen, dass die Frage des Managements einer Supply Chain u.a. sowohl technologische als auch organisatorische Aspekte beinhaltet. Die technologische Frage ist durch die jüngsten Entwicklungen der Software-Anwendungen durchaus lösbar. Engpass in der technologischen Frage ist nicht die Software selbst, sondern die fachliche Kompetenz des Implementierungspartners, der die Software „zum fliegen bringt“. Allein durch den Kauf einer Lizenz eines SCM Tools ist das Thema Management der Supply Chain noch lange nicht gelöst.

Eine unterschätzte Fragestellung ist dagegen die organisatorische Realisierung. Supply Chains können in der Praxis oft nicht hierarchisch koordiniert werden. Allein die Begriffe Netzwerke, virtuelle Organisationen und Allianzen schaffen bereits ein implizites Vorverständnis dafür, dass es sich bei den Führungsstrukturen von Supply-Chain-Management-Einheiten um multiple, verknüpfte Strukturen handelt. Darüber hinaus ist auch ein Kulturwandel bei den Mitarbeitern zu bewerkstelligen: Von der Ausübung logistischer Teilfunktionen zum Positionsprofil eines Supply Chain Managers. Hierzu sind erhebliche Trainings- und Motivationsmaßnahmen zu berücksichtigen. Die operative Wirksamkeit der Konzepte wird sich an einer erfolgreichen Integration der Mitarbeiter zeigen.

In diesem Beitrag wurden unterschiedliche Lösungsmodelle für das Management von Supply Chains dargestellt. Insbesondere die Organisationsform einer Logistic Service Unit kann als robustes Modell bezeichnet werden, das für verschiedene Herausforderungen eine Lösung darstellt. Über unterschiedliche Beteiligungsformen kann dabei sowohl das auftraggebende Industrieunternehmen weiter die Supply-Chain-Steuerung beeinflussen, zusätzlich kann jedoch durch die Beteiligung des ausführenden Logistik-Dienstleisters (4PL, 3PL) auch die Kompetenz aufgebaut werden, die sonst über ein traditionelles Outsourcing mit dem Preis des Verlustes der Einflussnahme erkauft werden muss.

Der Erfolg von Supply-Chain-Netzwerken wird zukünftig davon abhängen, wie flexibel und schlank die Organisationsform zur Steuerung der Supply Chain ist, wie die Rollen der Beteiligten (Industrie, Handel, Dienstleister) verteilt sind, in

welchem Maße die Integration erfolgt und schließlich, welche Produktivitätsschübe in der Logistik der gesamten Kette zu realisieren sind.
Damit hat sich auch die Aufgabe der Logistik-Funktion in Unternehmen und Netzwerken von Unternehmen gewandelt: Während früher über Transportvergabe und Lagerkapazitäten gesprochen wurde, wandelt sich das Entscheidungsfeld von Logistikverantwortlichen in den Unternehmen bis hin zur Planung und Steuerung der gesamten Wertschöpfung dem Management von Supply-Chain-Netzwerken.

Literatur

Henzler, H.A. (1988): Handbuch strategische Führung, Wiesbaden, Gabler 1988

Ringlstetter, M.J. (1997): Organisation von Unternehmen und Unternehmensverbindungen: Einführung n die Gestaltung der Organisationsstruktur, S. 25, München (u.a.), Oldenburg

Integration durch Full Service Provider im Supply Chain Management

Jürgen Harland[1] und Dieter Ruhnow[2]

Die Verbesserung der Gesamtheit aller logistischen Leistungskomponenten ist wesentliche Voraussetzung für die Fähigkeit der Unternehmen, die logistischen Prozesse und Systeme ganzheitlich und nachhaltig zu optimieren. Die logistische Leistung wird dabei insbesondere durch die Komponenten Lieferfähigkeit, Lieferzeit, Lieferqualität, Lieferflexibilität, Termintreue und in deutlich zunehmendem Maße durch die Informationsbereitschaft determiniert.

LOCTON – Dienstleistungen mit Zukunft

Der Trend zur umfassenden Kontraktlogistik wurde von LOCTON bereits vor längerem erkannt. Heute agiert LOCTON in den entstehenden Wertschöpfungsnetzwerken mit ihrem umfassenden Logistik-Know-how zunehmend eigenverantwortlich und bietet Systemlösungen an, die die gesamte Versorgungskette sowie die Betreuung des Kunden umfassen. Eine der wesentlichen Aufgaben ist dabei der Aufbau eines durchgängigen Informations- und Kommunikationssystems, über das die Wertschöpfungspartner miteinander kommunizieren, planen und steuern können.

Eine umfassende informatorische Vernetzung ist die Voraussetzung für eine Zusammenarbeit zwischen den Partnern der Wertschöpfungskette. Je mehr Systembestandteile einer Prozesskette integriert werden sollen, desto wichtiger wird der Austausch von Informationen.

Insbesondere die Versorgungsprozesse Disposition, Einkauf und Beschaffung bieten dabei Ansatzpunkte für LOCTON, die Wertschöpfungskette der Kunden nachhaltig zu optimieren. Das Aufgabengebiet innerhalb der Prozesskette Versorgung umfasst die Gestaltung, Planung und Kontrolle der logistischen Kette zwischen der Fertigung des Zulieferers und der Fertigung bzw. sonstigen Leistungsverwertung des Abnehmers. Als Zulieferer sind hierbei unternehmensexterne und -interne Lieferanten zu betrachten. Diese Wertschöpfungsprozesse schließen Leistungen wie Warehousing, Inventory-Management, Mehrwegmanagement, Retou-

---

[1] Vorstand Microlog AG und Geschäftsführer der Locton GmbH, Köln

[2] Mitglied der Geschäftsleitung der Locton GmbH, Köln

ren- und Reklamationsbearbeitung, Disposition und C-Teile-Management, Montageversorgung, Anarbeitung sowie Vormontage ein.
Weitergehende Aufgaben sind die vertikale Integration und Steuerung des Zuliefernetzwerkes sowie begleitende, kundenspezifische Planungs- und Beratungsleistungen. Durch konsequentes Outsourcing dieser Leistungselemente können sich Industrieunternehmen auf ihre Kernkompetenzen konzentrieren, wobei Lieferzeiten und Kosten nachhaltig reduziert werden. Hierzu ist die Übernahme der Verantwortung für gesamte Systemdienstleistungen notwendig. LOCTON richtet sich daher verstärkt auf derartige Kontrakt-Dienstleistungen aus, hilft ihren Kunden bei der Beherrschung dieser Aufgabenkomplexe und wird so integraler Bestandteil der Wertschöpfungskette ihrer Kunden.

LOCTON – Dienstleister mit Tradition

Die LOCTON Gesellschaft für Logistik-Systeme mbH mit Hauptsitz in Köln kann seit der Gründung 1956 auf eine lange Tradition zurückblicken. Heute gehört das Unternehmen zum Micrology-Konzern, dessen größter industrieller Aktionär die DELTON AG ist.

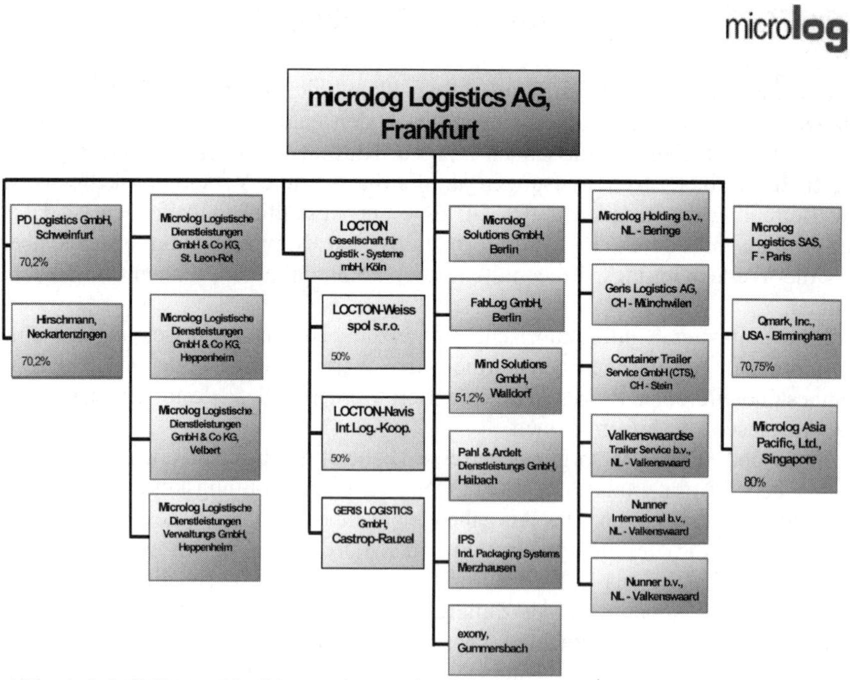

Abb. 1. LOCTON – Ein Unternehmen der Micrology AG

LOCTON ist mit aktuell 9 Niederlassungen und 10 Außenstellen flächendeckend in Deutschland vertreten (siehe Abb. 1). Mit über 420 Mitarbeitern wurde im Geschäftsjahr 2001 ein Umsatz von über 76 Mio. € erzielt.

LOCTON – Strategische Ausrichtung

Für die strategische Positionierung von LOCTON wurden als Rahmenparameter die Konzentration auf hochwertige industrielle Kontrakt-Dienstleistungen und das B2B-Segment definiert (siehe Abb. 2). Hierbei liegen Akzente auf der vertikalen Integration von Zuliefernetzwerken und damit neben der Logistik i. e. S. auf der Disposition, dem umfänglichen Beschaffungs- und Inventory-Management sowie der Anarbeitung und Vormontage.

Vom Dienstleistungsansatz her arbeitet LOCTON aktiv an der Gestaltung von Kundensystemen und deren Optimierung durch ein Reengineering aus betriebswirtschaftlicher, technischer und organisatorischer Sicht mit dem Ziel, neue Systeme beim Kunden zu implementieren und zu betreiben.

LOCTON ergänzt die ausführende Logistik - das Fulfillment - durch übergeordnete Planungs- und Steuerungsprozesse, in die die umfassenden Projekterfahrungen einbezogen werden.

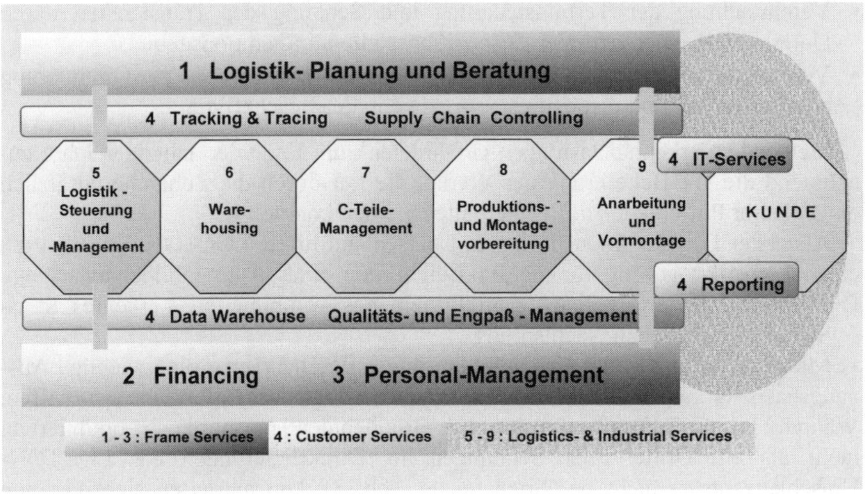

Abb. 2. Das modulare Produktportfolio

In den bearbeiteten Leistungsfeldern vermittelt LOCTON höchste Logistik-Kompetenz und bietet ein in Kombination und Modularität einzigartiges Spektrum an Leistungen. LOCTON differenziert sich über wahrnehmbar innovative Leistungen. Neue Technologiestandards werden zeitnah in die eigene Leistungserstellung integriert. Für LOCTON besteht bereits heute ein Wettbewerbsvorsprung in nachweisbarer Qualität. Als Qualitätsführer steht für LOCTON der Zeitgewinn im

Logistik-Management und die schnelle Implementierung angepasster Prozesse im Vordergrund. Die IT-Kompetenz zeichnet LOCTON als Systemintegrator aus.

LOCTON verfolgt ein strenges Qualitätsmanagement und ist nach DIN ISO 9001 für Kontraktlogistik und logistische Dienstleistungen sowie nach VDA 6.2 zertifiziert.

Beispiel: Kooperation mit BMW

Seit vielen Jahren ist LOCTON in Nordrhein-Westfalen als Gebietsspediteur für die Kaufteilebeschaffung der bayerischen Werke der BMW AG tätig. Die Auswahl der ausgeübten Funktionen richtet sich nach den individuellen Bedürfnissen des Auftraggebers, so dass ein Gebietsspeditionssystem im Unterschied zur verwandten Sammelgutspedition immer ein maßgeschneidertes Dienstleistungspaket darstellt. Die Vorteile sind insbesondere in folgenden Punkten zu sehen:

- Konzentration möglichst vieler Einzelsendungen auf die eingesetzten Transportmittel;
- Senkung der Anzahl eingehender Fahrzeuge und Verringerung der Verkehre innerhalb und außerhalb der Werke;
- Senkung der Transportkosten durch Bildung von Werks-Sammelladungen;
- Vereinfachung der Terminsteuerung und Senkung der Transitzeiten durch Unterhaltung einer zentralen Dispositionsstelle im Speditionsgebiet;
- Vereinheitlichung und Beschleunigung der Informationsflüsse zur Optimierung administrativer und dispositiver Vorgänge in der Beschaffung.

Steigende Verkehrsbelastungen gefährdeten zum Ende der achtziger Jahre zunehmend die JIT-Belieferung der Werke, die nur durch die Zunahme zusätzlich eingeplanter Pufferzeiten aufrechterhalten werden konnte.

Als erster Logistik-Dienstleister in Deutschland führte LOCTON deshalb 1988 einen Logistik-Ganzzug für die JIT-Belieferung eines Automobilherstellers ein. Die Abwicklung erfolgt nach dem Prinzip des kombinierten Verkehres Strasse/Schiene im täglichen Nachtsprung.

Mit der Einführung des Logistik-Ganzzuges für BMW war eine wichtige Ausgangsbasis für ganzheitliche Verbesserungen der logistischen Prozesse geschaffen. Während im reinen Straßentransport aus Gründen der Transportkostenoptimierung mehr als ein Drittel aller Sendungen als Direktlieferungen das LOCTON-Umschlagzentrum nicht berührten (siehe Abb. 3), konzentrierten sich dort nun wegen der unumgänglichen Verladung auf die Schiene alle Material- und Informationsflüsse. Gleichzeitig konzentrierten sich dort aber auch alle Störungen und Schwachstellen, die umso deutlicher hervortraten, als nun auch ein Zugfahrplan mit festen Abfahrtzeiten einzuhalten war.

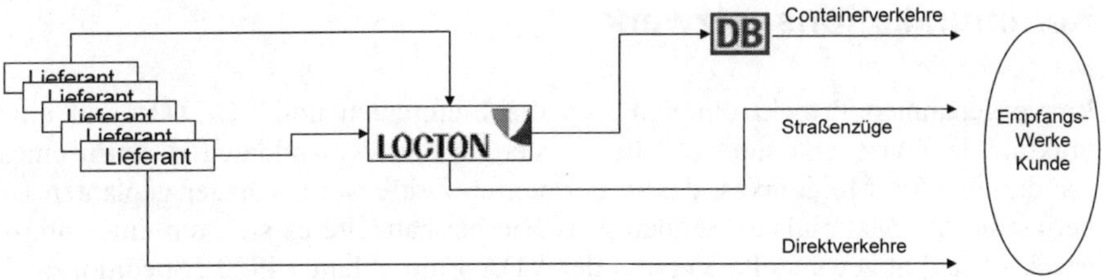

Abb. 3. Materialflussschema (vereinfacht)

Partizipative Gestaltung und Realisierung eines Logistik-Dienstleistungszentrums

In einem engen Korsett aus vielfältigen Kundenanforderungen, nicht beeinflussbaren Voraussetzungen und Unwägbarkeiten in der Abholung bei Lieferanten, einem staatlich reglementierten Produktionsprozess Straßentransport mit Störungen im Verkehrsablauf und mit sehr heterogenen Gütern bzw. Ladehilfsmitteln konnten klassische Standardisierungs- und Automatisierungsbemühungen nur sehr begrenzt wirksam sein.

Es hatte sich gezeigt, dass einseitige Liefervorschriften des Kunden und bilaterale Gespräche zwischen einer Vielzahl von beteiligten Unternehmen mit unterschiedlichen Fachabteilungen und damit Interessen bei den Beteiligten selbst nicht ausreichten, die Komplexität der physischen und informatorischen Abläufe nachhaltig zu verbessern.

Im Jahr 1992 startete LOCTON deshalb das Projekt „Partizipative Gestaltung und Realisierung eines Logistik-Dienstleistungszentrums". Das Projekt wurde vom Ministerium für Arbeit, Gesundheit und Soziales des Landes Nordrhein-Westfalen im Rahmen des Programms „Mensch und Technik – Sozialverträgliche Technikgestaltung" gefördert.

Erstmals in der logistischen Dienstleistung verbesserten Mitarbeiter hierarchie- und betriebsübergreifend in einem gemeinsamen Prozess mit interdisziplinären Teams die logistische Kette von nordrhein-westfälischen Zulieferunternehmen zu den Werken der BMW AG, von der Auftragsannahme bis zur Anlieferung. Aus Verhandlungskontrahenten wurden Entwicklungspartner, die das Notwendige und das Machbare in einer für alle Beteiligten ganzheitlichen Sicht optimierten.

Die Projektergebnisse wurden 1994 in Form eines Maßnahmenkataloges mit Handlungshilfen und Maßnahmen für alle Beteiligten zur Optimierung der Prozesskette „Teileversorgung" dokumentiert. Qualifizierungshilfen wie z.B. Arbeitsvideo, Poster etc. wurden ebenso wie ein „Arbeitsbuch logistische Kette" mit Analysen des Problemlösungsprozesses, Darstellung der Maßnahmengenerierung und Übertragungsmöglichkeiten auf Dritte für den kontinuierlichen Verbesserungsprozess eingesetzt. Hierzu zählten auch Workshops vor Ort bei den Kunden, in denen direkt und indirekt Beteiligte, z.B. aus dem Vertrieb und der Produktion, angesprochen wurden. Das Motto lautete: „Denken in Prozessen".

Kommunikationsnetzwerk

Im vorgenannten Projekt einigten sich die Lieferanten und LOCTON auf eine praktikable Zwischenlösung für die Avisierung der Versanddaten in Form eines standardisierten Meldefaxes, das in definierten Zeitfenstern vor der geplanten Übernahme des Materials zu senden war. Hierbei handelte es sich um eine „abgespeckte" und abgewandelte Version der VDA-Empfehlung 4920 „Speditionsauftragsdaten Lieferant – Spediteur", die als zu umfangreich und in der technischen Umsetzung per DFÜ als zu unwirtschaftlich angesehen wurde. Noch heute sind ca. 25% der Lieferanten nicht in der Lage, eine Lieferschein-DFÜ zum Kunden durchzuführen. Damals, vor rund 10 Jahren, lag der Anteil bei 40%. Dies zeigt, wie langsam die technische Integration in der Vergangenheit vorangeschritten ist. Für LOCTON war es damit erst recht als unrealistisch anzunehmen, dass eine flächendeckende elektronische Übermittlung der Speditionsauftragsdaten in absehbarer Zeit verfügbar sein konnte. LOCTON leitete daraus zwei Maßnahmenpakete ab:

Erstens unterbreitete LOCTON 1994 der BMW AG ein praxisreifes Konzept zur Erfassung und DFÜ der Lieferscheindaten für diejenigen Lieferanten, die hierfür noch keine Lösung anbieten konnten. LOCTON realisierte dieses Konzept als erster Dienstleister für BMW innerhalb weniger Monate. Durch enge Zusammenarbeit mit BMW bis hin zum gegenseitigen Personalaustausch war von Anfang an eine hohe Datenqualität gewährleistet. Neben der kurzfristig erreichten Flächendeckung ist diese Lösung wirtschaftlicher als zahlreiche Parallelentwicklungen. BMW hat wesentlich weniger Schnittstellen zu bedienen und Änderungen sind deutlich schneller sowie kostengünstiger durchzuführen. Der Erfassungsaufwand bei LOCTON ist auf ein Minimum reduziert, indem einmal erfasste Daten für mehrere Zwecke genutzt werden können.

Zweitens war eine Lösung dafür zu finden, dass auch LOCTON frühzeitiger über Echtdaten verfügt und diese nicht erst mit Ankunft der LKW am Umschlagzentrum in Papierform erhält, was die Abläufe zeit- und kostenintensiv machte.

Von der Sendungsverfolgung zum Monitoring der Transitbestände

Gemeinsam mit dem Kommunikations-Dienstleister EURO-LOG entwickelte LOCTON eine IT-Systemlandschaft, die die vorhandenen Lücken in der Supply Chain vom Lieferanten bis zum Automobilhersteller schließt. Diese Branchenlösung für die Automobilbranche ist seit 1995 im Echtbetrieb und wurde seitdem permanent weiterentwickelt.

In der Anfangsphase wurden Sendungsavise der Lieferanten per Telefon oder Telefax entgegengenommen und als Auftragsdaten in ein Kommunikationssystem eingegeben, das die Daten über GSM an die On-Board-Computer in den LKW übermittelte. Die Fahrer der LKW scannten die beim Lieferanten übernommenen Packstücke anhand der Strichcodes auf den Warenanhängern gemäß VDA-

Empfehlung 4902. Gleichzeitig erfolgte ein erster Soll-Ist-Abgleich mit anschließendem Rückversand der Ist-Daten über GSM an den Kommunikationsrechner bei LOCTON, wo die Daten in die weitere Disposition der LKW einflossen sowie für die Vorbereitung des Materialumschlags und der Transportabfertigung per Bahn oder Fernverkehrs-LKW zur Verfügung standen. Viele weitere Arbeitsschritte, entweder manuell oder in anderen IT-Systemen waren noch nötig, um einen kompletten Auftragsdurchlauf abzuwickeln.

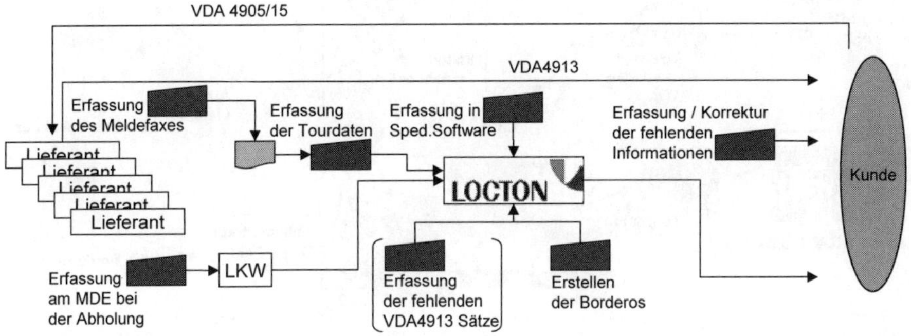

Abb. 4. Medienbrüche

Heute verfügt LOCTON über ein System, das die vorhandenen Teilsysteme nicht nur im eigenen Hause, sondern durchgängig vom Lieferanten bis zum Automobilhersteller verbindet (siehe Abb. 4).

Dahinter steht das strikte Dienstleistungsprinzip, sich an den Bedürfnissen und Möglichkeiten der Kunden zu orientieren. Kein Beteiligter wird gezwungen, ein ganz bestimmtes System nutzen zu müssen. Es werden Dienste angeboten, die auf eingeführten Branchenstandards (VDA) oder herstellerspezifischen Standards basieren. Nur so konnte eine schnelle und kostengünstige Realisierung mit möglichst hoher Durchdringung gewährleistet werden.
Dies zeigt sich in erster Linie in der Anbindung von mehreren hundert Lieferanten. Die Systemvernetzung ist schematisch in Abbildung 5 dargestellt.

Die Lieferanten können die Versandaten weiterhin per Telefon oder Telefax bei LOCTON anmelden. In diesem Fall übernimmt LOCTON die manuelle Eingabe in das Abwicklungs-, Dispositions- und Auskunftssystem. Eine weitere Möglichkeit besteht darin, die Daten über eine klassische EDI-Anbindung in unterschiedlichen Formaten zu übermitteln. In diesen Fällen übernimmt LOCTON die Konvertierung, die an die Stelle der manuellen Eingabe tritt. Die Lieferanten können ihre Daten auch über ein kostenlos zur Verfügung gestelltes Versandmodul bereits konform übermitteln. Die Übermittlungskosten trägt LOCTON dann über eine 0800-Nummer. Hier besteht einerseits die Möglichkeit der manuellen Eingabe beim Lieferanten, die das Telefonat oder das Erstellen und Senden eines Telefaxes ersetzt. Andererseits kann darüber hinaus mit einfachen Mitteln und wenig Aufwand eine Schnittstelle zum jeweiligen Inhouse-System geschaffen werden, wobei eine Hotline erforderlichenfalls Unterstützung leistet.

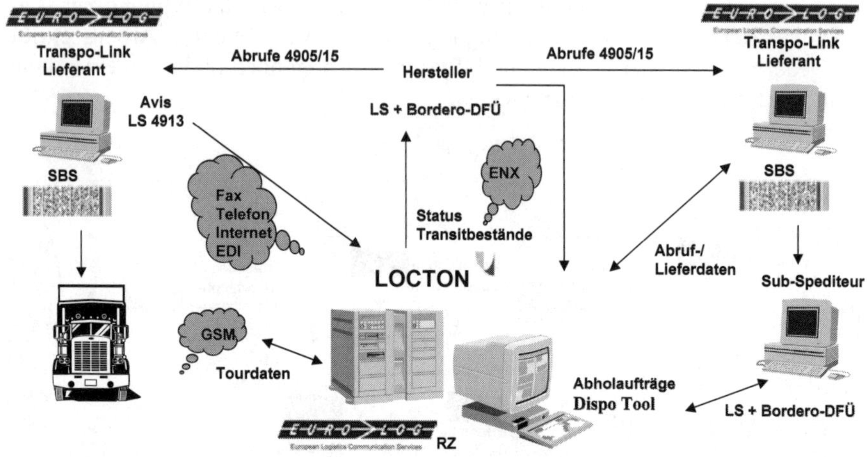

Abb. 5. Systemvernetzung LOCTON

Ein weiterer wesentlicher Vorteil besteht für den Lieferanten und seinen Kunden darin, dass der Lieferant alle Vorgaben bezüglich der Erstellung von Dokumenten, Warenanhängern und der Durchführung der geforderten DFÜ erfüllen kann, ohne diese selbst entwickeln oder pflegen zu müssen. Jeder Lieferant ist dann z.B. in der Lage, eine Lieferschein-DFÜ selbst vorzunehmen. Bei LOCTON entfällt der manuelle Erfassungsaufwand.

Das Senden der Lieferscheindaten von allen Lieferanten an LOCTON hat zwei wesentliche Effekte:

1. Für den Automobilhersteller entfallen weitere mehrere hundert Schnittstellen.
2. Der Automobilhersteller erhält für die komplette Supply Chain vom Lieferanten bis zum Wareneingang ein Monitoring der Transitbestände auf Teileebene, z.B. über ENX – European Network Exchange.

Änderungen in der Versanddokumentation, z.B. Einführung eines Sendungsbegleitscheines, in dem alle Lieferdaten mittels zweidimensionalem Barcode PDF 417 verschlüsselt sind, werden zentral gepflegt und an die Lieferanten in kurzer Zeit verteilt. Der Einsatz des PDF 417 verknüpft nicht nur den Materialfluss mit dem Informationsfluss auf Teileebene (statt Packstückebene), sondern ermöglicht auch eine automatisierte Wareneingangserfassung

Ausblick und Fazit

Bei immer höheren Anforderungen der Automobilhersteller an die Lieferperformance kommt es nicht nur darauf an, die Supply Chain zwischen Lieferant und Hersteller zu optimieren. Für die Bewältigung der Anforderungen ist es genauso wichtig, dass die Lieferanten ihre eigene Beschaffungslogistik optimieren, indem sie unnötige Puffer oder Risiken mit Steuerungsinformationen vermeiden. LOCTON verfügt sowohl über das Know-how als auch die Systeme, um hier entscheidend mitzuwirken und zur Steigerung der Wettbewerbsfähigkeit beizutragen.

Der Erfolg eines Supply Chain Management entscheidet sich nicht in den eingesetzten IT-Systemen, sondern besteht wie ein Mosaik aus der richtigen Vernetzung verschiedener einzelner Bausteine. Nur so kann ein umfassendes Bild entstehen in dem sich jeder Einzelne im richtigen Umfeld befindet.

Der Einsatz geeigneter IT-Systeme stellt sich erst durch die sinnvolle Integration ein und ist der letzte Schritt. Vorher steht die Analyse und das Verständnis für das Nötige und das Machbare bei den Beteiligten sowie darauf aufbauend die partnerschaftliche Gestaltung und Vereinbarung von Steuerungs- und Abwicklungsregeln. Die Betonung liegt dabei auf Supply Chain Management. Eine durchgehende IT-Lösung sowie perfekt passende IT-Schnittstellen zu Lieferanten, zum Kunden und natürlich auch im internen Bereich bilden hierbei eine hohe Herausforderung an den Logistik-Dienstleister. Denn nur so können detaillierte Informationen an alle Beteiligten der Supply Chain zeitnah übermittelt werden, manuelle Eingriffe werden vermieden und eine totale Transparenz aller Prozesskomponenten gewährleistet.

Ein Full Service Provider wie LOCTON mit entsprechender Erfahrung kann hier als Schnittstellenmanager und Integrator erfolgsentscheidende Dienste leisten. Eben Dienstleistung.

Zukünftig werden die immer komplexer und internationaler ausgerichteten Logistikprozesse und IT-Anforderungen, sowie die stetig steigenden Kundenerwartungen sehr hohe Anforderungen an die Mitarbeiter des Logistik-Dienstleisters stellen.

Letztendlich bleibt festzustellen, dass die beste Supply Chain nur so stark wie ihr schwächstes Glied ist, weiterhin dass neben allen IT-Lösungen und definierten Logistikprozessen die benötigte Leistungsbereitschaft jedes einzelnen Mitarbeiters niemals unterschätzt werden sollte.

Management globaler Logistikketten über neutrale Plattformen

Frauke Heistermann[1]

Im europäischen Logistikmarkt entstehen jährlich Logistikkosten von mehr als 400 Mrd. Euro. Davon werden rund 22,5 Mrd. Euro für die Administration ausgegeben (DG Bank 1999). Dies liegt u.a. an der hohen Anzahl der Prozessteilnehmer, die in die Abwicklung eines logistischen Prozesses involviert sind. Umfangreiche Schnittstellen zwischen den verschiedenen Partnern müssen überbrückt werden. Hohe Kommunikationskosten, Reibungsverluste, Qualitätsprobleme und Intransparenz sind oft die Folge.

Ein neuer Service für die Logistikbranche – die Funktionsweise einer Logistikplattform

Genau hier greift der Gedanke der Logistikplattform, deren Ziel es ist, diese Probleme zu eliminieren: Die Logistikplattform bietet den Prozessbeteiligten bestimmte Services, mit denen sie ihre Prozesse unternehmensübergreifend automatisieren, transparenter gestalten und erfolgreicher managen können.

Die AXIT AG hat mit der Logistikplattform AX4 ein solches System geschaffen, das bereits erfolgreich am Markt im Einsatz ist. Über diese Plattform können Unternehmen weltweit Logistikdaten austauschen und Anwendungen zur Auftragsabwicklung nutzen. Eine universelle Schnittstelle verbindet die unterschiedlichsten EDV-Systeme der Beteiligten miteinander, ohne dass Eingriffe oder Änderungen in den jeweiligen Programmen notwendig sind. Zusätzlich zu der reinen Funktion eines Daten-Dolmetschers zwischen heterogenen Logistikwelten sind weitere Services erforderlich, um durch eine *intelligente* Vernetzung der Teilnehmer umfassende Mehrwerte zu schaffen: Hierzu bietet AX4 Zugang zu verschiedenen Anwendungen: vom Auftragsmanagement über Sendungsverfolgung bis hin zur Frachtabrechnung und umfangreichen Reporting-Funktionen. Ziel der AX4-Anwendungen ist eine Unterstützung der beteiligten Parteien der Supply Chain bei ihren täglichen Aufgaben sowie eine Verbesserung und Erweiterung ihrer Möglichkeiten zur Steuerung der Logistikprozesse.

---

[1] Director Marketing & Sales, AXIT AG, Frankenthal

Plattform für die Vernetzung von Logistikpartnern

Gerade in der Logistik ist die Vernetzung zwischen den Beteiligten von großer Bedeutung und gleichzeitig aber auch von hoher Komplexität (siehe Abb. 1). Warum? Die vielen Schnittstellen zwischen den Beteiligten eines Prozesses werden leider allzu oft zu Bruchstellen. Die Praxis zeigt, wie schwer es ist, Daten möglichst reibungslos mit vor- oder nachgeschalteten Partnern auszutauschen: Informationen gehen verloren, Daten werden aus einem System ausgedruckt, um sie im nächsten System wieder neu zu erfassen. Wichtige Daten müssen oft mühsam recherchiert werden, da sie bei der Übermittlung von einem zum anderen Partner verloren gehen oder erst gar nicht mitgegeben werden.

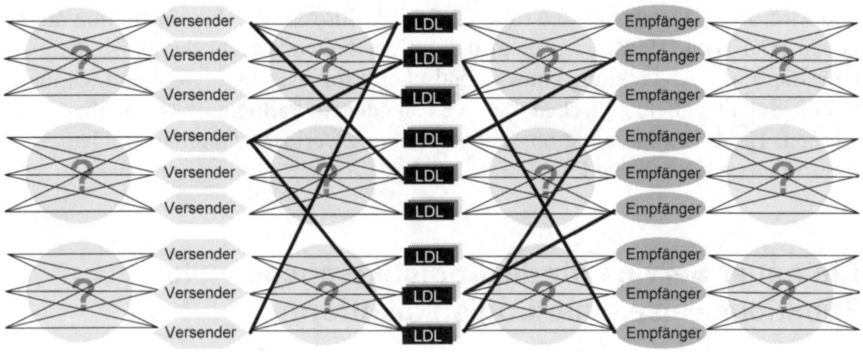

Abb. 1. Aufwändiges Schnittstellenmanagement zwischen Versender, Logistik-Dienstleister und Empfänger

Die Folge: Es entstehen unnötige Kommunikationskosten, um Informationen zu beschaffen oder Fehler nachträglich zu beheben. Unzählige Feuerwehreinsätze sollen nun die Brände beheben, die durch eine richtige Vernetzung der Logistikpartner überhaupt nicht entstanden wären. Diese vermeidbare Kostenquelle, die zudem auch oft mit einer Qualitätsgefährdung verbunden ist, wird zunehmend von den Unternehmen erkannt und in Angriff genommen.

Basis für Verbesserungen in diesem Bereich ist ein professionelles und intelligentes Schnittstellenmanagement. Leider gibt es hierzu nicht DIE logistische Standard-Schnittstelle, die auf Knopfdruck aktiviert werden kann. Dafür sind die Abläufe in der Logistikbranche zu individuell und die jeweiligen Anforderungen und involvierten Systeme zu unterschiedlich. Um die heterogene Datenwelt dennoch zu vereinheitlichen und hierbei auf kostengünstige Lösungen zurückzugreifen, bietet sich die Nutzung der Logistikplattform AX4 an (siehe Abb. 2).

Über eine Art universelle Schnittstelle können verschiedenste Datenformate eingelesen und in andere Ausgabeformate übersetzt werden. Hierbei ist allerdings die reine Datenübertragung von A nach B nichts Neues, sie bildet aber die Basis für weitere, intelligente Services, die nachfolgend dargestellt werden. Wesentlich für den Erfolg sind dabei die Flexibilität und die mannigfaltigen Möglichkeiten, die den Logistikpartnern über eine solche Plattform geboten werden. Hierdurch ermöglicht AX4 es, *unterschiedliche* Teilnehmer von *unterschiedlicher* Unternehmensgröße mit *unterschiedlichen* Anforderungen miteinander über eine Plattform zu vernetzen, statt hierfür verschiedene Insellösungen aufzubauen.

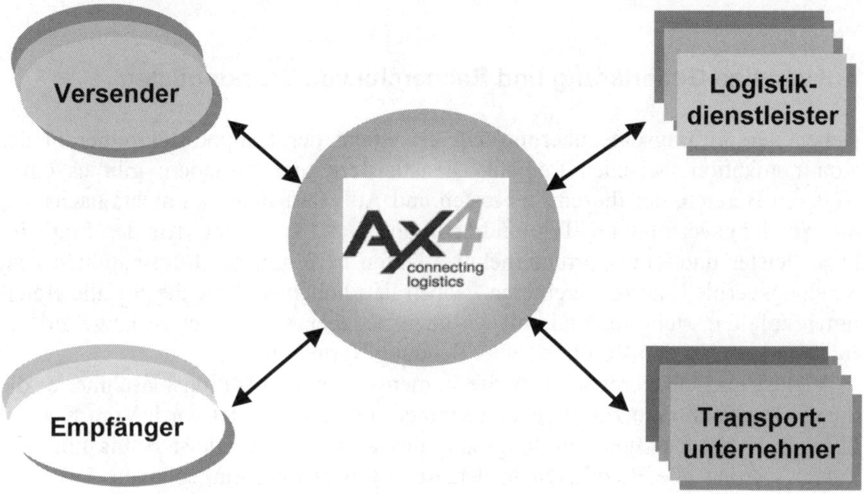

Abb. 2. Vereinfachte Kommunikation über die Logistikplattform AX4

Einsparungspotenziale im Order-Management

Ein Beispiel verdeutlicht dies: Reine EDI Clearing Services – automatisierte Datenübermittlung – stoßen bereits oft an ihre Grenzen, wenn sich die Einbindung eines Partners über eine Schnittstelle aus Kostengründen nicht lohnt, da sein Sendungsvolumen zu gering ist. Die Lösung für dieses Problem bietet AX4: Der Partner erhält keine Schnittstelle zu seinem System, sondern wird über Web eingebunden – hier kann er seine Daten abrufen. Ein Fall aus der Praxis verdeutlicht dies: Ein großer Chemiehersteller arbeitet mit über 20 Spediteuren zusammen, denen er die Sendungsdaten komplett automatisiert übermitteln möchte. Für 12 Spediteure lohnt sich die Programmierung einer Schnittstelle, da sie ausreichend Sendungsvolumen durch den Verlader empfangen.

Acht Spediteure erhalten pro Tag allerdings nur wenige Sendungen, für sie würde sich eine Schnittstelle nicht lohnen. Damit der Verlader für diese acht Spediteure nicht wieder auf die klassische Variante der manuellen Sendungsdatenübermittlung via Speditionsauftrag zurückgreifen muss, können diese Spediteure über ein Webinterface eingebunden werden. Die Lösung: Der Verlader übermittelt all seine Sendungsdaten über eine Schnittstelle an die Logistikplattform AX4 von hier werden sie entweder über eine Schnittstelle in die Inhouse-Systeme der angebundenen Spediteure weitergeleitet oder den anderen Spediteuren via Internet be-

reitgestellt. Über den Login zu AX4 erhalten sie Zugang zu diesen Sendungsdaten, die sie sich zudem über Sendungsübersichten sortieren und übe
r Druckfunktionen ausdrucken können. Die Nutzung des Internet bietet hier einen pragmatischen Ansatz für kostengünstige und kurzfristig realisierbare Lösungen.

Aufwändige Generierung und Recherche von Trackingdaten

Neben der Auftragsdatenübermittlung als einem der Hauptkostentreiber in der Kommunikation zwischen Logistik-Dienstleistern und Verladern gibt es einen weiteren Bereich, der diesem in Kosten und Aufwand sicher an nichts nachsteht: die Sendungsverfolgung. Telefondrähte und Faxe zwischen Kunde, Logistik-Dienstleister und Transportunternehmer laufen heiß, um die Informationen zum Sendungsverbleib zu recherchieren. Neben den hohen Kosten, die für alle Beteiligten anfallen, steht am Ende oft ein unzufriedener Kunde, der zu lange auf die Information über den Verbleib seiner Sendung warten muss.

Viele Beispiele verdeutlichen die immense Kommunikationsmaschinerie, die durch eine Nachfrage zum Sendungsverbleib in Gang gesetzt wird: Vom Kunden über das Abgangs- und Empfangshaus des Logistik-Dienstleisters bis hin zum Fahrer werden alle Beteiligten in den Rechercheprozess eingebunden. Die vollständigen Daten sind aufgrund der langen, störanfälligen Informationskette oft nur mit großem Zeitverzug verfügbar. Dabei ist diese Kette noch ein einfaches Beispiel. Im grenzüberschreitenden Verkehr, bei dem verschiedene Verkehrsträger involviert sind, ergibt sich noch ein Vielfaches der Kommunikationskomplexität.

Ganzheitliches Tracking & Tracing

Ziel ist daher eine ganzheitliche Tracking- und Tracinglösung, bei der die Sendungsinformationen der verschiedenen Beteiligten an einer zentralen Stelle gesammelt und aufbereitet werden und jeder Partner der Supply Chain alle für ihn relevanten Daten übersichtlich und ohne zeitliche Verzögerung einsehen kann.

Mit den Services, die AX4 in diesem Bereich bietet, trägt die Plattform auch im Trackingbereich zur Entwirrung des Kommunikationschaos bei. Die Trackingdaten der verschiedenen Prozessteilnehmer werden auf AX4 zusammengetragen und aufbereitet. Damit können Logistik-Dienstleister die Trackingdaten ihrer Sub-Dienstleister besser monitoren und Verlader erhalten ebenfalls einen Überblick zum aktuellen Status ihrer Sendungen.

„AX4 track" dockt sich hierzu über eine Schnittstelle an die Systeme der eingebundenen Logistik-Dienstleister an, liest die entsprechenden Trackingdaten aus den Systemen aus und stellt sie auf der Logistikplattform AX4 den Teilnehmern zur Verfügung (siehe Abb. 3). Wesentlich hierbei ist natürlich die Sichtweise der Beteiligten: Jeder Partner sieht nur die für ihn bestimmten Daten.

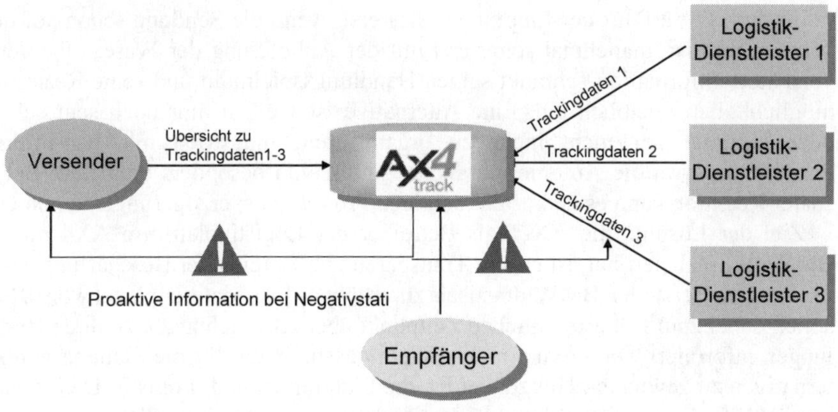

Abb. 3. Sammlung und Bündelung von Trackingdaten

Frühwarnsysteme zur Reduzierung der Informationsflut

Um einer Informationsflut aus Trackingstati vorzubeugen, fordert die Praxis zunehmend proaktive Frühwarnsysteme. Aus den Massen der Sendungsstati sollen nur die herausgefiltert werden, die eine Abweichung zum Normalverlauf des Transportes aufweisen. AX4 filtert daher Abweichungen vom normalen Verlauf aus den gesamten Trackingdaten und generiert hierzu eine eMail an einen vorgegebenen Adressaten, damit dieser schnell reagieren kann.

Praxisbeispiel: Mehr Transparenz in der Beschaffungslogistik von BMW

Die Mehrwerte, die über eine Logistikplattform geschaffen und prozessübergreifend realisiert werden können, lassen sich am besten anhand eines Praxisbeispiels darstellen. Für die nachfolgend beschriebene Lösung hat AXIT gemeinsam mit der Firma BMW und Interspe Hamann den Kooperationspreis „Transport und Logistik 2002“ erhalten, zudem wurde AXIT hiermit für den „elogistics Award“ nominiert.

Die Beschaffungslogistik wirft vielfach Probleme auf: Um etwa Lagerhaltung und Produktion optimal planen zu können, sind jederzeit aktuelle Informationen und ein Höchstmaß an Transparenz notwendig. Übliche Tracking- und Tracinglösungen helfen jedoch nur bedingt. Ein ganzheitliches Tracking- und Tracing speziell für das Monitoring der Beschaffungsströme, wie es die Logistikplattform AX4 bietet, ist ein innovativer und wegweisender Ansatz.

Die Schwierigkeiten in der Beschaffungslogistik beginnen meist schon damit, dass ein Lieferant den Empfänger über Abweichungen – etwa hinsichtlich der lieferbaren Menge einer Ware oder des möglichen Liefertermins – nicht rechtzeitig informiert. Oft erfährt der Empfänger dies erst, wenn die Sendung schon auf dem Weg zu ihm ist, manchmal sogar erst mit der Anlieferung der Ware. Eine derart verspätete Information schränkt seinen Handlungsspielraum und seine Reaktionsmöglichkeiten erheblich ein. Eine Alternative ist vielfach nur noch sehr schwer oder mitunter gar nicht mehr zu organisieren. Industrien mit Just-in-time-Produktion, etwa die Automobilbranche, sind davon besonders betroffen: Bei zu später Reaktion kann es zu kostenträchtigen Produktionsverzögerungen kommen.

Ziel der Lösung, die AXIT als Betreiber der Logistikplattform AX4 mit der BMW AG realisiert hat, ist es, die Transparenz im Bereich der Beschaffungslogistik für den Hersteller BMW drastisch zu erhöhen. Die Materialplaner von BMW sollen dabei zum frühestmöglichen Zeitpunkt über Abweichungen zu ihren Bestellungen informiert werden, um mehr Handlungsspielraum für die Planung von Alternativen zu gewinnen. Hierzu werden die Lieferanten und Logistik-Dienstleister von BMW, die an dem Pilotprojekt teilnehmen, in eine einheitliche Trackinglösung integriert. Um Medienbrüche ebenso wie hohe Implementierungskosten zu vermeiden, nutzen alle Beteiligten (BMW, Logistik-Dienstleister, Lieferanten) die neutrale Logistikplattform AX4. Über eine universelle Schnittstelle kann jeder der Teilnehmer einfach an AX4 angeschlossen werden, ohne hierzu Eingriffe in seinem eigenen Inhouse-System vornehmen zu müssen. Über das Internet haben alle Partner Zugang zu den jeweils für sie bestimmten Daten.

Um die gesamte Lösung skalierbar zu gestalten, wurde die Realisierung in zwei Phasen unterteilt: In Stufe 1 sendet BMW über eine XML-Schnittstelle an AX4 eine Kopie der Lieferabrufe, die parallel auch weiter an die Lieferanten übermittelt werden. Der Logistik-Dienstleister verfügt über ein eigenes Account in AX4. Über eine Maske sieht der Logistiker aktuelle Lieferabrufe, kann sich aber auch in der Zukunft liegende Lieferabrufdaten bereits anschauen, um seine Kapazitäten frühzeitiger zu planen. Aus den Lieferabrufen generiert der Logistik-Dienstleister anschließend Sendungen, indem er sie nach verschiedenen Kriterien, wie z.B. Lieferant, Zustelldatum, Empfänger sortiert. Für die generierten Sendungen druckt er sich über AX4 ein Pick Up Sheet aus, das bei der Abholung zum Abgleich mit der tatsächlich bereitgestellten Ware dient. Nach der Abholung loggt sich der Logistik-Dienstleister wieder in AX4 ein, ruft das Pick Up Sheet auf und bestätigt die dort aufgeführten Positionen oder gibt Änderungen ein (z.B. Differenz bei der Menge). Auch für den weiteren Transportverlauf werden durch den Spediteur Sendungsstati zurückgemeldet, die vorher gemeinsam mit BMW festgelegt wurden. Für die entsprechenden Rückmeldungen bietet AX4 verschiedene Optionen: Internetmaske, Schnittstellen oder Datenübermittlung via Handy bzw. Telematikeinheiten.

Sobald eine Abweichung in AX4 erfasst wurde, erhält der Materialplaner bei BMW automatisch eine Negativ-eMail. Parallel kann er sich jederzeit in AX4 einloggen und sieht unter seinem Login den aktuellen Status zu den Lieferabrufen. Eine gezielte Suche nach einzelnen Lieferabrufen ist z.B. durch Eingabe der Artikelnummer oder der eigenen Bestellnummer möglich.

In Stufe 2 werden die Accounts für die Lieferanten freigeschaltet. Hierüber sehen die Lieferanten jeweils die für sie bestimmten Lieferabrufe und können diese bereits *vor der Abholung* durch den Logistik-Dienstleister bestätigen oder Änderungen erfassen. Damit ist es BMW möglich, Abweichungen noch früher – nämlich bereits vor der tatsächlichen Abholung – zu erkennen. Der Logistik-Dienstleister empfängt nach der Rückmeldung des Lieferanten automatisch eine eMail mit dem Abholauftrag. Die klassische Avisierung per Fax oder Telefon entfällt. Ergänzend zu Stufe 1 erhält BMW hier auch eine Negativ-Information, wenn vom Lieferanten bis zu einem Tag X die Bestellung noch nicht zurückgemeldet wurde.

Eine schnelle Realisierung mit geringen Implementierungskosten konnte erreicht werden, da BMW, der Logistik-Dienstleister und die Lieferanten eine bereits bestehende Lösung von AX4 nutzen, die nur noch an die individuellen Bedarfe angepasst werden musste. BMW erhält durch die Lösung mehr Planungssicherheit für die Beschaffungs- und Produktionslogistik. Ein wichtiger Handlungsspielraum durch rechtzeitige Informationen wird gewonnen. Zudem wird angestrebt durch mehr Transparenz in der Beschaffung die Sicherheitsbestände zu reduzieren.

Auch wenn BMW Hauptnutzer von AX4 ist, profitieren die beteiligten Partner ebenfalls von dem System. Dies führt zu einer hohen Akzeptanz und unterstützt eine erfolgreiche Realisierung in der Praxis. Der Logistik-Dienstleister erhält beispielsweise mehr Transparenz (siehe Abb. 4 und Abb. 5) zum Abholvolumen, da bereits Lieferabrufe, die sich „in der Pipeline“ befinden, eingesehen werden können.

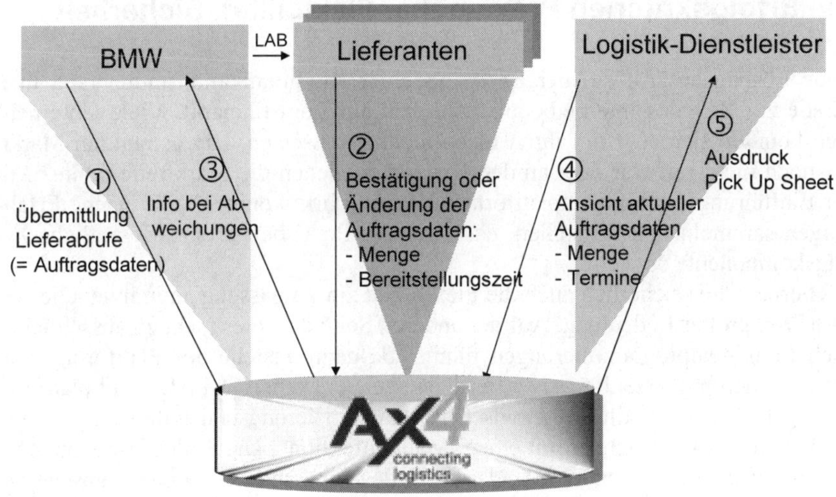

Abb. 4. Transparenz vom Lieferabruf bis zum Abholauftrag

Dies führt zu einer besseren Planung und Auslastung von Transportkapazitäten. Logistik-Dienstleister und Lieferanten sparen sich zudem Zeit für die Beantwortung von Anfragen und Telefonaten mit den Materialplanern von BMW.

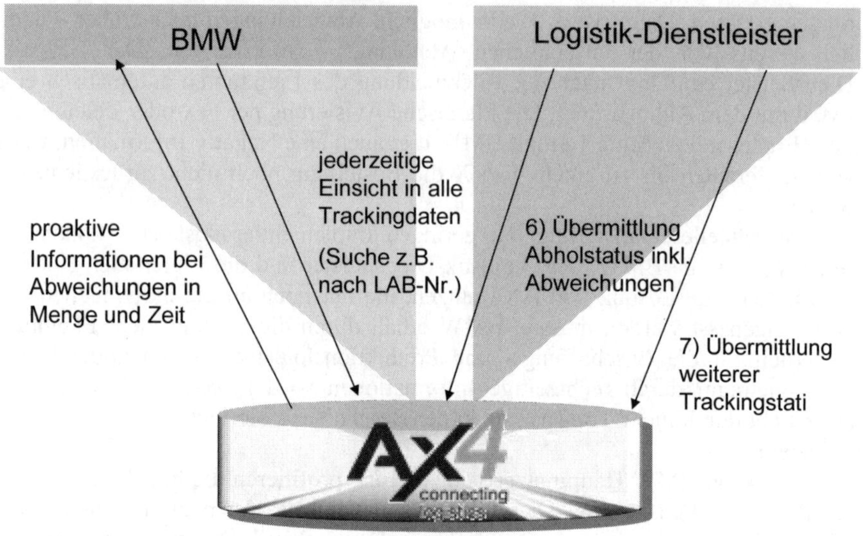

Abb. 5. ... und von der Abholung bis zur Auslieferung

Die Erfolgskriterien Praxisnähe, Flexibilität, Sicherheit

Neue Lösungsansätze auf der Basis moderner Kommunikationsmittel fand man gerade zur Zeit des Internetbooms zahlreich am Logistikmarkt. Viele Unternehmen konnten sich aber mit ihren Ideen nicht durchsetzen. Lag es nun am Markt, der noch nicht reif war oder an den Konzepten, denen die Marktreife fehlte? Mit der Einführung der Logistikplattform AX4 am Markt konnte AXIT eigene Erfahrungen sammeln und feststellen, dass u.a. der Praxisbezug eine wesentliche Erfolgskomponente darstellt.

Hierbei ist es sicherlich auch die Flexibilität zur Anpassung an individuelle Bedarfe von großer Bedeutung. Auf der anderen Seite darf dies nicht zu ausschließlichen Individualprogrammierungen führen, da dann anstelle des Plattformgedankens wiederum kostenintensive Insellösungen entstehen. Die Logistikplattform AX4 geht hier den Mittelweg zwischen Standardisierung und Individualisierung, die Lösung ist vergleichbar mit einer „Maßkonfektion". Die Teilnehmer von AX4 setzen auf dem bestehenden Standard auf, der anpassbar an Kundenwünsche ist, beispielsweise wenn es um die Gestaltung des Webfrontends geht. Auch weitergehende Programmierungen und Erweiterungen für den Kunden sind möglich, wenn sie den Plattformgedanken unterstützen. Die Nutzung einer bestehenden Lösung trägt dazu bei, dass die Kosten für die Kunden deutlich geringer ausfallen als bei Individualprogrammierungen.

AX4 unterstützt mit dem Plattformgedanken die enge Kooperation der Logistikpartner. Da alle Beteiligten dieselbe Plattform nutzen, gibt es keine Medienbrüche. Wobei jeder der Teilnehmer weiterhin mit seinem Inhouse-System arbeiten kann. Der Vorteil: Es wird keinem der Partner ein fremdes System „aufgenötigt", bei dem er sein eigenes System aufgeben muss.

Bei der Datenübermittlung spielt das Thema Sicherheit eine zentrale Rolle. Um das Vertrauen ihrer Kunden zu sichern, hat sich AXIT entschieden, das Hosting der Lösung an Siemens auszulagern. Damit kann sich AXIT auf ihre Kernkompetenzen konzentrieren und gleichzeitig ein Höchstmaß an Verfügbarkeit und Sicherheit der Kundendaten gewährleisten. Das von der deutschen Bankenaufsicht zertifizierte Rechenzentrum gewährleistet höchste Sicherheitsanforderungen.

Literatur

DG Bank, Branchenporträt Spedition 3. QT 1999

Modernes Supply Chain Management am Beispiel der Bordbücher für VW

Hans-Joachim Herzog[1]

arvato logistics services ist ein moderner international tätiger Logistik-Dienstleister mit Stammsitz in Gütersloh und Tochterunternehmen im In- und Ausland. Für namhafte Unternehmen aus unterschiedlichen Branchen (z. B. Banken und Versicherungen, Telekommunikation, IT, Medien, Pharma und Automobil) bietet arvato logistics services kundenindividuelle End-to-End-Lösungen. Mit dem Automobilhersteller Volkswagen AG arbeitet arvato logistics services bereits seit rund 40 Jahren vertrauensvoll zusammen. In folgendem Beitrag wird am Beispiel der Steuerung der kompletten Wertschöpfungskette zur Fertigung des VW Bordbuches gezeigt, wie sich die Anforderungen an den Logistik-Dienstleister in den vergangenen Jahren verändert haben und welche neuen Leistungen arvato logistics services aufgrund der gestiegenen Ansprüche entwickelt hat. Abschließend wird anhand des voll individualisierten Bordbuches für das neue VW-Oberklassemodell Phaeton dargestellt, wie intelligente Logistiklösungen made by arvato logistics services heute aussehen.

arvato logistics services – Kurzdarstellung

Als Bereich der arvato AG ist arvato logistics services Teil der Bertelsmann AG (siehe Abb. 1). Bertelsmann ist ein integriertes, maßgeblich von TV und Internet getriebenes Medien- und Entertainment-Unternehmen, das weltweit führende Positionen in den relevanten Medienmärkten einnimmt. Das Unternehmen folgt dem Ziel, Menschen weltweit und täglich aufs Neue mit seinen Produkten und Services zu inspirieren. Zum Konzern gehören namhafte Buchverlage, Buch- und Musikclubs, Plattenlabels, Zeitungs- und Zeitschriftenverlage, Fernseh- und Radiosender, TV-Produktionsfirmen, Fachinformationsverlage, Druckereien sowie die Bereiche der Internet-Angebote und Medien- und Industriedienstleistungen, zu denen auch der gesamte Bereich der Logistik-Dienstleistungen zählt. Für die Inhaltekompetenz von Bertelsmann stehen die Unternehmensbereiche RTL, Random House, Gruner + Jahr, BMG und BertelsmannSpringer, für das Endkundenge-

---

[1] Vorsitzender der Geschäftsführung arvato logistics services und Vorstandsmitglied der arvato AG, Gütersloh

schäft die DirectGroup und für den Bereich Media Services der Unternehmensbereich arvato.

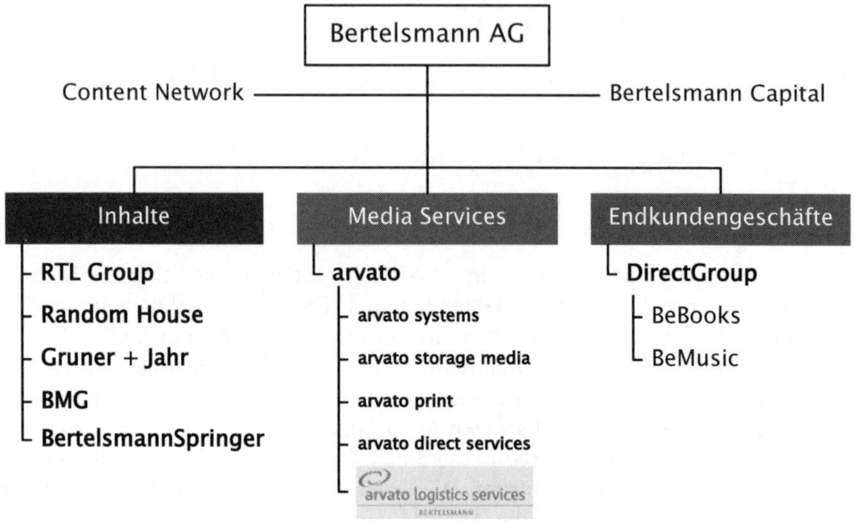

Abb. 1. arvato logistics services im Bertelsmann Konzernverbund

Die arvato AG zählt mit ihren weltweit rund 55 Tochterunternehmen zu den größten international vernetzten Mediendienstleistern. Zur Gruppe gehören die Bereiche arvato print (modernste Offset- und Tiefdruckereien im In- und Ausland), arvato system (internationaler Anbieter von qualifizierten und maßgeschneiderten IT-Services), arvato storage media (weltweit führender Hersteller von CD-ROMs, DVDs und Audio-CDs; Anbieter von Digital-Rights-Management-Lösungen) sowie die aus der ehemaligen Bertelsmann Services Group hervorgegangenen Bereiche arvato direct services (führender Anbieter von Kundenbindungssystemen und Service-Center-Leistungen) und arvato logistics services (Experten für die Steuerung von Informations-, Daten- und Warenströmen/Supply Chain Management).

arvato logistics services bietet ihren Kunden individuelle End-to-End-Lösungen. Die umfassende Angebotspalette reicht dabei von Warehousing über Datenmanagement bis hin zur Abwicklung von Finanztransaktionen. Die einzelnen Module der Supply Chain sind durch jeden Kunden nach dem Baukastenprinzip individuell kombinierbar und ermöglichen so ein maßgeschneidertes Dienstleistungsangebot (siehe Abb. 2).

Die kontinuierliche Weiterentwicklung ihres Dienstleistungsportfolios durch arvato logistics services ist die Antwort auf immer komplexer werdende Kunden- und Marktanforderungen. Ziel dieser Weiterentwicklung sind eine noch kundenspezifischere Dienstleistungspalette und eine permanente Prozessoptimierung. Beides soll die Kunden der arvato logistics services darin unterstützen, ihre Kunden besser und schneller bedienen und Kosteneinsparungen im Produktionsprozess erzielen zu können. Wie die Weiterentwicklung logistischer Abläufe in der

Praxis aussieht, wird im Folgenden am Beispiel der langfristigen Wertschöpfungspartnerschaft mit der Volkswagen AG erläutert.

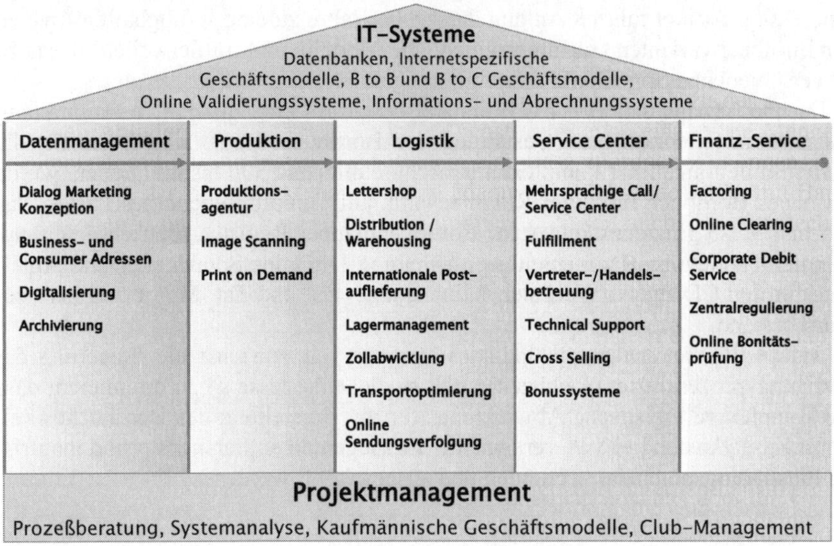

Abb. 2. Individuell kombinierbare Dienstleistungen

Supply Chain Management am Beispiel des VW-Bordbuches

arvato logistics services ist seit über 40 Jahren als Logistik-Dienstleister für VW tätig und steuert durch komplexes Daten- und Prozessmanagement die komplette Wertschöpfungskette für die Erstellung und die Distribution von Verkaufs- und Serviceliteratur, Merchandising Artikeln, Trainingsliteratur, Management- und Vertriebs-Informationssystemen (MIS und VIS), Launch- und Show-Room Materialien auf traditionellem Transportweg und im Rahmen des modernen Datenmanagements über die Neuen Medien, wie z.B. WEB und CD Rom.

Vor neun Jahren übernahm arvato logistics services zusätzlich zu ihren bisherigen Dienstleistungen die Steuerung der kompletten Wertschöpfungskette zur Fertigung des VW Bordbuches und produziert derzeit für VW 3 Mio. Exemplare pro Jahr. Am Beispiel eines stufenweise individualisierten Bordbuches wird im Folgenden gezeigt, wie intelligente Logistiklösungen Unternehmen weltweit bei der effizienten Steuerung ihrer Netzwerke und Prozesse unterstützen können.

Hintergrund der Vergabe des Bordbuch-Herstellungsprozesses an einen Zulieferer war eine sprunghaft gestiegene Prozess- und Managementkomplexität, die u.a. auf die verstärkte internationale Ausdehnung des Standortnetzes durch VW mit neuen Werken in Brasilien, Mexiko und China, die Erschließung neuer Absatzregionen in Osteuropa nach dem „Fall der Mauer“ sowie die Erweiterung der VW-Modellpalette (z.B. der neue Beetle) zurückzuführen ist. Diese Entwicklungen in Kombination mit dem Anstieg des Artikelsortiments auf zwischenzeitlich rund 7.000 Artikel führten Anfang der 1990er Jahre zu eine sprunghaften Anstieg der Bordbuchvarianten (für unterschiedliche Modelle und mittlerweilein in bis zu 28 verschiedenen Sprachen).

Darüber hinaus sah ein VW-Vorstandsbeschluss eine qualitative Aufwertung und anwenderfreundlichere Gestaltung des Bordbuches vor. Als Ersatz für die Betriebsanleitung, einer komplexen Broschüre mit rund 300 bis 400 Seiten, wurde ein neues Bordbuch mit einer Ringmechanik auf Funktionsebene geschaffen, das aus bis zu 25 Einzelartikeln (u.a. Bordbuchmappe, Register, Betriebsanleitung, Händlerverzeichnis, Radioanleitung, Anleitung Digitales Soundpaket und Anleitung für den CD-Player/Wechsler, Klimaanlage, Rat und Tat, Motor und Service-Plan) bestand.

Hauptaufgabe von arvato logistics services war zunächst die Steuerung der Fertigungsprozesskette. Gleichzeitig galt es diese Prozesse so zu optimieren, dass die komplexere logistische Abwicklung für die Herstellung des Bordbuches keinerlei Zusatzkosten bei VW verursachte. Im Gegenteil sollten mittel- und langfristig Einsparungspotenziale gefunden und ausgeschöpft werden.

Step 1: Übernahme der End-to-End-Verantwortung

Im ersten Schritt übernahm arvato logistics services die End-to-End-Verantwortung für die Fertigung und Distribution der VW-Bordbücher in die entsprechenden Werke (siehe Abb. 3). Zu den umfassenden Aufgaben zählte:

- Die Aufbereitung der von VW übermittelten Produktions-Daten und Aufschlüsselung nach Fahrzeugtyp- und Länderbezeichnung, Sprachversion und produzierenden Werken;
- Die Disposition und Auftragsabwicklung;
- Die Weiterleitung der von VW erstellten Inhalte des Bordbuches (content transfer);
- Die Steuerung der von VW ausgewählten Druckdienstleister;
- Der Einzelabruf der für das Bordbuch notwendigen typspezifischen Materialien, wie z.B. Bordbuchmappe, Kugelschreiber, Serviceplan, Register, Betriebsanleitung, Händlerverzeichnis (bis zu 25 Teile je Bordbuch), zu den von VW mit jeder Druckerei in Rahmenverträgen definierten Konditionen;
- Das Lagermanagement;
- Die Kommissionierung und Konfektionierung der Bordbücher;
- Die Lieferung der Bordbücher an die Produktionslinien der jeweiligen VW-Werke;
- Die Qualitätsendkontrolle des komplettierten Bordbuches (dreischichtig am Band bei VW);
- Sowie das detaillierte Reporting.

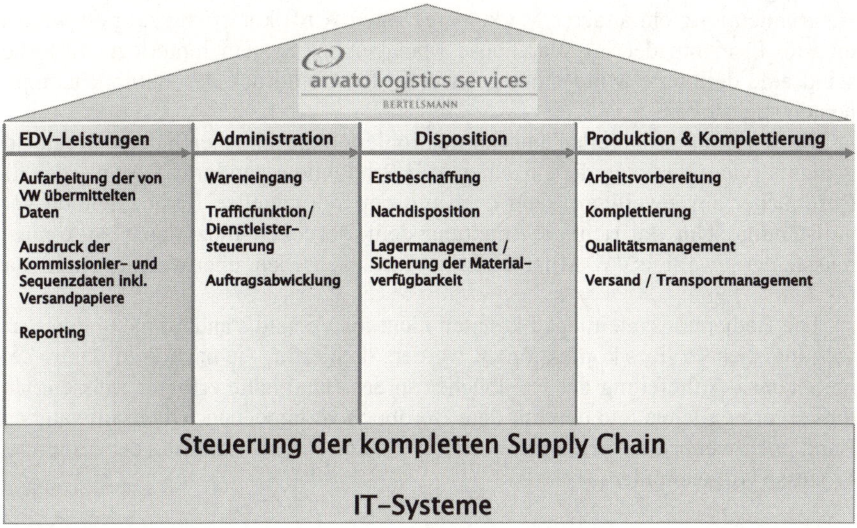

Abb. 3. arvato logistics services übernimmt End-to-End-Verantwortung für die Herstellung des Bordbuches

Da Anfang der 1990er Jahre je Modellplattform und Sprache ein vollständig standardisiertes Bordbuch gefertigt wurde, das heißt keinerlei kundenspezifische Ausstattungsmerkmale berücksichtigt wurden, konnten die von VW überstellten Daten durch arvato logistics services 1:1 an die Drucker weitergeleitet werden. Die Standardisierung der Inhalte bedeutete gleichzeitig eine hohe Auflagenzahl, die im Offset-Druck produziert werden konnte. In diesem Zusammenhang ist anzumerken, dass die Erstauflage aufgrund zu erwartender technischer Änderungen nur einem Bedarf von rund drei Monaten entsprach und von VW direkt bei den Druckereien geordert wurde. Anschließend erfolgte auf Basis einer komplexen EDV-Unterstützung die komplette Nachdisposition für alle Einzelartikel und komplettierten Bordbücher durch arvato logistics services, jeweils orientiert an den Parametern Verbrauch und Gültigkeitszeitraum.

Die Druckereien lieferten die fertigen Bordbuchkapitel direkt in ein Lager der arvato logistics services. Dort wurden die eingegangenen Waren auf Vollständigkeit überprüft, in das Warehouse-Management-System (WMS) aufgenommen und nach der Qualitätsprüfung (z.B. Lochung, Bindung) kommissioniert und konfektioniert. Da zu diesem Zeitpunkt noch keinerlei Anbindung der Systeme von arvato logistics services an das Produktionsplanungs- und Steuerungssystem (PPS) von VW bestand, erfolgte die Auslösung des Nachdrucks rein verbrauchsorientiert. Unterstützend wurden arvato logistics services von VW Vorschaudaten als Basis für die auf Werksebene zu komplettierenden Bordbücher zur Verfügung gestellt. Eine genauere Abstimmungen mit den Werken erfolgte im Wochenrhythmus, da aufgrund sogenannter Verwirblungen (Verwirblung heißt, dass Autos gemäß der ursprünglichen Planung für einen bestimmten Markt vorgesehen sind, aus Aktualitätsgründen aber ein anderer Markt vorgezogen wird) kurzfristig reagiert werden musste. Erreichte der im Warehouse Management System hinterlegte Lagerbestand eine definierte Mindestmenge, wurde der Nachdruck der Bordbuchkomponenten angestoßen.

Die vorkommissionierten und konfektionierten Bordbücher lieferte arvato logistics services direkt an die einzelnen VW-Produktionsstandorte. Dort wurden die Bordbücher am jeweiligen Band noch mit der individuellen Radioanleitung vervollständigt. Um die richtige Anleitung dem Bordbuch hinzufügen zu können, musste der jeweilige VW-Mitarbeiter im Auto nachsehen, über welches Radio das Modell verfügte.

Die Bedienungsanleitungen konnten nicht im Vorfeld standardmäßig durch arvato logistics services konfektioniert werden, da hierfür – je nach Produktion – eine Sequenz-Anlieferung der Bordbücher an das Band hätte erfolgen müssen. Um dies zu ermöglichen und den mit dem Bordbuch verbundenen Arbeitsaufwand am Band noch weiter zu verringern, wurde 1999 eine Restrukturierung der bisherigen Prozesse vorgenommen.

Step 2: Restrukturierung der Prozesse

Die Basis für die neue Prozessabwicklung bildeten Kooperationen zwischen arvato logistics services und an den einzelnen VW-Produktionsstandorten ansässigen Zulieferern, den sogenannten JIT-Partnern (JIT = Just In Time).

Darüber hinaus war eine umfangreichere EDV-technische Vernetzung zwischen den einzelnen Wertschöpfungspartnern, d.h. zwischen VW, arvato logstics services und den JIT-Partner, erforderlich. Die EDV-Systeme von arvato logistics services wurden an das PPS System von VW und an die Systeme aller JIT-Standorte angebunden, die JIT-Standorte mit den Montagelinien vernetzt (siehe Abb. 4).

Die digitale Verbindung zwischen arvato logistics services und allen JIT-Standorten ermöglichte eine Verteilung der Produktionsdaten auf Werksebene, eine Vernetzung mit den Montagelinien und somit eine zeitgenaue Bereitstellung der Bordbücher. Passiert ein Fahrzeug den Montagepunkt M1 wird ein FIS/JIT Telegramm elektronisch an den JIT-Standort übermittelt. Das Telegramm löst einen Komplettierungsauftrag einschließlich der individuellen Bordbuchkapitel aus, die auf einer speziellen Verpackung per Inc-Jet ausgedruckt werden.

Die konfektionierten Bordbücher durchlaufen eine Qualitätskontrolle und werden per Etikettaufkleber versiegelt. Anschließend werden die Bücher in Sequenz in einem eigens geschaffenen Bordbuchgestell direkt ans Band geliefert und dem Auto in der Montagelinie beigelegt. Die Bearbeitungszeit von arvato logistics services richtet sich nach der Taktzahl des Bandes. Je Band sind mehrere Anlieferungen pro Schicht erforderlich.

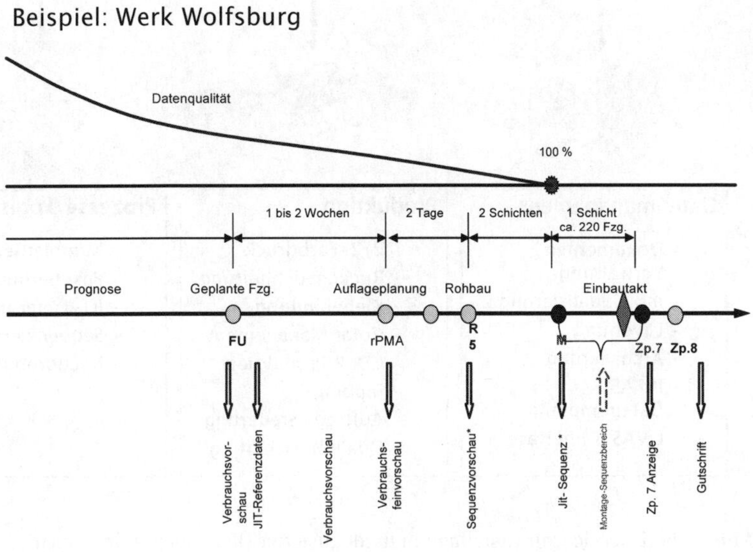

Abb. 4. Informationspunkte für die Komplettierung der Bordbücher

Step 3: Das vollständig individualisierte Bordbuch

Mit dem Phaeton ist VW erstmalig in die automobile Oberklasse eingestiegen und hat für dieses neue Modell unseres Wissens nach als erstes Unternehmen weltweit ein vollständig individualisiertes Bordbuch realisiert. Die Entscheidung von VW, den erstmals Ende Mai 2002 ausgelieferten Phaeton mit einem vollindividualisierten in vier Farben gedruckten Bordbuch auszustatten, erforderte eine erneute Weiterentwicklung des Wertschöpfungsprozesses. Eine vollständige bedarfsorientierte Ausrichtung des Produktionsprozesses und eine Weiterentwicklung des vorhandenen Datenmanagement-Systems für dieses Oberklassemodell waren die Folge (siehe Abb. 5).

Wie auch in den ersten beiden Entwicklungsstufen beschrieben, werden die Produktionsdaten über Schnittstellen aus dem PPS von VW an das PPS von arvato logistics services übertragen. Hier erfolgt eine Speicherung und „strenge Versionierung" aller Dokumentenkomponenten, wie z.B. Texte und Bilder. Aufgrund der unterschiedlichen, kundenspezifischen Ausstattung der Fahrzeuge und der unterschiedlichen Sprachen, müssen die Inhalte individualisiert und anschließend so überarbeitet werden, dass das Layout aller Bordbücher einheitlich ist. Die Daten des Bordbuches werden anschließend unter der Fahrgestellnummer archiviert.

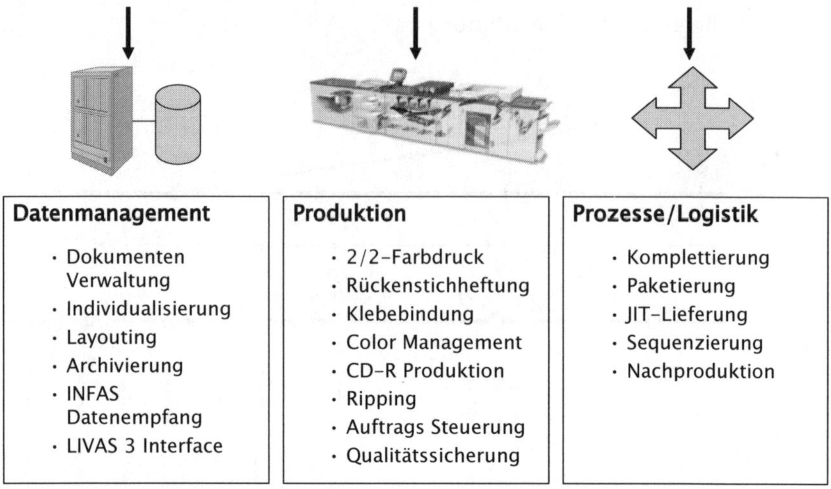

Abb. 5. Full-Service zur Erstellung individualisierter Bedienungsanleitungen

Die individualisierten und archivierten Inhalte werden im Vier-Farb-Digitaldruckverfahren on demand (PoD) gedruckt, durch eine zweifache Rückstichheftung oder Klebebindung mit zwei Rückenklammern geheftet und an den JIT-Partner am Phaeton-Produktionsstandort in Dresden geliefert. Dieser führt das Bordbuch dem Fahrzeug am Band zu.

Zusammenfassung und Ausblick

Die für die Herstellung des Bordbuches durch arvato logistics services aufgebaute Prozessinfrastruktur und die Steuerung der kompletten Wertschöpfungskette ermöglichten eine stufenweise Individualisierung des Bordbuches. Mit dem vollständig individualisierten Bordbuch für das Oberklassemodell Phaeton hat der derzeit drittgrößte Automobilhersteller der Welt einen Weg beschritten, der der bisherigen standardisierten einfachen Betriebsanleitung eine wichtige Aufgabe in der Kommunikation mit dem Kunden zukommen lässt. Durch die fortschreitende Individualisierung wird das Bordbuch zu einem Marketinginstrument, dass sich durch Innovation, Information und Kundennähe auszeichnet. Damit reagiert VW als erster Automobilhersteller weltweit auf die Anforderungen seiner Kunden nach einer zielgerichteten und kundenspezifischen Informationsvermittlung.

Damit diese Philosophie des Volkswagen Konzerns nicht nur im vollständig individualisierten Bordbuch des Phaeton erkennbar ist, sollen zukünftig auch andere VW-Modellvarianten in unterschiedlichen Abstufungen mit teil-individualisierten Bordbüchern ausgestattet werden.

Neue Organisationsformen im Supply Chain Management für einen Chemie-Konzern

Andreas Janetzko[1]

Informationsfluss und Kommunikation zwischen den einzelnen Parteien innerhalb der Wertschöpfungskette nehmen inzwischen mindestens den gleichen Stellenwert wie der Transport selbst ein. Supply-Chain-Management-Lösungen müssen daher die gesamte Lieferkette elektronisch unterstützen und mühelos in die Businessprozesse der Kunden integrierbar sein. Im Sinne einer durchgängigen Supply-Chain-Konzeption und Realisierung besitzt der Fourth Party Logistics Provider, kurz der 4PL-Ansatz, deutliche Vorteile gegenüber der klassischen Organisationsform des Three Party Logistics Provider (3PL). Was oder wer ist ein 4PL? „Fourth Party Logistics formally known as Spediteur?" Das Consulting-Unternehmen Accenture hat vor einiger Zeit diese neue Form einer Logistik–Kompetenz so definiert: Ein 4 PL ist ein Integrator, der Ressourcen, Fähigkeiten und Technologie aus seiner eigenen Organisation bündelt, um umfassende Lösungen für die Supply Chain zu entwerfen, zu entwickeln und zu betreiben.

Wer kennt noch die Definition des Spediteurs gemäß dem Handelsgesetztbuch? Zugegeben, für einen z.B. angelsächsischen Logistiker ist die darin vorgenommene Definition eines Spediteurs nicht ganz eindeutig. Hier heißt es im § 407 HGB „Spediteur ist, wer es gewerbsmäßig übernimmt, Güterversendungen durch Frachtführer oder durch Verfrachter von Seeschiffen für Rechnung eines anderen (des Versenders) in eigenem Namen zu besorgen". Ist der 4PL etwa ein in das nächste Jahrtausend transformierter Spediteur, der die technischen Errungenschaften nutzt? Nein. UPS ist der Meinung, dass sich ein 4PL viel stärker in die Unternehmensprozesse des Kunden integriert, als es ein Spediteur jemals tat oder tun wird. Der 4PL ist innerhalb der gesamten Supply Chain sowohl der Ansprechpartner für den Kunden – Auftraggeber und Empfänger – als auch für alle in das Konzept einbezogenen Logistik-Dienstleister, den 3PL mit ihren eigenen Assets, wie Fuhrpark, Logistikterminals etc.

Zum Aufbau eines virtuellen Netzwerkes werden die jeweils am besten geeigneten Service Provider ausgewählt, um allen Anforderungen des Kunden gerecht zu werden. Selbstverständlich ist der 4PL für die Qualität und Leistung der in der Kette eingesetzten 3PL verantwortlich (siehe Abb. 1). Das bedeutet auch, dass eine entsprechende Balanced Scorecard, mit dem Ziel der Leistungstransparenz, der Leistungsüberprüfung und der kontinuierlichen Qualitätsverbesserung angelegt wird.

---

[1] Vice President Commercial Europe bei UPS Logistics Group GmbH, Düsseldorf

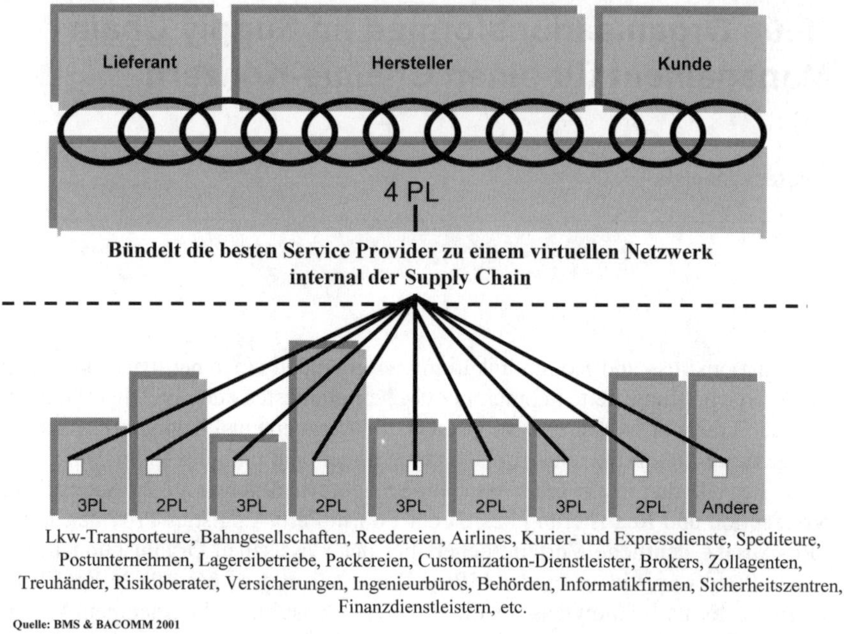

Abb. 1. Einbindung des 4PL in ein Supply-Chain-Netzwerk

Neutralität ist die wesentliche Voraussetzung dafür, dass ein 4PL für seinen Kunden die jeweils optimalen Dienstleistungsangebote zu einer gesamtheitlichen Lösung komponiert. Diese Neutralität wiederum setzt voraus, dass der 4PL-Anbieter nicht in erster Linie daran interessiert sein darf, eigene Strukturen zu nutzen, auch wenn diese möglicherweise optimal wären. Aus diesem Grunde sollte der 4PL-Anbieter selber möglichst keine eigenen Assets, wie Transport- oder Lagerstrukturen besitzen. Neben Neutralität muss der 4PL auch über entsprechende Industrie-Kenntnisse verfügen. Man sollte nicht nur mit den Kunden die gleiche, sondern auch dieselbe Sprache sprechen.

Die wichtigsten Voraussetzungen für die UPS Logistics Group sind:

- Eine hohe **IT-Kompetenz** – also die bestgeeignete Software als Backbone jeder 4PL-Konzeption;
- Eine **finanzstarke Position** – mehrere Jahre sind oftmals als Vorbereitungszeit nötig. Mithin vergeht einige Zeit, bis man mit den ersten Umsätzen, geschweige denn mit dem Return on Investment gerechnet werden kann;
- Natürlich auch die entsprechende **Managementkapazität** – eine Implementierung auf einem regionalen oder globalen Level erfordert einen recht hohen koordinativen Aufwand;
- Wichtig ist auch die Kooperation mit den passenden Partnern und 3PL. Die UPS Logistics Group betreibt 4PL-Aktivitäten auf regionaler Ebene. **Regional** heisst jeweils innerhalb Europa, Asien oder Nord-Amerika. Der Trend geht jedoch zu global vernetzten Strukturen. Ohne hervorragende überregionale

Marktkenntnisse wäre der Aufbau eines Supply-Chain-Netzwerkes durch einen 4PL unmöglich.

Die Diskussion in Logistikkreisen wird immer kreativer; schon wird von 3,5 oder 3,8 PL geredet. In der Ausgabe vom 16. Mai 2002 der Deutschen Verkehrszeitung Zeitung sagte John Harvey von Tibbet & Britten im Rahmen eines Interviews mit Prof. Peter Klaus: 4PL : Modekonzept der Amerikaner und Berater. Zugegeben, bei UPS Logistics Group handelt es sich um ein amerikanisches Unternehmen. Jedoch bietet es keine Modekonzepte an. Die UPS Logistics Group verfügt über eine mehrjährige Erfahrung in der Planung und Umsetzung von 4PL-Konzeptionen. In der Automotive- und High-Tech-Industrie konnten mit namhaften Firmen wie Ford und Alcatel erste Konzepte umgesetzt werden. Im Folgenden soll jedoch mehr über den ersten 4PL in der Chemie-Industrie berichtet werden.

Vom Anspruch zur Realität – Planung und Realisierung

Der 4PL-Ansatz der UPS Logistics Group wird in Abbildung 2 anhand der aufeinander folgenden Prozessschritte der Planung und Realisierung am Beispiel eines Chemie Konzerns dargestellt und im folgenden Text erläutert.

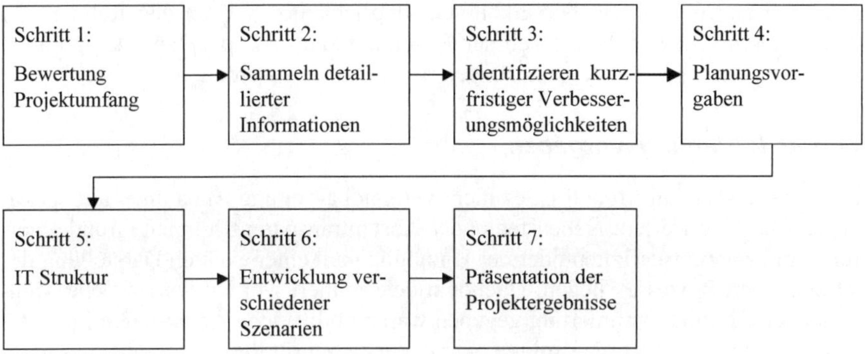

Abb. 2. Planungs- und Realisierungsschritte der UPS Logistics Group

Schritt 1: Bewertung des anfänglichen Prozessumfangs

Das Projektteam untersuchte zu Beginn die Ziele einer vorgeschlagenen Transport-Optimierungs-Studie für den Kunden anhand von Daten und bewertete diese im Anschluss. Innerhalb dieser anfänglichen Bewertung wurden in Abstimmung mit dem Kunden das Projektziel und die zu erwartenden Ergebnisse dargestellt.

Schritt 2: Sammeln detaillierter Informationen

Nachdem das UPS Logistics Group Projektteam die Betrachtung der anfänglichen Daten abgeschlossen hatte, wurden vom Kunden detaillierte Prozessinformationen für die eigentliche Analyse abgefragt. Die Integrität der Informationen ist der Schlüssel zu jeder Analyse. Kein Prozessdatensatz wird alle Eigenarten eines Netzwerkes erfassen, doch ist es wichtig, alle diejenigen Elemente zu erfassen, die Einfluss auf die Kosten sowie die gesamte Struktur der möglichen Lösung haben. Anfängliche Informationen werden zunächst betrachtet, um Informationslücken zu identifizieren. Nach einer genauen Darstellung der unterschiedlichen Prozesse wurde ein Prozessablaufvergleich durchgeführt. Die Ausgangssituation kann wie folgt beschrieben werden: Der Auftraggeber betreibt mehr als 30 Chemie-Werke in Europa; es wurden über 300 Spediteure (3PL) eingesetzt; mehr als 300.000 Sendungen pro Jahr; darüberhinaus bestand ein komplexes Sytem aus verpackter Ware, flüssigen Produkten und Gefahrgutsendungen.

Schritt 3: Identifizieren kurzfristiger Verbesserungsmöglichkeiten

Nach der Untersuchung der detaillierten Daten konnte systematisch damit begonnen werden, Optimierungspotentiale zu identifizieren. Zusammen mit dem Chemie-Konzern wurde ein Prozessvergleich durchgeführt, um Ergebnisse aus den Analysen zu vergleichen. Die erkannten Möglichkeiten setzten den Rahmen für den weiteren Prozessablauf. Nach der Erstellung eines Aktionsplanes konnten die kurzfristig erreichbaren Verbesserungen rasch realisiert werden.

Schritt 4: Planungsvorgaben

In einem Re-Design-Modell ist es nicht vermeidbar, einige Annahmen auf spekulativer Basis zu treffen. Neben fehlender Kostentransparenz können Gründe hierfür in Informationsdefiziten oder der Unmöglichkeit einer exakten Darstellung des tatsächlichen Prozesses liegen. Nachdem determiniert worden war, welche Möglichkeiten für eine Optimierung gegeben waren und welche Änderungen im Netzwerk vorgenommen werden sollten, war der erste Schritt die Erstellung eines theoretischen Konzeptes (Blue Print).

Schritt 5: IT-Struktur

Der IT-Bedarf konnte, nachdem Verbesserungsmöglichkeiten erkannt und Annahmen getroffen worden waren, definiert werden. Der Bedarf lag sowohl im Hardware- als auch im Softwarebereich. Sowohl eine moderne Auftragserfassungs- als auch eine neue Auftragsabwicklungssoftware wurden benötigt. Zur klaren Abbildung aller Anforderungen diente das Erstellen eines Pflichtenheftes.

Das UPS Logistik-Team benötigte dafür ca. 30% der gesamten Projektzeit. Es galt, Schnittstellen für die kundenseitigen ERP-Systeme zu definieren. Diese Arbeit wurde durch die vorhandenen Erfahrungen und die zertifizierten Schnittstellen zu den ERP-Systemen (z.B. SAP) erleichtert.

Schritt 6: Entwicklung verschiedener Szenarien

Zusammen mit dem Kunden wurden unterschiedliche theoretische Ansätze diskutiert, deren Stärken und Schwächen mit Hilfe von SWOT-Analysen aufgezeigt wurden.

Schritt 7: Präsentation der Projektergebnisse

In mehreren Präsentationen vor der Geschäftsleitung des Auftraggebers erfolgte die Vorstellung alle erarbeiteten Konzepte und eine ex-post Betrachtung der Datenerhebung. Vom Projektteam wurden verschiedene Szenarien erläutert, die aufgrund einer detaillierten und richtungsweisenden Kosten-Nutzen-Analyse empfehlenswert waren.

Implementierungs- und Realisierungsphase

Nach Abschluss der beschriebenen 7-Schritte-Strategie entwickelte das Team der UPS Logistics Group gemeinsam mit dem Kunden einen Implementierungs-Plan. Dieser Plan beinhaltete mehr als 200 Unterpunkte pro Division, die der Komplexität der Dienstleistung Rechnung tragen sollten. Besonderes Augenmerk wurde auf alle sicherheitsrelevanten Aspekte gelegt. Der Aufgabenschwerpunkt für die UPS Logistics Group wurde im ersten Schritt wie folgt beschrieben:

- Planung und Steuerung der Distributionslogistik auf Werkebene;
- 3PL-Management, -Steuerung & -Training;
- Frachtzahlungs-Management;
- Informations-Management;
- Qualitäts-Management inklusive Schadensbearbeitung.

In der Planungsphase wurden IT-gestützte Planungs- und Optimierungs-Tools eingesetzt. Diese IT-Tools in Verbindung mit den kognitiven Eigenschaften gaben den Ausschlag zur Realisierung dieses Konzeptes.

Natürlich muss auch die theoretische Leistung umsetzbar sein. Das Implementierungs-Team hatte in Abstimmung mit der gemeinsamen Steering-Gruppe jeden einzelnen Schritt mit den Prozessteilnehmern abgestimmt und durchgeführt. Neben dem Einsatz der IT-Tools war es von Anfang an wichtig, das passende operative Werkzeug zu nutzen. Hierbei entschied man sich entsprechend der Produktfamilie des Lieferanten für die Planungs- und Optimierungssoftware. Wichtige Entscheidungsgrundlage war, die entsprechenden Daten aus der Operativen jederzeit in einer Optimierungsschleife überarbeiten und geplante Ereignisse nachträglich überprüfen und verbessern zu können.

Die Implementierungsphase pro Werk belief sich auf ca. zwei Monate. Sowohl die Werksleitung und alle Mitarbeiter als auch die 3PL wurden über die Änderungen informiert. Um bestehende Service- und Liefervorgaben nicht nachhaltig zu stören erfolgte die Durchführung dieses Change-Management-Prozesses sehr behutsam und überlegt.

Ergebnisse

Nach kürzester Zeit konnte festgestellt werden, dass die projektierten Ergebnisse auch tatsächlich umsetzbar waren. In diesem Zusammenhang soll nicht unerwähnt bleiben, dass sich das gemeinsame Logistik-Team zwei Kernpunkte auf die Fahne geschrieben hatte:

1. Kostenoptimierung innerhalb der Distributionslogistik;
2. Nachhaltige Service- und Qualitätsverbesserung.

Die Kostenoptimierung konnte schon innerhalb der dritten Implementierungswoche erreicht werden. Es galt unter Beachtung der Werksanforderungen, das beste Qualitäts-Leistungsverhältnis für das Werk zu finden. Mit Hilfe des Kennzahlen-Systems der UPS Logistics Group konnte dem Kunden gegenüber das Optimierungspotential relativ leicht transparent gemacht werden. Einsparungen im zweistelligen Prozentbereich waren hier erzielbar.

Die Anforderungen der Service- und Qualitätsverbesserung zu realisieren, stellte sich als eine grössere Herausforderung dar. Zunächst mussten alle Projektteilnehmer über die Notwendigkeit einer proaktiven Logistikausrichtung informiert werden. Der Information folgte die Umsetzung, wobei es hier doch erhebliche Probleme gab. Die reaktive Logistikvergangenheit hatte sich so fest in den Köpfen der Prozessteilnehmer verankert, dass es nur mit grossem Aufwand gelang, die notwendigen Änderungen zu implementieren, die ein Event-Management innerhalb der Distributionslogistik ermöglichen. Die ersten Ergebnisse geben jedoch Anlass zu Optimismus. Es ist Zeit, die nächsten Schritte anzugehen: das Event-Management innerhalb der gesamten Supply Chain mit Hilfe einer IT-Lösung abzubilden. Weitere Kunden können auf dieser Plattform aufgeschaltet werden. Damit wird die IT-Infrastruktur einem der wichtigsten Punkte aus der anfänglichen Leistungsbeschreibung gerecht.

Ausblick

Die Planung der Logistikzukunft sieht vor, dass die UPS Logistics Group nach der Implementierung der 4PL-Struktur für die Distributionslogistik im nächsten Schritt die Organisation des Lager-Managements übernehmen wird. Die Erfolge aus diesen Tätigkeiten werden in einer weiteren Ausbaustufe des Konzeptes wiederholt: der Auftraggeber wird auch die Planung und Steuerung der Beschaffungslogistik fremdvergeben. Das bedeutet für die UPS Logistics Group, sich demnächst mit der globalen Beschaffungslogistik des Chemie-Konzerns zu beschäftigen. Damit werden wir die weltweite Supply Chain des Kunden mit unserem 4PL Konzept steuern und optimieren.

Retourenlogistik am Beispiel eines Konsumgüterherstellers

Matthias Löhr[1]

Die Bocholter WM GROUP ist eine mittelständische, weltweit agierende Unternehmensgruppe. Mit 40 Firmen und mehr als 1.800 Mitarbeitern in 7 europäischen Ländern und einer über 50jährigen Logistikerfahrung bietet die WM GROUP als innovativer Dienstleister ihre modulare Produktpalette von speditionellen Transport über modernste Lagerlogistik sowie neuester Informationslogistik an.

Durch die strategische Verknüpfung von Transportnetzwerken Mehrwert schaffender Kontraktlogistik und moderner Informationslogistik bietet die WM GROUP ideale Möglichkeiten für ein gelungenes One-Stop-Shopping zur Unterstützung der Supply Chain der WM Kunden.

Standardisierte Stückgutnetzwerke zählen zu den Kernkompetenzen. In starken Kooperationen wird ein europaweites Stückgutnetz mit definierten Qualitätsstandards und hoher Leistungsfähigkeit für die Kunden bereitgehalten.

Durch moderne Informationstechnologien wie das Internet sind die Kunden jederzeit mittels Tracking & Tracing über den Lauf ihrer Sendungen und Güter im Bilde.

In der Kontraktlogistik hat sich die WM Group der Schaffung von Mehrwert für den Kunden verschrieben. Durch flexible, kosteneffiziente und qualitativ hochwertige Lösungen bietet sie der Supply Chain ihrer Kunden eine professionelle Unterstützung. In Public Shared oder Dedicated Warehouses sind eine dynamische Flächennutzung, eine leistungsstarke Informationstechnologie und intelligente Ablaufstrukturen konzeptionell miteinander verbunden. In Nordamerika und EU-Ländern kann WM ihren Kunden über die Logistikkooperation „Globalliance“ Lösungen anbieten. Die Stärken liegen der konzeptionellen Verbindung von:

- Dynamischer Flächennutzung,
- Leistungsstarker Informationstechnologie und
- Intelligenter Gestaltung der Ablaufstrukturen.

Mit einem mandantenfähigen Lagersteuerungssystem werden die Arbeitsprozesse im Lager in die Supply Chain integriert. Systeminterne Schnittstellen zum Kunden, den Wareneingangs-, Lager- und Kommissionierbereichen, dem Warenausgangsbereich und den Spediteuren garantieren Transparenz, Schnelligkeit und Qualität der einzelnen Prozesse. Vernetzungen von DV-Arbeitsplätzen über mehre-

[1] Geschäftsführender Gesellschafter WM-Holding GmbH & Co. (WM Group), Bocholt

re Standorte mit gleichzeitiger Implementierung von Unternehmens-Workflows auf Basis aktueller Web-Technologie sind keine Seltenheit.

Die WM eLogistik GmbH verbindet eine Kombination aller IT-Leistungsbereiche mit besonderem Augenmerk auf die Integration der vor- und nachgelagerten Logistikprozesse. Dieser Organisationsteil fungiert sowohl als interner wie auch als externer Dienstleister.

Retro-Logistik

Strukturelle Veränderungen am Markt und der zunehmende Anteil an vorauseilenden Informationsflüssen in der Distributionslogistik bringen ein eigentlich altes Problem in den Blickpunkt der Wirtschaft: Die Retro-Logistik. Von vielen Unternehmen wird die Notwendigkeit eines Konzeptes zur effizienten Bearbeitung aller Material- oder Warenströme die vom Kunden ausgehen, unabhängig, ob die Produkte zur Wiedereinführung in den Handel oder zur Entsorgung bestimmt sind, unterschätzt.

Trotz der hohen Potenziale für Kostenreduktionen vernachlässigen viele Unternehmen die Retro-Logistik und werden ihrer Bedeutung auch im Sinne des After-Sales-Services nicht gerecht. Der erste und wichtigste Punkt in der Retouren-Logistik bedeutet Retourenvermeidung. Durch ein ausgeklügeltes Qualitätsmanagement, flexible und schnelle Distributionslogistik und Lieferantenvereinbarungen, die bereits Reklamations- und Retourenquoten berücksichtigen, lassen sich die Anteile an Reklamationen bzw. Retouren nicht abverkaufter Ware usw. schon deutlich reduzieren. Dennoch sollen hier schwerpunktmäßig die Organisation bzw. Optimierung von durchzuführenden Retouren beleuchtet werden.

Die Unterschiede zwischen Distributions- und Redistributions-Logistik sind vielfältig in Bezug auf die Qualität der betrachteten Produkte, den Produktwert, die Distributionskosten, den Produktlebenszyklus, das Routing, den Kundenmarkt und die Transparenz der Prozesse. Der Begriff Redistributions-Logistik, auch Retro-Logistik vereint alle logistischen Leistungen vom Kunden zurück. Hierbei kann man wiederum unterscheiden in die Retouren-Logistik – vom Kunden zurück zum Handel – und der Reverse Logistik – vom Kunden zur Entsorgung.

Definition Reverse-Logistik

Nach Rogers und Tibben-Lembke ist der Begriff Reverse Logistik definiert als: „Der Prozess des Planens, der Einführung und der Steuerung eines leistungsfähigen, kosteneffizienten Flusses der Rohstoffe (Waren), des Pipelinebestandes, der Fertigwaren und der in Verbindung stehenden Informationen vom Punkt des Verbrauchs zum Punkt des Ursprungs mit dem Ziel des Wiederherstellens des Wertes oder der ordentlichen Entsorgung“ (Rogers u. Tibben-Lembke).
Alle Bestrebungen, die den Rückfluss, die Sortierung, die Wiederverwertung usw. von Produkten tangieren, monitoren und controllen sind also unter dem Begriff

Reverse Logistik zusammengefasst. Dieses umfasst auch die Steuerung der Informationsflüsse ohne Medienbrüche und sogenannte VAS – Value Added Services, wie z.B. Reparaturdienstleistungen, das Aufpolieren von Möbeln, oder auch das Zusammensetzen von Bauteilen.
Reverse Logistik geht weiter als reguläre Distributionslogistik. Sämtliche finanziellen Aspekte müssen berücksichtigt werden. Ein Logistikdienstleister, der seinen Kunden einen wirklichen Mehrwert bieten will, muss sämtliche Lieferantenvereinbarungen mit in seine Arbeit einbeziehen: Mit welchem Lieferanten wurde vertraglich geregelt, dass die retournierte Ware zunächst gesammelt wird, welcher Lieferant erwartet eine schnellstmögliche Rückführung, bzw. Entsorgung, usw.?

Auch der Aufwand für die finanzielle Abwicklung ist keines Falls unerheblich: Der Dienstleister muss unter Umständen die Waren direkt dem Lieferanten zubuchen, die Entsorgung belasten, oder auch die Aufbereitung seinem Kunden in Rechnung stellen. Das alles erfordert ein sehr flexibles Steuerungssystem, das die üblichen Lagerverwaltungssysteme nicht bieten können.

Reverse Logistik ist kein Nischengeschäft – es erfordert ein ganzheitliches, unternehmensübergreifendes Konzept, wodurch das eigentliche Rationalisierungspotential erst voll ausgeschöpft werden kann.

Kostenreduktion

Warum soll ein Unternehmen seine Reverse Logistik auslagern? Der wichtigste Grund liegt in der Wirtschaft eigentlich immer auf der Hand: Kosteneinsparung. .
Die mehrfach positive Auswirkung von kurzen Laufzeiten ist nicht zu unterschätzen, zum einen auf die Kostenstruktur, zum anderen aber auch auf die Kundenzufriedenheit und damit die Kundenbindung. Diese Laufzeiten unterteilen sich in:

1. Physikalisch: Durch straffe und standardisierte Abläufe erreicht man durch Reverse Logistik Management kürzere Durchlaufzeiten der retournierten Produkte. Eine regelmäßige, mit dem Kunden abgestimmte Abholung kann hier z.B. schon erste Erfolge erzielen. Ein weiterer Punkt ist in diesem Fall oft der Platzmangel in den einzelnen Filialen, der dadurch behoben, oder zumindest verringert wird.
2. Administrativ: Es wird eine komplett vernetzte IT Infrastruktur eingesetzt. Das bedeutet, dass in der Reverse-Logistik die Informationsflüsse ebenso vorauseilend sind, wie in der regulären Distributionslogistik. Diese Kostenreduktionen lassen sich erzielen bzw. der Aufwand lässt sich reduzieren, wenn man die Distributions- von der Retourenlogistik entkoppelt und in gesonderten Reverse-Logistikzentren abarbeitet.

In Verbindung mit einer IT Landschaft, die Medienbrüche vermeidet und beliebig viele, unterschiedliche Anforderungen an eine Artikelgruppe verwalten kann, ergeben sich Synergieeffekte, die die WM Group ihren Kunden bietet.

Reverse Logistik und „Vorwärts-„ Logistik funktionieren besser getrennt

Rogers und Tibben-Lembke berichten in ihrem Buch „Going Backwards“ davon, dass viele Unternehmen, die sich mittlerweile mit ihrer Reverse Logistik beschäftigen, zu der Überzeugung gelangt sind, dass Distributionszentren nicht gleichzeitig „Vorwärts-“ und „Rückwärts-“ Logistik betreiben soll(t)en. Zunächst erscheint diese These unlogisch. Erst bei genauerer Betrachtung sprechen einige Punkte dafür, die beiden logistischen Ströme komplett voneinander zu trennen.

- Ein Logistikmanager, der beide logistischen Richtungen bedienen soll und muss, wird sich im Zweifelsfall immer vorrangig für die Abarbeitung der Vorwärtslogistik entscheiden, da er versuchen wird, hier den Mehrwert zu generieren.
- Ein weiteres Problem liegt in der Lokalität der meisten Distributionsläger. Oft sind nur eine begrenzte Anzahl an Laderampen und sonstigen Ladehilfsmitteln vorhanden. Sollen nun größere Mengen gleichzeitig gehandelt werden, wird die Priorität meist auf die ausgehende Ware gelegt.

Dieses sind u.a. die Gründe, warum sich immer mehr Unternehmen, die die Problematik ihrer Retouren erkannt haben, an spezialisierte Dienstleister wenden. Dienstleister, die in der Lage sind, ihnen einen Mehrwert zu generieren, den sie mit einer eigenen Reverse Logistik Systematik niemals generieren können, da sie z.B. die Synergieeffekte nicht erzielen können, die sich durch eine Konzentration auf Bündelung der Retouren für viele Unternehmen ergeben.

Stellenwert des Produkts

Reverse Logistik ist kein Nischengeschäft – es erfordert ein hohes Maß an Engagement und Know-how. In der WM Group sieht man Reverse Logistik aufgrund der o.g. Problemstellungen als strategisches Geschäftsfeld. Die Thematik ist zur „Chefsache“ erklärt worden und in intensiver Diskussion sind die Anforderungen zur Lösung dieser Problematik erörtert worden.

Fachabteilung / Strategisches Wachstumsprodukt

Um diesen Anforderungen gerecht zu werden, hat die WM Group eine eigene Fachabteilung WM Reverse Logistik gegründet. Diese arbeitet eng mit dem Projektmanagement zusammen um gemeinsam mit und für den Kunden Konzepte zur Lösung der Probleme von Retouren- und Reverse-Logistik zu entwickeln, diese einzuführen und operativ umzusetzen.

Diese Fachabteilung dient gleichzeitig als Know-how-Träger und unterstützt das operative Management in den jeweiligen Projekten

Versandhandel – Anforderung und die spezifische Lösung

Im Versandhandel haben unsere Kunden mit einem sehr hohen, relativen Retourenanteil zu kämpfen. Zwischen 30 und 50 % sind keine Seltenheit. Da die Produkte meist von Privatpersonen versendet werden, ergeben sich zu der sehr heterogenen Anlieferstruktur, z.B. über KEP Dienstleister auch eine große Menge an Sendungen mit nur ein bis zwei Positionen. Um diese zuordnen zu können, ist es unerlässlich, der Ursprungssendung einen adäquaten Rücksendeschein mit Barcode beizulegen und den Verbraucher zu animieren, diesen auch dementsprechend zu nutzen.

Im Versandhandel der Bekleidungsindustrie sind Rücklaufquoten von mehr als 35 % völlig üblich. Tägliche Retourenmengen in 4-5 stelliger Größenordnung sind gängig.

Wie läuft eine reguläre Retoure ab? Zunächst ruft der Kunde im Call Center des Versandhandels bzw. dem jeweiligen Dienstleister, den der Versandhändler beauftragt hat, an. Der Vorgang wird aufgenommen und in das elektronische System eingespeist. Bei elektronischer Bestellung bietet sich auch ein elektronisches Reklamationssystem an. Der Kunde füllt das Retourenblatt aus, das über die Gründe der Reklamation hinaus über die originale Ursprungsauftragsnummer und ein Barcodelabel verfügt. Dann schickt er es per KEP zurück. Nach Eingang wird die Ware gescannt und dem Ursprungsauftrag zugeordnet. Im Retourenauftrag werden die nicht zurückgesandten Positionen gelöscht. Nun kommt die Qualitätskontrolle, die einen sehr wesentlichen Bestandteil der Retouren-Logistik ausmacht.

In diesem speziellen Beispiel soll unterschieden werden zwischen:

- Verkaufsfähig – Die Ware wird direkt eingelagert, eingebucht und als neuwertig verkauft;
- Reinigungsfähig – Die Ware wird zwischengelagert, gereinigt und als verkaufsfähig eingelagert;
- B–Ware: Die Ware wird zwischengelagert und *durch andere Kanäle vertrieben.*

Zusätzlich ist eine „Schlichtungsstelle“ eingerichtet, in der nicht zuzuordnende Ware zwischengepuffert wird. Bei internationalen Versandhandelshäusern kommen noch die verschiedenen Verzollungsmodalitäten der meist unfrei retournierten Sendungen hinzu. Bei höherwertigen Waren ist ein direkter Tausch an der Haustüre des Kunden sinnvoll. Reklamiert ein Kunde z.B. sein Mobiltelefon über die Hotline des Callcenters, kann der bearbeitende Callcenter Mitarbeiter direkt einen sogenannten Hand-to- Hand-Tausch (Swap) anstoßen. Abbildung 1 stellt schematisch den möglichen Material- und Informationsworkflow dar.

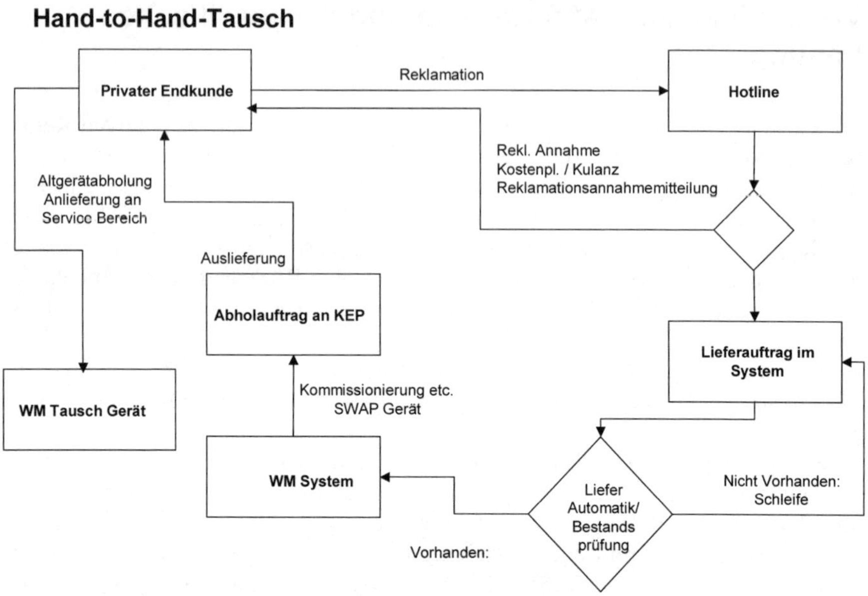

Abb. 1. Material- und Informationsfluss beim Hand-to-Hand-Tausch

Filialhandel – Anforderung und die spezifische Lösung

Der Filialhandel lebt von seiner heterogenen Artikel-, Lieferanten- und geographischen Struktur. Große Einzelhandelsketten betreiben weit verzweigte, meist innerstädtische Filialnetze. Hier sind die Ladenflächen teuer und müssen hohe Quadratmeterumsätze erzielen. Es ist von großer Bedeutung, keine weiträumigen Flächen für die reklamierte Ware bzw. die nicht abverkauften Bestände vorhalten zu müssen. Da kann der Dienstleister durch effiziente Retouren-Logistik-Systeme unterstützend wirken.

Eine weitere Herausforderung für den Dienstleister liegt im Umgang mit schlecht oder gar nicht ausgezeichneten Produkten der Retouren-Logistik. Das bedeutet, dass im Wareneingang ein Rück-/ Vereinnahmungsschein generiert werden muss. Aufgrund der eher unregelmäßigen Abholung herrscht in den einzelnen Filialen oft Platzmangel.

Fachhandel – Anforderung und die spezifische Lösung

Bei den Retouren der Fachgeschäfte liegt die größere Herausforderung in der Zuordnung der angelieferten Bau-, Ersatz- und sonstiger Teile, die in oftmals großen Mengen zurückgesandt werden (z.B. bei Aktionsware, usw.). Die Aufgabe besteht hier, diese Teile möglichst zügig (z.B. PC Hardware) ihrer nächsten Bestimmung zuzuführen. Anderweitig kann das Produkt schon nach wenigen Tagen seinen Wert drastisch reduzieren und unter Umständen nicht mehr verkäuflich sein.

Ein weiteres Spezifikum ist ein Kundenservice, der dem Fachhandel die Betreuung seiner Kundschaft erleichtert, bzw. teilweise erst ermöglicht. Ein Fachhandel, der zumeist Premiumprodukte einer Branche vertreibt, hat großes Interesse daran, dass der Hersteller bzw. der beauftragte Dienstleister, auch einen Premiumservice bzgl. Gewährleistung, Garantie, Kulanz, usw. bietet. Dieses bedingt eine zentralisierte Retourensystematik, die diese Services einbindet. Das impliziert u.a. folgende Leistungen:

- Warenflusssteuerung von und zum Fachhandel und Endverbraucher;
- Regelmäßige Abholungen;
- Kurzfristige Reparatur / Zuführung zur weiteren Bestimmung;
- Informationsflusssteuerung;
- Verbindliche Zeitangaben zu den Warenströmen;
- Vorbeugende Informationspolitik („Der Hersteller xy übernimmt die Kulanz und wir senden Ihnen umgehend Ersatz...“) und
- Qualitätssicherung durch informative Statistiken.

Eine enge Zusammenarbeit aller Beteiligten für den Kunden/Verbraucher erfolgt, wenn oben genannte Voraussetzungen gegeben sind.

Verlagslogistik – Anforderung und die spezifische Lösung

Sehr speziell stellt sich die Retourenbearbeitung in der Verlagslogistik dar. Man spricht hier von Remissionsbearbeitung. Zum einen liegen die Herausforderungen in der Zuordnung der jeweils eingehenden Ware zu den Händlern und der Abrechnung nach Vorgabe mit den zugehörigen Verlagen. Zum anderen in der Einsortierung in die verschieden Qualitätsklassen. Übliche Qualitätsklassen sind z.B.:

1. Buch ohne Makel und laut System noch lieferbar,
2. Buch ohne Makel aber nicht mehr lieferbar,
3. Buch mit leichten Mängeln (2.Wahl),
4. Buch unbrauchbar.

Selbstverständlich gibt es auch einige Zwischenqualitätsstufen in beide Richtungen, die mit verschiedenen Verlagen vereinbart werden können, wie z.B. Buch ohne Einband brauchbar usw.

Waren der Qualitätsklasse I, also ohne Makel werden dem regulären Logistikprozess direkt wieder zugeführt und eingebucht – sie können dann ohne weitere Verzögerungen kommissioniert und versandt werden. Zweite Wahl Bücher und Broschüren werden in einem Puffer zwischengelagert und stehen damit zur weiteren Verwendung zur Verfügung. Bücher ohne Makel, die aber laut Verlag nicht mehr lieferbar sind, werden zunächst auch zwischengelagert. Dann wird nach Verlagsangaben mit der Ware verfahren: Entsorgung, Distribution an soziale Institutionen oder auch internationale Weiterbildungseinrichtungen sind nur drei Beispiele. Unbrauchbare Ware wird umweltgerecht entsorgt, indem sie z.B. Papierherstellungskonzernen im geschredderten Zustand zur Verfügung gestellt wird.

Retouren-Logistik bei Samsonite

Samsonite ist einer der bekanntesten Hersteller für Koffersysteme, Hartschalenkoffer oder Businessgepäck. Zusammen mit den Logistikern der WM Group überlegte Samsonite, wie man das Reklamations-, Reparatur- und Retourenproblem optimieren könnte. Nach reiflichen Überlegungen kam man zu dem Schluss, diesen Bereich komplett outzusourcen und dem Dienstleister verantwortungsvoll in die Hände zu legen.

Folgende Lösungsansatz ist entwickelt und umgesetzt worden:

- Der Kunde besitzt ein Premiumprodukt. Er hat also ein Anrecht auf weltweite Gewährleistung und weltweiten Service;
- Der Kunde hat die freie Wahl, ob er zum Fachhändler seines Vertrauens gehen möchte, der alles für ihn übernimmt oder ob er sich direkt mit dem Samsonite (WM – Group) Service Center in Verbindung setzt;
- Auch Ware, bei der die Gewährleistungspflicht abgelaufen ist, wird angenommen und ggfs. auf Angebotsbasis repariert;
- Zusätzlich werden ähnliche Services auch für Flughäfen, Airlines, usw. angeboten.

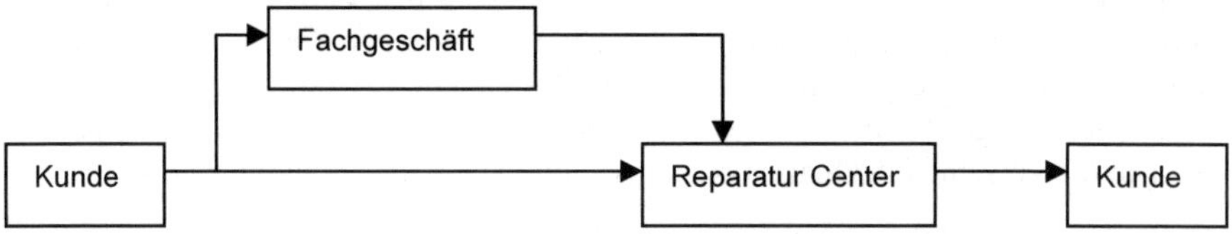

Abb. 2. Schematische Darstellung der Samsonite Service Center Systematik

Die in Abbildung 2 dargestellte Systematik ist bewusst einfach gehalten: Der Kunde meldet sich telefonisch, per eMail oder Fax beim Samsonite Service Center (SSC) der WM Group. Durch die Angabe des nächsten Fachhändlers oder das Generieren eines Paketscheins kann er die Ware unfrei an das SSC senden.

Innerhalb der Gewährleistungsfrist wird die Ware repariert und dem Kunden zugestellt. WM rechnet diesen Vorgang mit Samsonite ab. Ist die Gewährleistungsfrist verstrichen und auch keine Kulanz möglich, erhält der Kunde einen Kostenvoranschlag. Dann wird nach der Verfügung des Kunden weitergehandelt.

Große Fachhändler werden durch regelmäßige Abholungen bedient, wodurch der Raumbedarf in den Filialen niedrig gehalten wird. Selbstverständlich werden alle Vorgänge dokumentiert und statistisch ausgewertet. Das hilft unserem Kunden, seine Qualitätsstandards noch weiter auszubauen.

Das Materialflussdiagramm sieht in diesem Fall folgendermaßen aus:

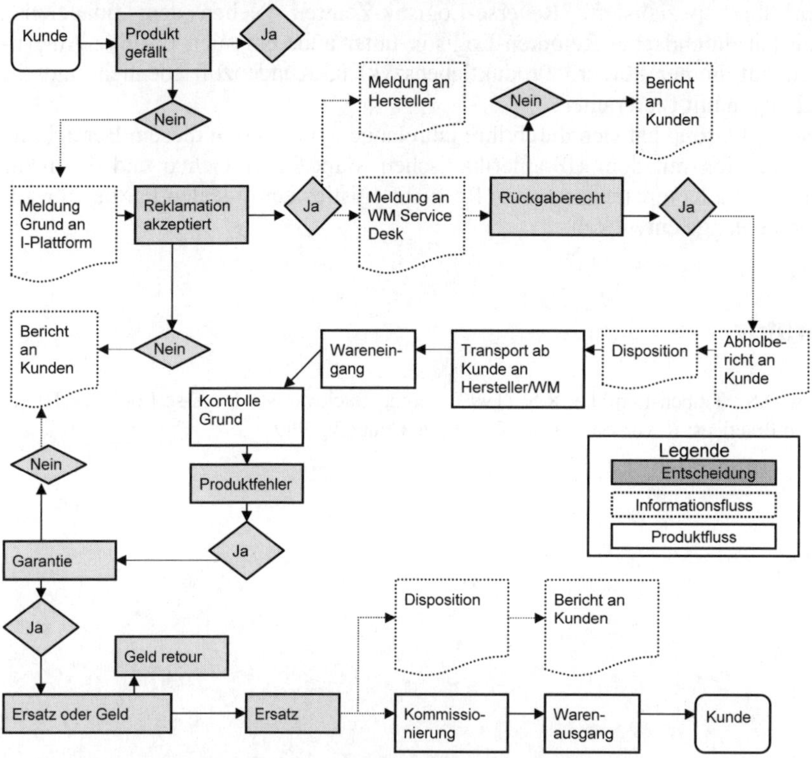

Abb. 3. Daten- und Materialfluss mit WM ReverseLogistics

WM betreibt seit über 10 Jahren das größte Samsonite Reparatur Center in Europa, in dem 100-120 Reparaturaufträge pro Tag bearbeitet werden. Die WM-Mitarbeiter verfügen über ein spezielles Produkt-Know-how, mit dem sie die angebotenen Leistungen, wie Reparaturen, Kostenvoranschläge, Rechnungslegung, Gutschriften und Versicherungsgutachten ausführen.

Fazit

Abschließend bleibt festzustellen, dass es sich bei Retouren-Logistik um eine sehr komplexe Aufgabenstellung handelt, die unternehmensübergreifend viele Bereiche einschließt, wie z.B. Finanzen, Lieferantenverträge, physische Sortiervorgänge, Zwischenlagerung, Veredelungsprozesse, Call Center Dienstleistungen usw., die auf den ersten Blick nur peripher mit der Logistik zusammenhängen. Eine

Studie der KPMG zeigte auf, dass eine professionelle Durchführung der Reverse Logistik bei den betrachteten Unternehmen 0,1% bis 0,3% des Gesamtumsatzes einsparte. Diese Einsparung resultierte sowohl aus der Kombination der verschiedenen Prozesse unter Zuhilfenahme durchgängiger EDV-Lösungen als auch der strikten Trennung der traditionellen Auslieferungskonzepte vom Rückfluss der Waren über spezialisierte Reverse-Logistik-Zentren. Neben dem finanziellen Vorteil hat durchdachte Retouren-Logistik unter anderem auch positive Auswirkungen auf immer kürzere Produktlebenszyklen, Kundenzufriedenheit und die Beziehungen mit Lieferanten.

Die WM Group hat sich durch ihre jahrelange Erfahrung in diesem Bereich, ihre Kooperation mit dem US-amerikanischen Marktführer Genco und durch die Bildung eines Kompetenzzentrums ReverseLogistics zum idealen Partner für alle Retourenbelange entwickelt.

Literatur

Rogers, D.S.; Tibben-Lembke, R.S. (1999): Going Backwards – Reverse Logistics Trends and Practices; Reverse Logistics Executive Council; 1999

Gesunde Logistiklösungen für den Healthcare-Markt

Stephan Pintsch[1]

Die Hermes General Service GmbH (HGS), Hamburg, ist die Vertriebsgesellschaft für die Service- und Logistik-Dienstleistungen der weltweiten Otto-Gruppe. Mit 90 Handelsunternehmen in 23 Ländern Europas, Amerikas und Asiens erwirtschaftete die Otto-Handelsgruppe im Geschäftsjahr 2001 rund 22,8 Mrd. Euro. Der Auslandsanteil am Umsatz beträgt 54 %. Der 1999 gegründete Hamburger Fulfillment-Spezialist HGS bietet Geschäftskunden, die aus Kosteneinsparungs- oder Kapazitätsgründen einzelne Prozesse aus ihrer Wertschöpfungskette auslagern wollen, Outsourcing-Konzepte vom Einkauf bis zur Distribution. Als Tochterunternehmen der größten Versandhandelsgruppe der Welt kann HGS die ganze Methodik des Supply Chain Managents für Dritte anbieten.

HGS entwickelt und realisiert für jeden Geschäftskunden ein maßgeschneidertes Servicekonzept von A wie Adressmarketing bis Z wie Zustellung. Ob E-Commerce, Logistik, Einkauf & Beschaffung, Direktmarketing oder sicherer Rechnungskauf, je nach Bedarf kann der Auftraggeber auf einzelne Bausteine oder ein individuelles Gesamtpaket zurückgreifen. Die Services werden schnittstellengerecht in die Systeme der Kunden integriert, so dass deren Wertschöpfungskette optimal ergänzt wird. Das Outsourcing bestimmter Prozesse ermöglicht den Geschäftspartnern, sich auf die eigenen Kernkompetenzen zu konzentrieren. Der Focus von HGS ist dabei u.a. der Service für und am Verbraucher/Endkunden im Auftrag des Kunden.

Mittlerweile nutzen zahlreiche namhafte Auftraggeber die Dienstleistungen von HGS. Zu ihnen gehören u.a. SkyShop by Lufthansa, die Deutsche Bahn AG, Premiere World, Hawesko Holding AG, Palmers Textil AG, inmediaONE GmbH der Bertelsmann-Gruppe, Start Amadeus, Salamander GmbH, Conrad Elektronic, e-Bay, Universal Marketing Group sowie der Fußballclub Hamburger Sportverein (HSV).

Ausgangssituation für Krankenhäuser

Die politische Diskussion um Kostenreduzierung im Gesundheitswesen, respektive bei den Krankenhäusern, offenbart das Dilemma dieser Einrichtungen: Einer-

[1] Geschäftsführer der Hermes General Service GmbH, Hamburg

seits ist der Qualitäts- und damit soziale Leistungsanspruch der Bevölkerung hoch, anderseits will und kann die öffentliche Hand die ständig steigenden Kosten nicht mehr tragen. Als Folge steht die Verabschiedung des DRG-Gesetzes bevor, das den Wechsel von der Tages- zur Fallpauschale vorschreibt. Damit wächst der Handlungsdruck zur Kosteneinsparung. Denn vereinfacht gesprochen wurden bis heute die Behandlungstage der Patienten bezahlt, zukünftig wird eine bestimmte Behandlung mit einem pauschalen Satz plus Zu- oder Abschläge vergütet. Das Ziel besteht darin, die Krankenhausträger zu hohen Kosteneinsparungen zu zwingen. Als Folge werden die Strukturen der Krankenhauslandschaft sich ändern, es wird verstärkt Fusionen, Übernahmen durch private Träger und Spezialisierungen geben.

Die Möglichkeiten von Einsparungen werden in den unterschiedlichsten Bereichen der rund 2.200 deutschen Krankenhäuser gesehen. Einig sind sich Ärzte wie Verwaltungsexperten, dass sich die Krankenhäuser auf ihre Kernkompetenz Diagnose-Therapie-Pflege konzentrieren müssen. Alle Bereiche, aber insbesondere Patienten-ferne, sind prädestiniert, für Einsparungen unter die Lupe genommen zu werden. Besonders hohes Potenzial wird bei der Krankenhaus internen Logistik vermutet – mit Schwerpunkt bei dem Bereich Einkauf und Beschaffung. Dieser Markt, der alleine in Deutschland rund 13 Mrd. Euro für alle deutschen Krankenhäuser umfasst, ist gleichzeitig auch ein sensibler (sekundär-) Bereich der Krankenhäuser.

Ein wichtiger Teilbereich dieser Versorgungs- und Beschaffungslogistik besteht aus der Versorgung der einzelnen Stationen der Krankenhäuser mit Medikalgütern. Unter Medikalgüter werden alle Verbrauchsartikel verstanden, die vom ärztlichen und Pflegepersonal für die tägliche Versorgung des Patienten benötigt werden – mit Ausnahme der Arzneimittel. Die unterliegen derzeit aber noch besonderen gesetzlichen Bestimmungen, die ein Outsourcing nahezu verbieten.

Für die Versorgung der Krankenhäuser mit Medikalgütern gibt es unterschiedliche Lösungsansätze, was zahlreiche Kongresse und Veröffentlichungen belegen. Die Zeitschrift „Logistik Heute“ beschreibt alleine 7 unterschiedliche Konzepte in ihrem Artikel „Die Zeit ist reif“, um Krankenhäuser in dem Bereich der Beschaffungslogistik zu unterstützen (Candidus u. Aeuer 2000).

Zielsetzung für eine Versorgung der Stationen mit Verbrauchsmaterial

Der Leitgedanke von HGS besteht darin, nicht nur ein ganzheitliches Konzept für die Versorgung der Stationen zu entwickeln, sondern auch weitestgehend die strategischen Einkaufsaufgaben und die Beschaffung für Medikalgüter zu übernehmen. Das bedeutet letztendlich aus Sicht der Krankenhäuser die Abgabe bisher wichtiger Kompetenzbereiche, nicht aber der Kernkompetenz. Für HGS bedeutet dies Händlerfunktion mit Bestandsrisiko, für die Tochter des größten Versandhauses der Welt aber nichts Außergewöhnliches. Um die Sichtweise dieser Vorgabe zu verstehen, muss der Markt selektiert und als mögliches Kundenpotenzial verstanden werden.

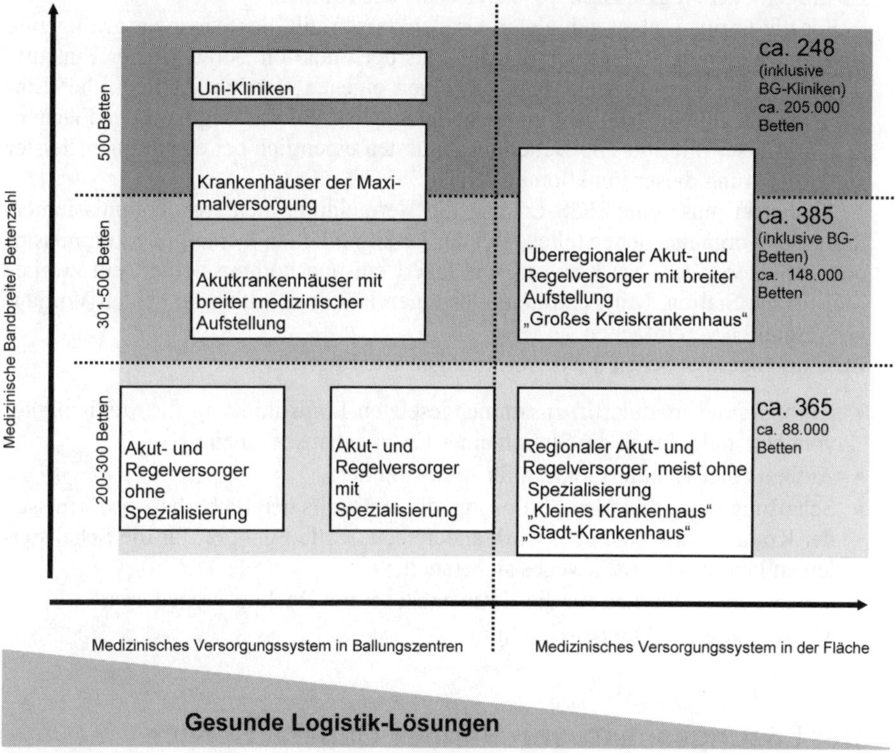

Abb. 1. Segmentierung des deutschen Krankenhausmarktes

Unabhängig von der jeweiligen Trägerform – privat, öffentlich oder frei gemeinnützig – kann man den Markt der Krankenhäuser in die vier Größengruppen bis 200 Betten, 200-300 Betten, 300-500 Betten und über 500 Betten (siehe Abb. 1) segmentieren. Weiterhin in die Versorgungsbereiche Ballungszentren und Flächenversorgung. Daraus ergeben sich 6 Quadranten, die entsprechend Akut- und Regelversorgern mit bzw. ohne Spezialisierung zugeordnet werden können. Sowohl Uni-Kliniken, die über ihre Funktion der Maximalversorgung hinaus auch noch den Auftrag der Forschung und Lehre haben als auch Großkrankenhäuser mit mehr als 500 Betten haben ein so großes Einkaufsvolumen im Bereich der Medikalgüter, dass sie ohne Zweifel selbst in der Lage sind, eine strategische Einkaufsabteilung nach Vorbild der Industrie aufzubauen. Gleiches gilt für die großen, privaten Krankenhausträger, die bis zu 11.000 Betten steuern. Für eine Zusammenarbeit mit diesem Segment ist von einem Logistiker große Flexibilität gefordert, er darf z.B. nicht auf der Funktionsausführung „strategischer Einkauf" bestehen.

Damit ergibt sich eine weitere Forderung an die Lösungsangebote von HGS, nämlich modulartig ein Konzept zu kreieren, dass es erlaubt, verschiedene Teile hinzuzufügen oder wegzulassen, je nach Bedarf des Kunden.

Für die übrigen, eben gebildeten Größenklassen gilt, dass sie zwar groß genug sind, um wesentliche Einsparpotenziale aus der Funktion „strategischer Einkauf" zu generieren, aber zu klein sind, um einen eigenen Bereich „strategischer Einkauf" zu installieren. Das gilt im besonderen Maße für das Segment der Flächenkrankenhäuser mit 200-500 Betten. Sie müssten eigentlich bei einem Dienstleister auf Ausführung dieser Funktion bestehen.

Weiterhin muss eine HGS-Lösung die Vermeidung mehrerer Kommissionier- und Lagervorgänge sicherstellen. Bei der herkömmlichen Versorgung kommissioniert der Hersteller, das Krankenhaus lagert ein und kommissioniert ein zweites Mal für die Station. Mit Zentrallagerlösungen lassen sich hier die beiden Vorgänge wesentlich vereinfachen.

Zusammengefasst sehen die Anforderungen wie folgt aus:

- Aufbau einer modulartig zusammengesetzten Logistiklösung für Medikalgüter vom Hersteller bis in die Station eines Krankenhauses hinein;
- Aufbau einer Händlerfunktion für Medikalgüter;
- Schaffung einer flexiblen IT-Lösung, die einerseits den Sicherheitsbedürfnissen der Krankenhäuser gerecht wird, andererseits volle Funktion für die Schaltstellen entlang des Logistikweges sicherstellt;
- Versorgungssicherheit für die Krankenhäuser mit Backup-Prozeduren;
- Vermeidung von Doppel-Handling.

Der Lösungsansatz von Hermes General Service

HGS setzt von Anfang an auf eine umfassende Lösung, die es erlaubt, von der Lagerung und stationsgerechten Konfektionierung bis zur Vollversorgung einschließlich Einkauf und Rechnungsabwicklung individuell einsetzbare Bausteine zu nutzen. Damit wird den Krankenhäusern nicht nur ermöglicht, an die eigenen Bedürfnisse die fremd vergebene Dienstleistung anzupassen, sondern die hauseigene Materialwirtschaft massiv zu entlasten. Darüber hinaus bieten durchgehende, HGS-eigene Logistikleistungen weiteres Einsparpotenzial, z. B. auf Seiten der Hersteller, die nicht mehr viele einzelne Krankenhäuser ansteuern müssen, sondern nur ein Zentrallager von HGS.

Das Konzept sieht vor, Krankenhäuser zentral von einem Lager mit allen Verbrauchsmaterialen bis in die Station hinein zu beliefern (siehe Abb. 2). Dabei werden auf der Station zwei Warengruppen unterschieden: Erstens modular zu versorgende Güter, die ständig auf der Station griffbereit sein müssen. Diese werden in sogenannten Modulfächern nach Zugriffshäufigkeit sortiert und dem Pflegepersonal zur Verfügung gestellt. Hinter jedem Zugriffsfach befindet sich ein Reservefach. Zweitens gibt es sequentiell zu versorgende Güter, die nicht ständig gelagert, sondern nur nach Bedarf bestellt werden. Sie sind im IT-System leicht zu identifizieren und werden auch dort bestellt – sofern jede Station einen Bildschirm zur Verfügung hat. Diese Funktionalität lässt sich einfach durch „Hitlisten" ersetzen.

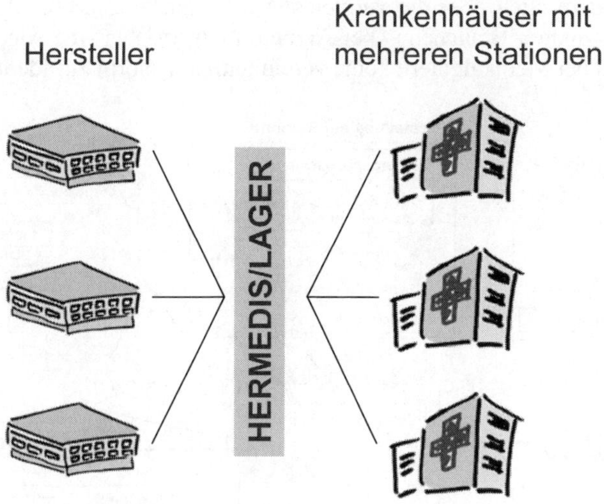

Abb. 2. Medikalgut-Versorgung über Zentrallager

Mitarbeiter von HGS überwachen auf beliebig vielen Stationen den Materialfluss in den Modulschränken, nehmen Bestellungen auf und sorgen eigenständig für ein reibungsloses, schnelles Auffüllen beim Erreichen des Mindestbestandes (bei modular versorgten Güter dann, wenn das Reservefach benötigt wird).

Nach der EDV-Erfassung der geforderten Materialien wird die Bestellung an das Lager von HGS weitergegeben. Hier wird die Bestellung kommissioniert, ggfs. konfektioniert und für den Versand fertiggestellt. Ausgeliefert wird innerhalb von 24 Stunden durch den hauseigenen Versandservice an die Mitarbeiter von HGS vor Ort, die dann die Feinverteilung auf den Stationen gewährleisten.

Der Nachschub für das Zentrallager wird in der HGS-eigenen Einkaufsabteilung sichergestellt, die nicht nur für die Beschaffung, d. h. Bearbeitung der einzelnen Nachbestellungen bei den Lieferanten zuständig ist, sondern auch für den strategischen Einkauf mit seinen Facetten Verhandlung von EK-Preisen, Rahmenverträgen, Standardisierung der Produktpalette und Standardisierung der Lieferantenpalette.

Das notwendige IT-System für die Steuerung aller Abläufe, inklusive der Scannung der modular versorgten Güter, ist von HGS entwickelt worden und wird den beteiligten Partnern zur Verfügung gestellt. Wesentliches Merkmal ist die Verarbeitung der Daten in der HGS-Zentrale und der Anschluss aller Partner über das Internet oder die Telefonleitung. Das System arbeitet dabei unabhängig vom IT-System des einzelnen Krankenhauses.

Daten, z.B. für Material, Rechnungswesen, Statistik, Auswertung, Kostenberechnung und Controlling können mit dem Krankenhaus internen System ausgetauscht werden, müssen es aber nicht. Einen gerne unterschätzten, aber ganz wichtigen Punkt bildet das Datenclearing, das unverzichtbar für den gemeinsamen Datenaustausch zwischen Zentrale, Lager und den einzelnen Krankenhäusern ist. Bei allen Medikalgütern müssen die Beteiligten nicht nur über das gleiche Material reden, sondern auch über die vergleichbare Verpackungsgröße. Anders als in teilweise verwandten Branchen – bei Arzneimitteln existiert die sogenannte rote Liste – gibt es bei Medikalgütern keine vereinheitlichte Norm zur Identifizierung.

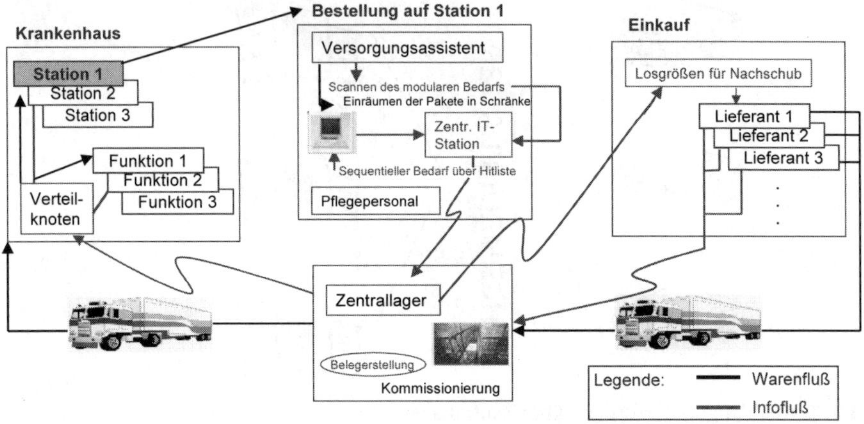

Abb. 3. Waren- und Informationsfluss bei der Versorgung der Stationen

Im Rahmen des Supply Chain Managements werden in enger Zusammenarbeit von Zulieferern, Produzenten und Distributoren die relevanten Prozesse entlang der Wertschöpfungskette abgestimmt. Damit sind auch Finanzströme und Deckungsbeiträge Betrachtungsobjekte des Supply Chain Managements. Die Prinzipien des Prozessmanagements werden nicht nur unternehmensintern angewendet, sondern auf alle Wertschöpfungsstufen übertragen.
Die Vorteile lassen sich aus Sicht des Krankenhauses wie folgt zusammenfassen:

- Das Krankenhauspersonal kann sich stärker auf seine Kernkompetenzen Diagnose-Therapie-Pflege konzentrieren;
- HGS entlastet das Pflegepersonal des Krankenhauses;
- Professionelle Betreuung sorgt für höhere Verfügbarkeit der Materialien;
- Verringerung der Prozesskosten;
- Senkung der Bestandskosten aufgrund einer optimalen Bevorratung;
- Geringerer Platzbedarf durch externe Lagerhaltung;
- Geringere Investitionskosten aufgrund reduzierter Bestandsmengen, z.B. bei Modulschränken;
- Weniger Transportverkehr durch Warenbündelung;
- Weniger Verfallsmengen durch permanente Überwachung der Mindesthaltbarkeit;
- Verbessertes Benchmarking mit anderen Krankenhäusern;
- Senkung der Warenkosten durch Standardisierung;

- Effizientes Lieferantenmanagement.

Pilotprojekt Krankenhaus München-Schwabing

Die Zusammenarbeit mit dem Krankenhaus München-Schwabing wurde im Jahr 2001 beschlossen, zunächst für ein Pilotprojekt. Das Krankenhaus München-Schwabing muss wie alle Häuser der öffentlichen Hand bei Großaufträgen eine europaweite Ausschreibung ausrichten, ehe eine komplette Beauftragung für alle Stationen erfolgen kann.

Das Krankenhaus München-Schwabing hat 20 Abteilungen, die konservativ, operativ und pädiatrisch arbeiten. Dazu kommen sechs Institute. Insgesamt stehen 1.360 Betten mit 2.450 Vollkräften zur Verfügung. Rund 49.000 stationäre Behandlungsfälle werden jährlich durchgeführt, dazu ungefähr 6.000 teilstationäre Behandlungsfälle. Ambulante Behandlung erfolgt in Notfall- u. Spezialambulanzen.

Zu Beginn der Zusammenarbeit wurden die ausgewählten drei Stationen gemeinsam analysiert, die Abläufe zur Versorgung entsprechend des Konzeptes von HGS umgestaltet und die notwendige IT installiert. Wesentliche Änderungen auf Station waren die ausschließliche Lagerung der Medikalgüter in Modulschränken. Die Artikel wurden den Arbeitsabläufen entsprechend nach dem Bevorratungsprinzip „fifo" gelagert bzw. vor Verfall des Mindesthaltbarkeitsdatums verbraucht.

Abb. 4. Versorgungsschrank mit Fächern für eine Modularversorgung

Der Lieferrhythmus bestand aus zwei Anlieferungen pro Woche, die Nachbestellung erfolgte über Scannen der an der Front angebrachten Barcodes der verschiedenen Waren. Sequentielle Waren wurden über Scannen der Barcodes auf einer „Hitliste“ generiert. Die Ware wurde vom Hermes Versand Service angeliefert und dem Versorgungsassistenten übergeben. Dieser räumte die Ware in die Modulschränke der Stationen und nahm im gleichen Arbeitsgang die Neubestellungen mit einem Handscanner auf.

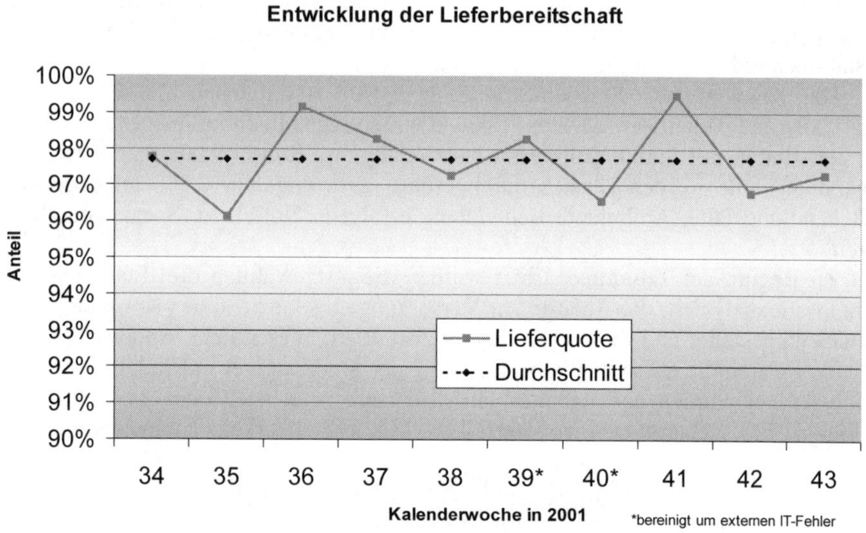

Abb. 5. Entwicklung der Lieferbereitschaft

Die gesammelten Erfahrungen in den rund 10 Testwochen lassen sich wie folgt zusammenfassen:

- Einkaufspreise: kein Testergebnis wg. zu kurzer Testlaufzeit;
- Verbräuche: kein Testergebnis wg. zu kurzer Testlaufzeit;
- Bestände: reduziert um 30 % auf den Stationen;
- Artikelvielfalt: reduziert um rund 20 %;
- Lieferzeit: 24 h für Lagerware; 1 Woche für Durchläufer;
- Prozesskosten: um rund 13 % gemäß Abschätzung von HGS gesenkt;
- Schadensquote: keine;
- 18 Retouren wurden verzeichnet aus folgenden Gründen:
    1. Der Artikel wurde nicht genügend bzw. unklar spezifiziert.
    2. Der Artikel wurde doppelt/mehrfach gescannt.

Neben den reinen Fakten konnte von Seiten HGS verzeichnet werden, dass die Verwaltungsleitung und das unmittelbar betroffene Pflegepersonal mit der neuen Art der Versorgung sehr zufrieden sind. Nach einigen Anlaufschwierigkeiten, die

wohl zu jedem Projekt gehören, erfolgte die Belieferung und Nachbestellung reibungslos.
Das abgeschlossene Pilotprojekt hat gezeigt, dass bei schlankerer Versorgung der Stationen Einsparungen möglich sind. Die zu Beginn genannte, sich scheinbar widersprechende Forderung nach höherer Qualität bei niedrigeren Kosten lässt sich im Bereich der Materialwirtschaft der Krankenhäuser durchaus umsetzen.

Dabei wird die Kostenreduzierung nicht nur durch eine verbesserte Logistik erreicht, sondern auch durch die Senkung des Bestandes auf den Stationen und die Reduzierung der Artikelvielfalt. In einem nachgelagerten Schritt lassen sich weiterhin die Anzahl der Lieferanten senken. Alles zusammen dürfte Einsparungen für den gesamten Bereich der Medikalgüter von 15 % möglich machen.

Literatur

Candidus, W.; Aeuer, D. (2000): Die Zeit ist reif; in: Logistik Heute 12/2000; S. 34ff

Der Internal 4PL – Best Practice „Metro Group"

Wolfgang Prümper[1] und Christian Butz[2]

Zahlreiche filialisierte Handelsunternehmen verfügen auch heute noch nicht über ein eigenständiges Logistik-System zur Planung und „Steuerung der Warenströme zwischen Lieferanten und ihren Verkaufshäusern. Die Gestaltung und Realisierung der Warenströme ist vielmehr Aufgabe der jeweiligen Lieferanten und deren Logistik-Dienstleistern. Moderne Logistikkonzepte sind als Referenzmodelle für die Systemgestaltung bisher nicht verfügbar.

In Deutschland erzielt die METRO Group in über 1.700 verschiedenen Outlets einen Umsatz von 27,5 Mrd. Euro. Diese Betriebsstätten werden dabei mit mehr als einer Million Einzelartikeln von über 8.000 Lieferanten versorgt, wozu jährlich mehr als 50 Millionen Aufträge und Lieferungen abgewickelt werden. Dies führte zu einer hohen Komplexität in der Supply Chain: Für die Versorgung kamen über 1.000 durch die Lieferanten ausgewählte Dienstleister zum Einsatz, zu denen die METRO Group keinerlei vertragliche Beziehungen unterhielt und somit ohne direkten Einfluss in der Supply Chain war.

Auch wenn jeder der insgesamt über 8.000 Lieferanten der METRO Group überzeugt ist, für seine Lieferkette die jeweils beste Lösung gefunden zu haben: Die hieraus hervorgehenden, unbefriedigenden Leistungen lassen erkennen, dass die Aufgabe eines Supply Chain Managements im Handel neu definiert werden musste. Dabei steht die Optimierung sowohl von Informations- und Materialflüssen als auch von Finanzströmen im Mittelpunkt der Betrachtung (Zadek 2001a). Zu den Potenzialen eines erfolgreichen Supply Chain Management zählt u. a. die Reduktion der Bestände in der gesamten Supply Chain.

Ein heterogenes, komplexes Sortiment – von Food-Artikeln des täglichen Bedarfs über hochwertige Non-Food-Artikel wie Digitalkameras und Schmuck bis hin zu hängenden Textilien – bedingt den Einsatz unterschiedlicher, leistungsfähiger Logistikstrategien und -konzepte, die auf die Vielfalt und unterschiedlichen Profile der einzelnen Vertriebstypen zugeschnitten sein und deren unterschiedlichsten Anforderungen an die Warenversorgung genügen müssen.

---

[1] Geschäftsführer der Metro MGL Logistik GmbH, Düsseldorf

[2] Wissenschaftlicher Assistent am Bereich Logistik, Institut für Technologie und Management, Technische Universität Berlin

Supply Chain Management durch den „Internal 4PL“

Grundsätzliches Ziel muss es also sein, einen logistischen Prozess von den eigentlichen Bedarfsträgern her zu planen und zu steuern sowie diesen unter Beachtung des Fließprinzips so kundennah wie möglich zu gestalten. Denn letztlich spielt sich der Wettbewerb zunehmend nicht mehr auf einer einzelnen Wertschöpfungsstufe, sondern zwischen ganzen Supply Chains ab. Die Supply Chain umfasst dabei alle Prozesse, die direkt mit der Erstellung und Lieferung des Produktes zusammenhängen. Der zunehmend stärkere Wettbewerb im Handel und die damit einhergehende Fokussierung auf die Bedürfnisse des Endkunden haben dazu geführt, dass die Frage nach der Verfügbarkeit der Waren im Verkaufsregal inzwischen zunehmend an Bedeutung gewinnt. Die logistische Vision der METRO Group lehnt sich daher an moderne Prinzipien des Supply Chain Managements an, und soll die auf die Verkaufsflächen der einzelnen Vertriebslinien zulaufenden Warenbewegungen so organisieren, dass die Ware mit der geringst möglichen gesamtwirtschaftlichen Transportkapazität befördert wird. Handling und Warenmanipulation werden dabei auf das niedrigst mögliche Kostenniveau reduziert, Warenvereinnahmungs- und Vertriebsprozesse greifen in den Filialen überlappungsfrei ineinander. Der so geglättete und begradigte Warenfluss wird durch einen durchgehend standardisierten Informationsfluss und „Workflow“ abgesichert, unterstützt und verstetigt.
Kernbestandteil war dabei die Schaffung einer zwischengeschalteten „vierten Partei“ – dem Internal 4PL – in Gestalt einer logistischen Systemzentrale, die mit voller Hoheit über System- und Prozessdesign ausgestattet und im Besitz der steuerungsrelevanten Daten und Informationen ist. Die rechtliche Selbständigkeit dieser Organisation, der 1995 gegründeten METRO MGL LOGISTIK GmbH (MGL), und ihre Ausrichtung als Profit Center unterstreichen die Bedeutung, die der Logistik innerhalb der METRO Group beigemessen wird.

Zur übergreifenden Steuerung eines Gesamtsystems ist es notwendig, eine gemeinsame Managementplattform zu implementieren. Dabei sind deren Aufgabenbereiche sowie Rechte und Pflichten gegenüber den nach wie vor rechtlich und finanziell selbständigen sowie einzelwirtschaftlich verantwortlichen Partnerunternehmen innerhalb der Supply Chain vorab genau zu definieren. Da diese Steuerungsaufgabe in erster Linie als Dienstleistung für die Partner in der Supply Chain zu verstehen ist, hat sich für das theoretische Konstrukt dieses Steuerers in Analogie und Erweiterung des Begriffs des Third Party Logistics Providers (3PL) die Bezeichnung Fourth Party Logistics Providers (4PL) etabliert (Baumgarten u. Zadek 2002).

Für 4 PL kristallisieren sich die Steuerung der Supply Chain, die Logistikplanung und -beratung für Unternehmensnetzwerke als Aufgabengebiete heraus. Sie sorgen für den reibungslosen Ablauf der gesamten Prozesskette und die informatorische Anbindung aller Prozessbeteiligten sowie des Kunden (siehe Abb. 1 und Zadek 2001b).

Abb. 1. Mögliches Aufgabenspektrum eines 4PL (Baumgarten u. Darkow 2002)

Neben einem fortschrittlichen Design von Geschäftsprozessen kann auch die Frage nach dem „Best Owner“ für einzelne Aktivitäten in der Supply Chain Effizienzsteigerungspotenziale erschließen. Dabei geht es darum, Eigenleistungen besonders dort durch marktgängige Dienstleistungen zu ersetzen, wo sich Skaleneffekte und Spezialisierungsvorteile erschließen lassen. Die MGL als Internal 4PL hat sich auf das logistische Prozessdesign und auf die Supply-Chain-Steuerung konzentriert und den gesamten Bereich des operativen Netzbetriebes an leistungsstarke Dienstleister fremd vergeben (siehe Abb. 2). Obwohl die MGL das eigene Sendungsaufkommen permanent auf Optimierungspotenziale in der Verkehrsführung überprüft, greift sie als 4PL bewusst nicht in das tägliche Dispositionsgeschehen ein.

Das System der MGL unterscheidet sich deutlich von denen anderer Handelsorganisationen. Da Zentral- und Regionalläger im METRO-System nicht mehr die Funktion der Komplexitätsreduktion in der Beschaffungslogistik zu erfüllen haben, können die Bestände auf dieser Lagerstufe auf das betriebswirtschaftlich notwendige Mindestmaß reduziert werden. Der überwiegende Anteil des Warenstroms zwischen Lieferanten und Outlets läuft bestandslos über ein Netz von Knotenpunkten, die die Doppelfunktion der Verdichtung und Auflösung der Filialbestellungen übernehmen.

Das METRO-Konzept, das für das Cross-Docking wesentlich mehr Terminals nutzt als jede „proprietäre“ Handelslösung, ist den Schwierigkeiten der üblichen Cross-Docking-Lösungen – wie die Zunahme der Transportwege und hohe Investitionen in die Terminals – nicht ausgesetzt. Lieferanten mit einem ausreichenden täglichen Sendungsaufkommen können in Form von Komplett- oder Teilladungen direkt in die filialnahen Verteilerknoten der verschiedenen Zielgebiete integriert werden.

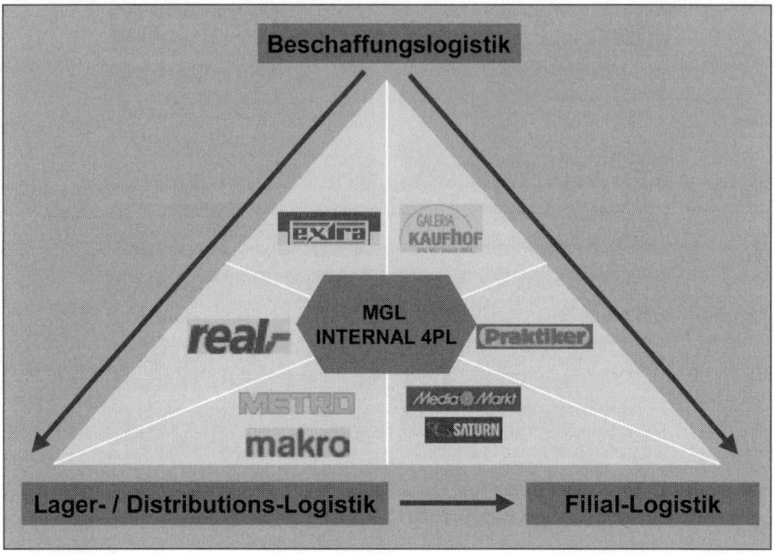

Abb. 2. Die MGL als Querschnittsgesellschaft für die Logistik der Metro-Vertriebslinien

Darüber hinaus können großflächige Filialen aus Quellgebieten mit einer ausreichenden Lieferantendichte von den jeweiligen Verdichtungsknoten direkt angefahren werden. Für alle dazwischen liegenden Fälle, d. h. für alle Verbindungen zwischen Lieferanten mit kleineren Abholmengen und Filialen mit geringeren Tagesbedarfen, sieht das System einen zweifach gebrochenen Transport vor. Damit gibt es drei Varianten in einem System (siehe Abb. 3).

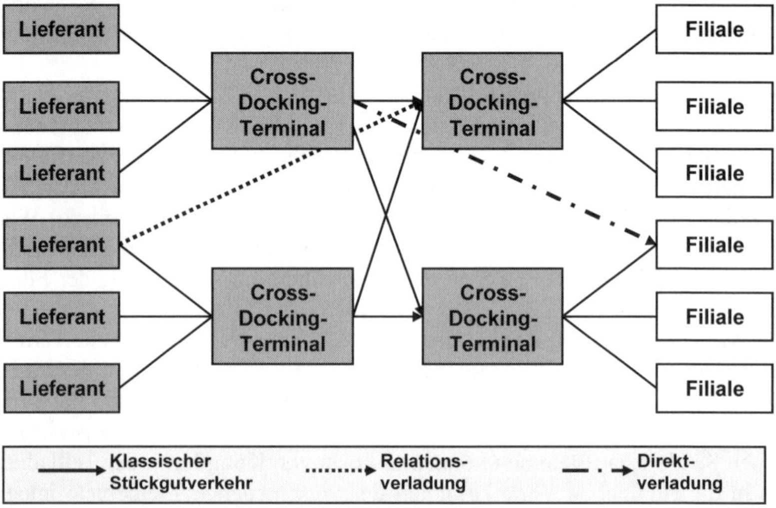

Abb.3. Cross-Docking-Varianten im MGL-System

Wechsel der Systemführerschaft und Prozessdesign

Zur Gewährleistung einer effizienten operativen Geschäftsabwicklung wurden gemeinsam mit den Dienstleistern und Lieferanten Spielregeln erarbeitet, die organisatorische und informationstechnologische Aspekte umfassen. Zu den organisatorischen Voraussetzungen zählen z. B. die fristgerechte Warenavisierung durch die Lieferanten oder die Einhaltung bestimmter Packschemata, die Transportschäden deutlich reduzieren und eine Optimierung der LKW-Auslastung ermöglichen. Durch die permanente Überwachung der Einhaltung dieser Spielregeln und durch gemeinsame Optimierungen wurde ein kontinuierlicher Verbesserungsprozess initiiert, der auch die Prozessqualität bei den Lieferanten nachhaltig förderte.
Darüber hinaus stellen die informationstechnische Integration der Netzwerkpartner sowie die Verflechtung der Unternehmensressourcen – Personal, Finanzen und Sachmittel – die größten Herausforderungen dar. Die Logistik nimmt hierbei eine zentrale Rolle ein. Dies betrifft vor allem die Integration der Informations- und Warenflüsse in einem netzwerkübergreifenden System, die Koordination des gemeinsamen Einsatzes von externen Dienstleistern, Transportmitteln und Lägern sowie die Netzwerksteuerung und das Wissensmanagement (Zadek 2001).
Die erfolgreiche Umsetzung des beschriebenen Geschäftsmodells erforderte neben einer leistungsfähigen und flexiblen Netzwerkstruktur auch die Gestaltung von Prozessen – d. h. die Planung und Steuerung von Informations-, Waren- und Finanzflüssen zwischen den und innerhalb der verschiedenen Knoten des MGL-Netzwerkes. Zu dieser Kategorie von Prozessen zählt z. B. der Dispositionsprozess des deutlich mehr als 1 Mio. Einzelartikel umfassenden Sortiments der METRO Group. Entscheidungen, welche die Bestellmengen und -zeitpunkte betreffen, werden unter Nutzung effizienter Warenwirtschaftssysteme von den Managern der einzelnen Outlets getroffen. Dadurch fließt das kunden-, vertriebslinien- und warengruppenspezifische Know-how der METRO-Mitarbeiter bestmöglich in den Dispositionsprozess ein.

In der Vergangenheit haben die einzelnen METRO-Outlets mit den involvierten Dienstleistern und Lieferanten, die alle unterschiedliche Formulare einsetzten und sich in der Geschwindigkeit der Schadensabwicklung deutlich unterschieden, auf herkömmliche Weise (z.B. per Telefon, Fax oder Brief) kommuniziert. Hohe administrative Kosten sowie uneinheitliche und langwierige Bearbeitungsprozesse dominierten das Tagesgeschäft. Zur Optimierung dieses unbefriedigenden Ausgangszustandes wurde eine zentrale Schadenbearbeitungsstelle in der MGL gegründet, die als Schnittstelle zwischen Outlet, Dienstleister und Lieferant den kompletten Prüfungs- und Abwicklungsprozess koordiniert und verantwortet. Die einzelnen Outlets, die Lieferanten und die Systemdienstleister haben somit nur noch einen zentralen Ansprechpartner. Der begleitende Einsatz standardisierter Formulare, deren automatisierte Erstellung und Übermittlung sowie die Definition bestimmter „disziplinierender" Spielregeln wie einheitliche Bearbeitungszeiten trugen dazu bei, die geschilderten Probleme deutlich zu reduzieren. Heute existiert ein lücken- und medienbruchloser Workflow von der Schadensaufnahme bis zur endgültigen Regulierung durch die Versicherer.

Prozessverbesserungen durch innovative IT-Lösungen

Zur erfolgreichen Umsetzung des innovativen Geschäftsmodells war neben einer leistungsfähigen Netzwerkstruktur und optimierten Prozessen der Einsatz eines leistungsfähigen und flexiblen EDV-Systems notwendig. Dabei stellt der „Frontend“-Bereich die eigenentwickelten Dialog-Systeme der MGL dar. Diese Systeme unterstützen bzw. ermöglichen alle strukturellen und prozessualen Aufgaben, die von der MGL durchgeführt werden. Auf Basis historischer Wareneingangsdaten lassen sich z. B. Sendungsdaten der einzelnen Lieferanten rekapitulieren, die wiederum Grundlage zur Ermittlung der lieferantenspezifischen Distributionskosten sind und damit die Basis zur Lieferantenintegration darstellen. Darüber hinaus können auch Planungs- und Simulationsfunktionalitäten – z. B. zur Bewertung der Implikationen unterschiedlicher Lieferwege – bereitgestellt werden. Die Aufgabe des „Backbone“-Bereiches besteht primär in der Vorhaltung und Verarbeitung der notwendigen Massendaten. Die MGL ist somit die zentrale Informationsverarbeitungs-Drehscheibe der involvierten Unternehmen und kann auf alle relevanten unternehmensinternen und -externen Informationen zugreifen. Der Informationsaustausch zwischen den Systemen – und damit auch zwischen den verschiedenen Unternehmen – erfolgt vollautomatisiert (siehe Abb. 4).

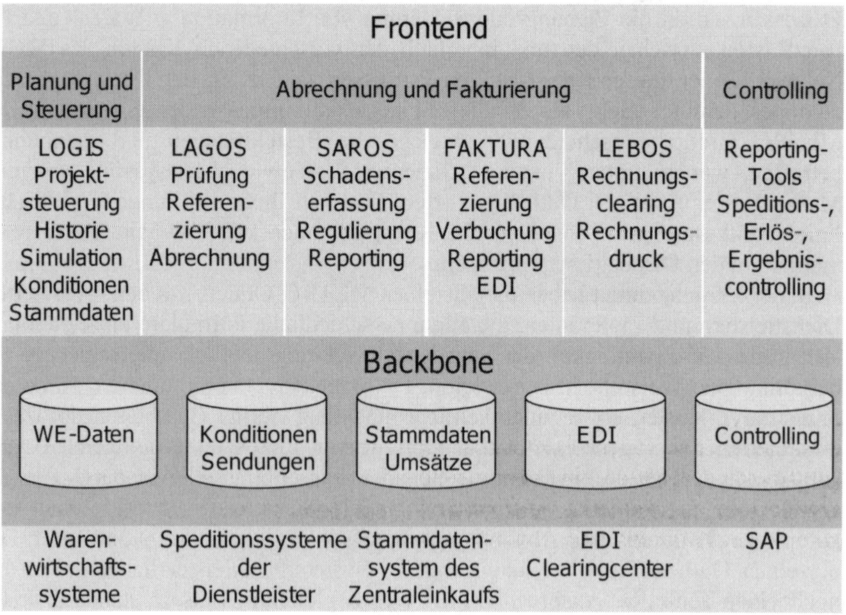

Abb. 4. Die IT-Systemlandschaft der MGL

Ergebnisse der Konzeption

Der Waren- und Datenaustausch zwischen Tausenden von Lieferanten und Filialen geschieht über einen einheitlich definierten Prozess – von der Verpackung über die Sendungsavisierung bis hin zur Schadensabwicklung. Dieses hohe Maß an Durchgängigkeit und Standardisierung hat wesentlich zur Beruhigung, Verstetigung und Beschleunigung aller Arbeitsabläufe in der operativen Logistik beigetragen. Das Tracking & Tracing-System der Systemdienstleister ermöglicht einen permanenten Überblick über alle eingehenden Sendungsbewegungen, beginnend mit dem Moment der jeweiligen Sendungsübergabe beim Lieferanten. Ein eingebauter Filter sorgt dafür, dass die MGL die Filialen als ihre Kunden proaktiv über Ausnahmetatbestände – sogenannte Supply Chain Events – informiert. Auf bestimmte Fehler in der Transportkette wie Transportverzögerungen kann deshalb im Stundenbereich reagiert werden.

Im Stückgutsystem konnte die durchschnittliche Anliefermenge von durchschnittlich nur einer Palette auf durchschnittlich 30 Paletten je LKW-Stopp gesteigert werden. Bei Textilien sind aus durchschnittlich 40 Einzelteilen 400 Hängeteile geworden. Und bei Paketen konnte schließlich die durchschnittliche Menge pro Anliefervorgang von 10 auf 180 Pakete angehoben werden. Die mit dieser Verdichtung verbundene Verbesserung der LKW-Auslastung schafft einen hohen volkswirtschaftlichen Mehrwert. Kaum weniger bedeutsam ist der gleichzeitig zu beobachtende Effekt einer drastischen Verkürzung der LKW-Standzeiten vor dem Entladevorgang. Durch diesen Effekt werden zunächst direkte Kosten wie Fahrerlöhne und Energiekosten gesenkt – allein aus der Transportbündelung und der Standzeitenreduzierung resultierten direkte Kostenreduzierungen i. H. v. etwa 150 Mio. Euro p. a. Darüber hinaus fallen aus Sicht der betroffenen Spediteure Opportunitätskosten in Form entgangener Umsätze an. Ohne Berücksichtigung von Opportunitätskosten ergibt eine konservative Schätzung der jährlichen Einsparung allein im Bereich der Standzeitenreduzierung über alle METRO-Filialen einen Gegenwert von etwa 80 Mio. Euro.

Resultat des dichten Netzes an Abhol- und Zustellstandorten mit über 1.700 Filialen sind kurze Entfernungen und hohe Paarigkeiten zwischen Be- und Entladestellen. Verstärkt wird die Wirkung einer hohen räumlichen Stoppdichte noch durch die enorme Bündelungswirkung des MGL-Konzeptes, so dass ungenutzte Laderaumkapazitäten und Leerfahrten zur absoluten Ausnahme werden. Diese Stärke des METRO-Netzes wird durch die bereits vorhandene Netzwerkstruktur und -dichte der ergänzenden Systemdienstleister potenziert. Im Ergebnis bedeutet dies:

- Deutlich weniger Kilometer pro transportierter Tonne,
- Nahezu voll ausgelastete LKW,
- So gut wie keine Leerfahrten und
- Drastisch reduzierte Standzeiten.

Das Konzept ist somit in Summe eine völlige Umkehr der traditionellen Denk- und Handlungsrichtung – was einem Paradigmenwechsel gleichkommt. Das intelligente, flexible und skalierbare Netzwerkdesign, die radikal veränderten Prozessstrukturen und das institutionelle Arrangement der MGL als Internal 4PL haben so neue Dimensionen in der Gestaltbarkeit der Supply Chain eröffnet und zu den beschriebenen deutlichen Einsparungseffekten geführt.

Prozesscontrolling und Erfolgsmessung

Das Logistik-Controlling hat in den letzen Jahren zunehmende Bedeutung und Akzeptanz erfahren und wurde systematisch weiterentwickelt. Es unterstützt bei der Entscheidungsfindung und -durchsetzung und erhöht dadurch die Effektivität und Effizienz sowie die Anpassungs- und Entwicklungsfähigkeit des Managements maßgeblich (Göpfert 2000).

Das zu entwickelnde Kennzahlen- und Controllingsystem muss neben der dargestellten Strukturierung der Informationen ebenfalls die Zielsetzung der Verwendung berücksichtigen. Insbesondere diagnostische Systeme durchleuchten dabei Geschäftsprozesse auf Ebene von Prozess- oder sogar Arbeitsschritten und geben Auskunft über die Qualität des Ablaufes. Somit entsprechen die diagnostischen Systeme den Anforderungen an ein Supply Chain Controlling. Dieses unterstützt das Management bei der Leistungsmessung sowie der Entwicklung und Ausrichtung von neuen Strategien, Organisationen, Prozessen auf das zukünftig zu erwartende und das vorhandene Marktumfeld (Weber 2002).

Aus diesem Grund wurde dem Aufbau entsprechender Controllinginstrumentarien eine besondere Bedeutung beigemessen. Das Leistungsniveau der Systemdienstleister steht dabei durch Kennzahlen wie „Einhaltung von Regellaufzeiten“, „Termintreue bei der Filialversorgung“, „Anteil Transportschäden“ hinsichtlich Kosteneffizienz und Prozessqualität permanent auf dem Prüfstand. Die MGL ist damit in der Lage, die Performance eines jeden einzelnen Dienstleisterdepots zu messen. Liegt die Termintreue von Sendungen, die von diesem Depot aus an die einzelnen METRO-Outlets versandt werden, unterhalb des vereinbarten Service-Levels, werden die Ursachen gemeinsam mit dem Dienstleister analysiert und entsprechende Maßnahmen eingeleitet. Bei einer vorhandenen oder aufgrund der MGL-Planungen zu erwartenden überkritischen Auslastung eines einzelnen Dienstleister-Depots werden vorausschauend gemeinsame Überlegungen zur Umroutung eines Teils des METRO-Volumens an andere Depots angestellt, bewertet und verabschiedet.

Literatur

Baumgarten, H.; Darkow, I.-L. (2002): Konzepte im Supply Chain Management; in: Dangelmaier, W., Busch, A. (Hrsg.): Integriertes Supply Chain Management; Gabler; Wiesbaden 2002; S. 89-108

Baumgarten, H.; Zadek, H. (2002): Netzwerksteuerung durch Fourth-Party-Logistics-Provider (4PL); in: Hossner, R. (Hrsg.): Jahrbuch der Logistik 2002; Verlagsgruppe Handelsblatt; Düsseldorf 2002; S. 14-20

Göpfert, I. (2000): Logistik-Führungskonzeption - Gegenstand, Aufgaben und Instrumente des Logistikmanagements und -controllings; Vahlen; München 2000

Weber, J. (2002): Kennzahlen zum Logistikcontrolling; in: Baumgarten, H.; Wiendahl, H.-P.; Zentes, J. (Hrsg.): Logistikmanagement – Strategien-Konzepte-Praxisbeispiele; Springer Verlag; Berlin et al. 2002; lfd. aktualisiert; Abschnitt 5.03.01, S. 1-17

Zadek, H. (2001a): E-Supply Chain Management in der Automobilindustrie; in: Dangelmaier, W.; Pape, U.; Rüther, M. (Hrsg.): Die Supply Chain im Zeitalter von E-Business und Global Sourcing; Fraunhofer ALB; Paderborn 2001; S. 325-338

Zadek, H. (2001b): Strategische Neuausrichtung von Logistikdienstleistern – Steuerung globaler Produktions- und Dienstleistungsnetzwerke; in: Industrie-Management, Heft 5, 17. Jg. 2001, S. 28-32

Maßgeschneiderte Supply-Chain-Lösungen als Mehrwert für Kunden

Alexander Schneider[1] und Jörg Unzeitig[2]

Exel als globaler Marktführer im Bereich des Supply Chain Managements mit über 60.000 Mitarbeitern in über 120 Ländern und 1.300 Niederlassungen kann durch sein weltweit umspannendes Netzwerk (siehe Abb.1) kundenorientierte und innovative Logistiklösungen im gesamten Bereich der Supply Chain aus einer Hand anbieten.

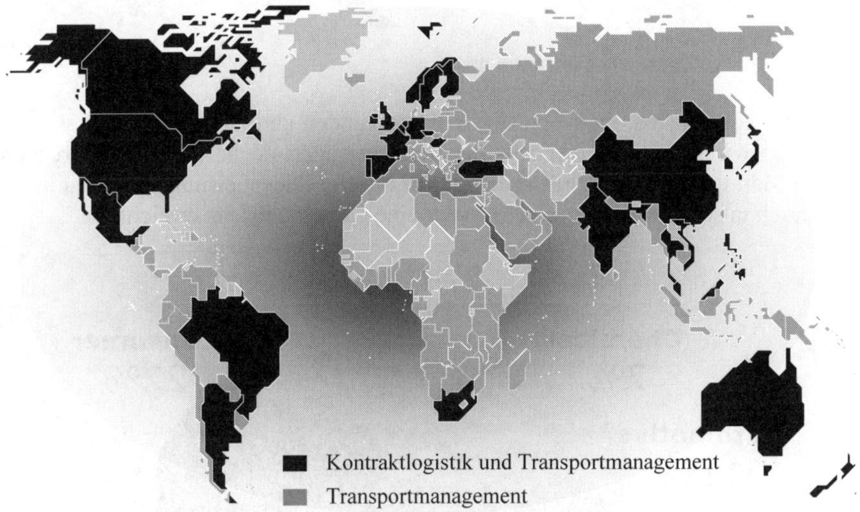

Abb. 1. Weltweites Exel Netzwerk

Exels Logistikstrategie orientiert sich an den individuellen Kundenbedürfnissen, die durch unsere weltweiten Erfahrungen und unserem Know-how zu maßgeschneiderten Supply Chain Lösungen führen. Die Philosophie im Umgang mit den Interessen unserer Kunden spiegelt sich in unserem Wertschöpfungskreislauf wieder (siehe Abb. 2).

[1] Manager Sales & Project, Exel Solution Design Center, Hünxe
[2] Niederlassungsleiter, Exel (Hünxe) GmbH, Hünxe

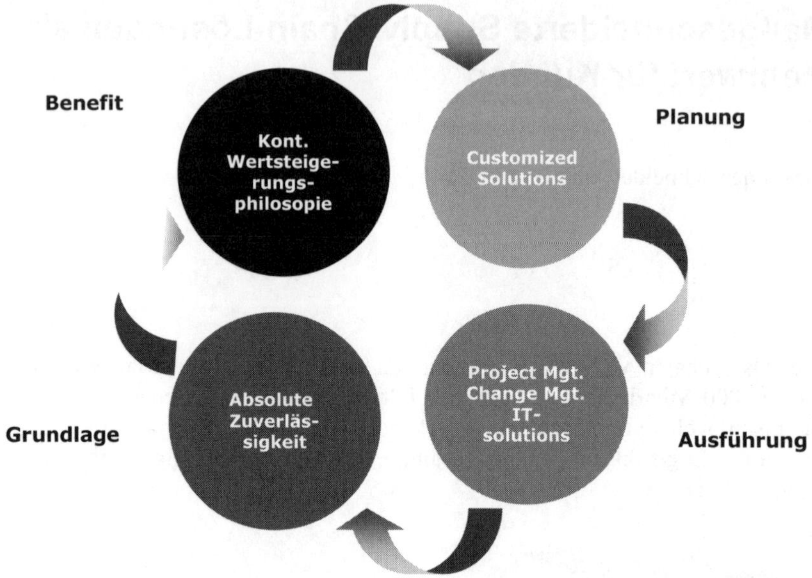

Abb. 2. Wertschöpfung als Kundenfokus

Dabei konzentrieren wir uns auf Schlüsselkunden und Dienstleistungssektoren, in denen wir über höchste Fachkompetenz verfügen (siehe Abb. 3). Durch die starke Marktposition in Schlüsselbereichen unserer Dienstleistungssektoren haben wir durch unser umspannendes Netzwerk eine globale Präsenz erreicht.

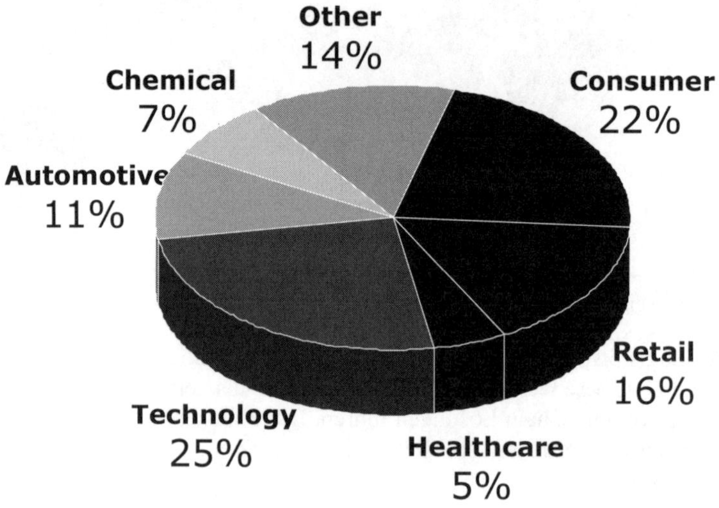

Abb. 3. Prozentuale Verteilung der weltweiten Exel-Geschäftsfelder

Im Luftfrachtbereich gehört Exel als Dienstleister zu den ersten fünf Marktführern und im Seefrachtbereich hat sich Exel eine starke Marktposition auf allen Hauptschifffahrtswegen erarbeitet. Darüber hinaus kooperiert Exel auch mit Dritten, so dass in allen Bereichen der Logistik-Dienstleistungen eine völlige Flächendeckung erzielt wird.

Aufgrund des forcierten globalen Wettbewerbs in allen Wirtschaftsbereichen streben unsere Kunden immer mehr zu integrierten Logistiklösungen aus einer Hand (siehe Abb. 4). Exels Strategie ist es dabei, die gesamte Wertschöpfungskette mittels einer durchgängigen Supply-Chain-Integration abzudecken.

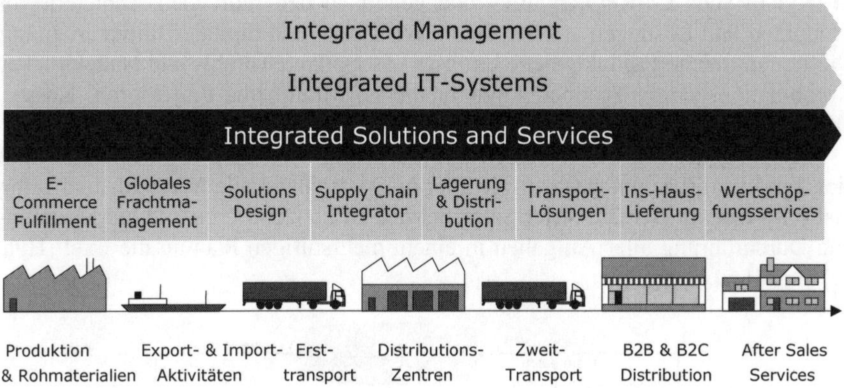

Abb. 4. Exels Integrated Capabilities

Das Exel Solution Design Center achtet darauf, dass die logistischen Lösungsmöglichkeiten für die Kunden weltweit konsistent entwickelt werden und innovative Lösungsansätze dieser Kontrolle standhalten. In der Umsetzung garantieren die systematisierten Methoden und Prozeduren zum einen einen reibungslosen Projektverlauf, zum anderen das Aufzeigen von Schwachstellen bei Systemen des Kunden. Exel ist dann in der Lage mittels kreativer bzw. innovativer Lösungen und Tools diese Schwachstellen zu beheben und damit die Position des Kunden im Wettbewerb zu stärken.

Dabei kommt der Einsatz von eigenen IT-Instrumenten wie der Supply-Chain-Intregrator als webbasierte Internetapplikation zur Unterstützung des Supply Chain Managements voll zum Tsragen. Airfreight und Seafreight Services in Verbindung mit allen Spielarten der logistischen Dienstleistung sind für unsere Kunden weltweit vernetzt und tragen durch die visualisierten Online-Daten und integriertem Event Management zu hoher Informationsstransparenz und Task Force bei. Bei höherer Servicequalität führt dies zu kürzeren Durchlaufzeiten und niedrigeren Beständen. So wird auch unseren Kunden ein starker Wettbewerbsvorteil ermöglicht.

Neben den schon klassischen Logistikbereichen Transport, Lagerung und Distribution treten die Bereiche Home Delivery und After Sales mit Value Added Services immer mehr in den Vordergrund logistischer Aktivitäten ganz im Sinne eines vollständigen Supply Chain Managements über alle Glieder der Wertschöpfungskette hinweg.

Fallbeispiel EPSON REPAIR CENTER

Am Beispiel von Epson soll im Folgenden ein vollständiges Supply Chain Management über alle Glieder der Wertschöpfungskette hinweg verdeutlicht werden (siehe Abb. 5). Die Epson Deutschland GmbH ist eine Tochter der japanischen SEIKO EPSON CORPORATION und gehört zu den führenden Anbietern von Produkten und Lösungen aus den Bereichen Druck und digitale Bildverarbeitung. Die umfangreiche Produktpalette umfasst Laser-, Tintenstrahl- und Nadeldrucker, Kombinationsgeräte, Scanner, Digitalkameras, Multimedia-Projektoren, Kassendrucker- und Systeme.

Zur Unterstützung der erfolgreichen Marketing- und Sales-Strategie entschied sich Epson in Zusammenarbeit mit Exel in Deutschland alle Material- und Informationsflüsse im Bereich After Sales Service zu konzentrieren und die Steuerung und Durchführung aller Aufgaben in einem mehrstufigen Plan an die Exel (Hünxe) GmbH zu übergeben.

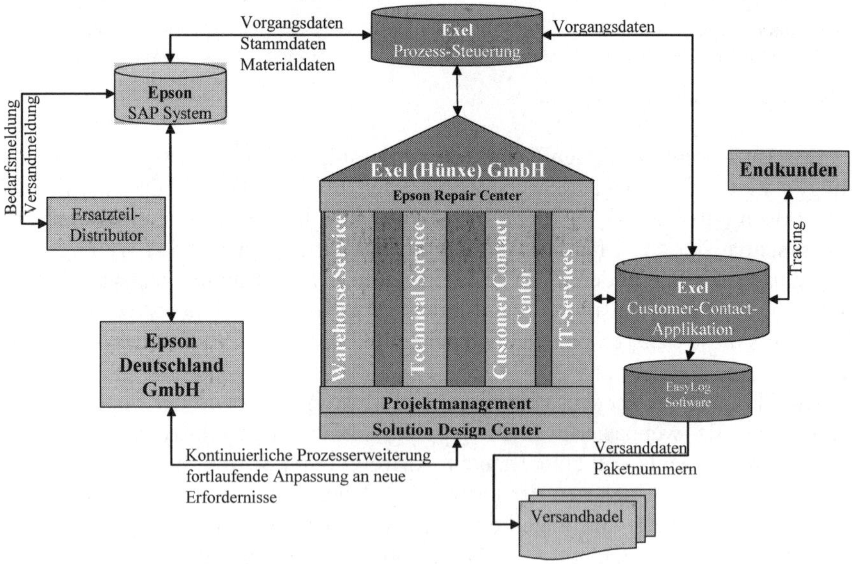

Abb. 5. Supply Chain Management Solution am Beispiel des Epson Repair Centers

Aus unternehmenspolitischen Gründen wurde das SAP-System der Firma Epson als zentrale Daten- und Aktionsbasis eingesetzt. In diesem System werden alle After-Sales-Service-Vorgänge zentral erfasst und verwaltet. Die bereits bestehenden, europaweit geltenden Standards, sowohl in der Erfassung als auch in der

Auswertung der durch Exel bereitgestellten Service-Level, werden über dieses System bereitgestellt und gewährleistet.

Die über den europäischen Standard hinausgehenden Funktionen der Prozess- und Materialsteuerung und -überwachung, als auch die Funktionen im Zusammenhang mit der Kundenkommunikation über alle Medien wurde von Exel in deren eigenen Systemen kundenbezogen realisiert und zur Verfügung gestellt. Zur Vermeidung nicht wertleistender Mehr- bzw. Doppelerfassungen von Daten wurden zwischen dem zentralen SAP-System und den Exel-Systemen bi-direktionale Schnittstellen realisiert, die über die eingesetzten Technologien den zur Prozesskontrolle und Transaktionstransparenz notwendigen Datenaustausch sicherstellen.

Supply Chain Management im Detail

Kunden mit einer After-Sales-Anforderung können die Geräte entweder über den Händler oder aber direkt an das Epson-Repair-Center, betrieben durch die Exel (Hünxe) GmbH einsenden. Sofern hierzu Fragen bestehen, hat der Kunde die Möglichkeit, diese Fragen mit der Epson-Repair-Hotline (auch betrieben durch Exel) zu klären. Soll das Gerät daraufhin eingesendet werden, bekommt der Kunde einen maschinell mit Leitcode versehenen Retourenaufkleber zugestellt, der einen für den Kunden kostenfreien Versand ermöglicht. Die im Rahmen des Gesprächs mit dem Kunden erhaltenen prozessrelevanten Daten werden in der Prozesssteuerungssoftware hinterlegt und stehen beim Wareneingang, nach dem Scan der Serial-Nummer zur weiteren Prozesssteuerung zur Verfügung.

Im Rahmen des Wareneingangsprozesses wird neben der Produkt-identifizierenden Serial-Nummer auch die Trackingnummer des Paketdienstleisters (Post, UPS, TNT...) gescannt und die erforderlichen Daten des Kunden werden erfasst. Dem Kunden wird der Eingang seines Geräts per Postkarte mitgeteilt, die er zu 98% bereits am Tag 1 nach dem Wareneingang im Repair-Center in seinem Postkasten vorfindet. Neben der Eingangsbestätigung erhält der Kunde Informationen, wie er den Status der Reparatur online verfolgen kann. Die dafür notwendigen Informationen werden über die Customer Contact Applikation, als zentrale Schnittstelle zwischen dem Internet und den eingesetzten weiteren Applikationen, online zur Verfügung gestellt.

Auf Basis der im Zentralsystem hinterlegten Verkaufsinformationen bzw. aufgrund der dem Gerät beiliegenden Dokumente erfolgt eine Klassifizierung in unterschiedliche After-Sales-Produkte. Handelt es sich beispielsweise um einen Out-of-Warranty-Vorgang, erhält der Kunde einen pauschalisierten Kostenvoranschlag mit der optionalen Möglichkeit, statt der kostenpflichtigen Reparatur ein Neugerät zu erwerben. Dazu werden die Kundenstammdaten zusammen mit dem Typ des eingesandten Geräts aus dem SAP-System in die Customer Contact Applikation übertragen, aus der das Anschreiben an den Kunden erzeugt wird. Parallel erfolgt über die Applikation die Steuerung der Nachverfolgung in Verbindung mit der zeitlichen Überwachung der Kundenreaktion und die eventgesteuerte weitere Bearbeitung. Nimmt der Kunde eines Out-of-Warranty-Vorgangs bereits vor dem Einsenden des Gerätes Kontakt zu Epson auf, wird ihm ebenfalls über die Customer Contact Applikation ein Angebot zugestellt und die Daten werden bereits im System hinterlegt und sind somit beim Eintreffen im Wareneingang vorhanden. Im Anschluss an den Wareneingangsprozess erfolgt die Reparatur der Geräte. Im Rahmen dieses Arbeitsschrittes werden alle statistisch notwendigen Informationen im Zusammenhang mit dem Service-Auftrag im SAP-System hinterlegt. Darüber hinaus erfolgt bei der Auftragsrückerfassung die Verbuchung der verbrauchten Ersatzteile pro Vorgang, die mittels Scan der im Barcodeformat hinterlegten Artikelnummer ohne wesentlichen manuellen Aufwand erfolgt. Weil das SAP-Modul MM nicht aktiviert ist, erfolgt das Ersatzteilmanagement über das bei Exel eingesetzte System Navision. Da für das Ersatzteilmanagement eine vorgangsbasierte Verbuchung der Verbrauche nicht notwendig ist, erfolgt eine auf Tagesbasis summierte Verbrauchsbuchung. Die dazu notwendigen Informationen werden per Schnittstelle aus dem SAP-System zur Verfügung gestellt. Nach dem Verbuchen der Informationen erfolgt die Bestandsprüfung und die Disposition der notwendigen Ersatzteile, die wiederum auf der Grundlage von Mindest- und Maximalbeständen, Bestellmengen und Lieferdauer pro Artikel erfolgt. Ganz im Sinne des Supply Chain Management erfolgt die Übertragung der Bestelldaten per Schnittstelle ins SAP, in dem aus der Bedarfsanforderung eine offene Bestellung generiert wird. Diese wiederum nutzt der für den deutschen Markt zuständige Dienstleister für die Ersatzteilbelieferung zur direkten Prozessverarbeitung. Eingehende Ersatzteillieferungen werden in Navision verbucht und die Daten wiederum per Schnittstelle ins SAP übertragen.

"Exel presents itself as a full service provider. The organisation presents and carries out tailor-made logistical, technical and administrative services. The service portfolio is rounded off by motivated project management teams and need-orientated IT services and solutions. Such service orientation is invigorating"
Andreas Goiczyk, Manger Service & Support Department, Epson Deutschland GmbH

Zum Abschluss der Vorgangsbearbeitung erfolgt parallel zum Ausdruck des Lieferscheins und einer eventuellen Rechnung der Druck des Versandlabels. Da es sich weitestgehend um ein innerdeutsches B2C Produkt handelt, erfolgt der Versand über die Deutsche Post. Aus der Customer Contact Applikation wird in Zusammenarbeit mit der Easylog Software der Deutschen Post das Versandlabel erzeugt. Dabei wird die Zieladresse über die Leitcodierung als Barcode auf dem Versandlabel hinterlegt, was zu einer Reduzierung der Portokosten in Höhe von 4,6% führt. Auch diese Informationen werden online im WEB präsentiert, so dass für den Kunden schon im Vorfeld der Anlieferung Informationen über die geplante Anlieferung bereit gestellt werden.

Dem Customer Contact Center stehen alle Informationsquellen zur Verfügung. Über die Customer Contact Applikationen können jedoch aufgrund der Verdichtung der Informationen mehr als 97% aller Anrufe direkt beantwortet werden. Nur für darüber hinausgehende Anfragen werden die im Detail spezifizierten anderen Applikationen verwendet. Über ein ausgeprägtes Benutzermodell stehen den unterschiedlichen Anwendergruppen über speziell designte Query- and Viewpages die notwendigen und für die Benutzergruppe zulässigen Daten online zur Verfügung. Durch die Vorgangstransparenz, die auch dem Endkunden zugänglich ist, konnte das Anrufvolumen im Customer Contact Center binnen weniger Monate um mehr als 30% reduziert werden Dies ist nur eine von vielen Kosteneinsparungen, die durch dieses Modell und die Vorgehensweise realisiert werden konnte. Bei der Gestaltung und Ausprägung der Supply Chain wurden folgende Rahmenbedingungen wesentlich beachtet:

- Schrittweise Übernahme und Konsolidierung aller Tätigkeiten durch die Exel (Hünxe) GmbH
- 100% Datenkonsistenz zwischen den eingesetzten Systemen
- keine Datenredundanzen
- Time-to-Market-Faktor
- Aktionstransparenz für die Endkunden
- Kostenreduktion
- 100% Prozesskontrolle durch Exel
- Vollständiges Prozessdesign

Im Rahmen kontinuierlich stattfindenden Statusmeetings und speziell aufgesetzten Workshops wurden unter dem Projektmanagement der Exel die anstehenden Aufgaben sowohl aus Material- als auch aus Informationsflusssicht schrittweise definiert. Dabei wurde folgendes Phasenmodell verwendet:

- **Prozessdesign:**
  Jeder Aktionspunkt wird mit den wesentlichen Merkmalen, wie Verantwortung, Häufigkeit, Service-Level, Toolprojektion und Ausnahmepfad versehen und in die Ablaufplanung eingeordnet. Vollständig definierte Prozessketten werden dann anschließend auf Konsistenz zu bereits bestehenden Prozessketten überprüft und nach Freigabe beider Partner in die Realisierungsphase übergeben.

- **Realisierung:**
  Im Rahmen der Realisierung werden alle notwendigen Voraussetzungen zur Inbetriebnahme geschaffen. Neben dem Training der Mitarbeiter werden überwiegend die Softwaretools entwickelt bzw. modifiziert und mittels eines ausgeprägten Testprogramms auf Richtigkeit, Vollständigkeit und Stabilität getestet. Sowohl beim Mitarbeitertraining als auch bei der Toolentwicklung wird ein wesentlicher Schwerpunkt in den Bereich der Ausnahmeberücksichtigung gelegt.

- **Implementierung:**
  Stichtagsgenau werden die definierten und geschulten Prozesse und Softwaretools in Betrieb genommen. Aufgrund der damit einhergehenden Updateprozeduren für die Softwaretools wird dies in der Regel zum Wochenanfang durchgeführt, so dass die notwendige Updateroutine mit anschließendem Erfolgstest ohne Zeitdruck über ein Wochenende erfolgen kann.

- **Erfolgskontrolle:**
Nach den im Prozessdesign festgelegten Intervallen wird der Erfolg der Implementierung und deren angedachte Konsequenz in der Kommunikation mit den Kunden und der Prozessverbesserung nach definierten Kriterien überprüft und dokumentiert. Die dabei ermittelten statistischen Daten liefern in der Regel ausreichende Anhaltspunkte, wie die implementierten Prozesse im Sinne eines erweiterten Kundennutzens und einer damit einhergehenden steigenden Kundenzufriedenheit nachhaltig modifiziert werden können. Alle implementierten Prozesse werden durch ein kontinuierliches Verbesserungsprogramm, als Bestandteil des integrierten Prozess- und Projektmanagementprogramm der Exel fortlaufend an die sich verändernden externen Bedingungen angepasst.

Diese Leistungen und die methodische Vorgehensweise werden durch das Exel Solution Design Center zur Verfügung gestellt. Hier werden die Erfahrungen der Exel im Bereich des Projektmanagement, der zeit- und budgetgerechten Bereitstellung von innovativen IT-Lösungen und das notwendige logistische Know-how konsolidiert und für die Entwicklung intelligenter Supply Chain Solution bereitgestellt. Im Zusammenhang mit den operativen Einheiten gilt nur ein Ziel: Kundenzufriedenheit.

Autorenverzeichnis

Detthold Aden

Vorstandsvorsitzender der BLG Logistics Group AG & Co. KG, Kernkompetenzen im Bereich des Business Development, Gründungsgeschäftsführer UPS United Parcel Service, Einzelgeschäftsführer Bertelsmann Distribution, Vorstandsmitglied Thyssen Handelsunion AG. Die BLG Logistics Group, Bremen ist ein Logistik Provider.

Prof. Dr.-Ing. Helmut Baumgarten

1976 Ruf an die Technische Universität Berlin, Fakultät Wirtschaft und Management, Professur für Logistik. Forschungstätigkeit in Kooperation mit der Wirtschaft, im Auftrag des Bundesministeriums für Bildung, Wissenschaft, Forschung und Technologie (BMBF) sowie der Deutschen Forschungsgemeinschaft (DFG) im Bereich Angewandte Logistik. Mitarbeit in den Gremien der TU Berlin. Geschäftsführender Direktor des Instituts für Technologie und Management der TU Berlin. Stellvertretender Vorsitzender der Bundesvereinigung Logistik (BVL). Stellvertretender Vorsitzender des Verbandes Deutscher Wirtschaftsingenieure (VWI). Beauftragter der beiden Landesregierungen Berlin und Brandenburg für den Strategiekreis „Verkehr und Mobilität" für den Bereich Logistik. Leiter des Fachkreises „Berlin – Stadt der Logistik" beim Senat von Berlin. Mitglied des Präsidiums des Deutschen Verkehrsforums. Mitarbeit am Institut für Management und Technologie (IMT), Berlin. Gründer der LMC Logistics and Management Consulting GmbH. Gründer der Zentrum für Logistik und Unternehmensplanung GmbH, Berlin. Mehrheitsgesellschafter der LOGPLAN GmbH, Berlin, Frankfurt/M., Denver und Zürich, spezialisiert auf Planung, Steuerung und Realisierung von Logistikprojekten auf Flughäfen. Mitinitiator mehrerer Neugründungen von Unternehmen im innovativen Technologie- und Multimediabereich. Berater von führenden Unternehmen der internationalen Wirtschaft für die Bereiche Logistik und Unternehmensplanung. Der Bereich Logistik der Technischen Universität Berlin gehört zu den größten Ausbildungsinstitutionen für den Bereich Logistik in Europa.

Dr.-Ing. Christian M. Butz

Ausbildung und Berufstätigkeit als Industriekaufmann bei der DaimlerChrysler AG von 1988 bis 1992. Anschließend Studium der Betriebswirtschaftslehre an der Technischen Universität Berlin von 1992 bis 1998. Von April 1998 – November 2002 Wissenschaftlicher Mitarbeiter am Bereich Logistik der Technischen Universität Berlin. Seit November 2002 Wissenschaftlicher Assistent mit den

Schwerpunkten Verkehrslogistik, Logistik-Management und Logistik-Technologien. Kommissarischer Teilprojektleiter des Sonderforschungsbereichs 281 „Demontagefabriken“ und Mitarbeit in den Gremien der TU Berlin. Der Bereich Logistik der Technischen Universität Berlin gehört zu den größten Ausbildungsinstitutionen für den Bereich Logistik in Europa und führt Forschungs- und Praxisprojekte im Bereich Logistik unter Leitung von Prof. Dr.-Ing. H. Baumgarten durch.

Dr.-Ing. Inga-Lena Darkow
Wirtschaftsingenieurin, Wissenschaftliche Mitarbeiterin an der Brandenburgischen Technischen Universität Cottbus von 1996 bis 1997, anschließend an der Technischen Universität Berlin im Bereich Logistik am Institut für Technologie und Management bis 2003. Promotion zur Doktorin der Ingenieurwissenschaften mit dem Thema Logistik-Controlling in der Versorgung in 2001 bei Prof. Dr.-Ing. H. Baumgarten. Seit Mai 2003 Unternehmensberaterin und Dozentin, Forschungsprojekte und Beratung im Bereich Logistik-Management, Supply Chain Management, Logistik- und Supply-Chain-Controlling, Versorgungsmanagement und Logistik-Dienstleistungen. Fachautorin zahlreicher Veröffentlichungen und Referentin auf Fachtagungen.

Dr.-Ing. Marco Emmermann
Geschäftsführer und Partner der Visality Consulting GmbH, Projektleitung diverser Praxisprojekte mit logistischem oder unternehmensstrategischem Hintergrund insbesondere in den Branchen Maschinenbau, Elektrotechnik, Healthcare, Logistik- und Verkehrs-Dienstleistung. Neben zahlreichen Vorträgen im In- und Ausland veröffentlicht er regelmäßig Artikel in namhaften Fachzeitschriften. Nach Tätigkeit als Wissenschaftlicher Mitarbeiter und Promotion zum Dr.-Ing. bei Prof. Dr.-Ing. H. Baumgarten am Bereich Logistik der Technischen Universität Berlin über 15 Jahre Beratungserfahrung mit den Beratungsschwerpunkten Markt- und Wettbewerbsanalysen, Benchmarking, Strategische Geschäftsfeldplanung, Beschaffungsplanung, Distributionslogistik, Krankenhauslogistik, Entsorgungslogistik und Verkehrslogistik. Die Visality Consulting GmbH ist ein in Deutschland ansässiges Beratungsunternehmen und gestaltet Unternehmensstrategien sowie Logistiklösungen insbesondere für Automotive, Aviation, Elektrotechnik, Maschinen- und Anlagenbau sowie Logistik- und Verkehrsdienstleistung. Die Beratungs- und Kompetenzfelder der Visality, Berlin sind Strategische Geschäftsfeldentwicklung, Logistik-Audits, Supply-Chain-Management-Lösungen sowie Business Reengineering, Outsourcing und Projektmanagement.

Dr. Hugo Fiege
Geschäftsführender Gesellschafter der Fiege Gruppe, Kernkompetenzen im Bereich Entwicklung und Realisierung integrierter, ganzheitlicher Logistiksysteme. Die Fiege Gruppe, Greven ist einer der führenden Logistikanbieter in Europa.

Dr. Andreas Froschmayer
Mitglied des Vorstandes der eCHAIN Logistics AG, Kernkompetenzen im Bereich Logistik-Strategie, Unternehmensmodelle, Beteiligungsformen, Supply Chain Management, Collaboration-Strategien, Invention und Umsetzung von Logistik-Lösungen, Aufbau neuer Unternehmensformen, Management-Funktionen, Unternehmensentwicklung, Strategieberatung. eCHAIN Logistics, München entwickelt innovative Logistik-Konzepte im Umfeld des Supply Chain Managements und realisiert Logistik-Lösungen mit den Kunden in der Praxis in Form von Betriebsgesellschaften.

Dr. Jürgen Harland
Geschäftsführer der Locton GmbH, Kernkompetenzen im Bereich der industriellen Kontraktlogistik. Die Locton Gesellschaft für Logistik-Systeme mbH, Köln bietet Logistik-Leistungen in sämtlichen Liefer- und Vertriebsstufen an, insbesondere für die Automobil-/ Zulieferindustrie.

Frauke Heistermann
Director Marketing & Sales der AXIT AG, Mitgründung der AXIT AG, zuständig für Vertrieb und Marketing, Logistikstudium an der Berufsakademie Mannheim, Projektleiterin bei einer Unternehmensberatung für Logistik und Organisation (Prof. Dr. Bretzke Management Consulting), International Product-Manager bei NET Nachtexpress Termindienst GmbH, Mannheim, Veröffentlichung des Buches: Vertrieb von Logistikdienstleistungen (Verkehrsverlag Fischer, Düsseldorf), Vorlesungen an der Europäischen Verkehrsakademie. Die AXIT AG, Frankenthal organisiert und optimiert den Informationsfluss zwischen allen Partnern der Logistikkette. Hierzu bietet AXIT über die eigene Logistikplattform AX4 Mehrwertdienste für die Informationslogistik in der Supply Chain. AXIT wurde 1999 gegründet, 2001 für den Deutschen Internetpreis nominiert und 2002 mit dem Kooperationspreis Transport und Logistik sowie dem eLogistics Award ausgezeichnet. Zu den Kunden zählen u.a.: BASF, BMW, Schenker, P & O, Uni-Data, Interspe Hamann.

Dr. Hans-Joachim Herzog
Vorstand der Bertelsmann arvato AG, Bereich logistics services, Kernkompetenzen im Bereich der Entwicklung von ganzheitlichen Lösungen bei komplexen Organisationsproblemen, seit 1997 Mitglied im Vorstand „Börsenverein des Deutschen Buchhandels“, Ausschuss Zwischenbuchhandel. Arvato logistcs services, Gütersloh ist ein Logistik-Dienstleister für individuelle und innovative End-to-End-Lösungen für Medien und Kommunikationsportale.

Andreas Janetzko
Vice President Commercial Europe UPS Europe, Kernkompetenzen im Bereich Supply Chain Management und Service Parts Logistics, Planung und Umsetzung von 4PL-Konzepten in der Automobil und Chemie-Industrie. UPS Europe, mit Sitz in Düsseldorf, ist ein 4PL-Logistik-Dienstleister.

Felix Kasiske
Dipl.-Ing., Wirtschaftsingenieur, Wissenschaftlicher Mitarbeiter am Bereich Logistik, Institut für Technologie und Management, Technische Universität Berlin. Projektleitung in Forschungs- und Beratungsprojekten für die Europäische Kommission, darüber hinaus in Logistikberatungsprojekten in Handel und Logistik-Dienstleistung aktiv zu Themen im Bereich Transportation und Supply Chain Management. Expertentätigkeit in Studien zur Mobilitätsentwicklung. Der Bereich Logistik der Technischen Universität Berlin gehört zu den größten Ausbildungsinstitutionen für den Bereich Logistik in Europa und führt Forschungs- und Praxisprojekte im Bereich Logistik unter Leitung von Prof. Dr.-Ing. H. Baumgarten durch.

Daniel Kieffer
Studiumsexkurs zur Sinologie und Philosophie in Berlin und Taipeh/Taiwan, Studium des Wirtschaftsingenieurwesens an der TU Berlin (Abschluss 1996) mit den Schwerpunkten Strategische Unternehmensplanung, Logistik und Controlling. Von 1996 bis 1999 Leiter der Abteilung Consulting bei der Schenker-BTL AG in Berlin. Von 2000 bis Ende 2002 Manager in der Zentrum für Logistik und Unternehmensplanung (ZLU) GmbH, Berlin. Seit Januar 2003 Prokurist und Partner bei der Visality Consulting GmbH, Berlin. Verantwortlich für Projekte zur Strategischen Geschäftsfeldplanung und Produktentwicklung von Logistik- und IT-Dienstleistern sowie Telematik-Unternehmen. Die Visality Consulting GmbH ist ein in Deutschland ansässiges Beratungsunternehmen und gestaltet Unternehmensstrategien sowie Logistiklösungen insbesondere für Automotive, Aviation, Elektrotechnik, Maschinen- und Anlagenbau sowie Logistik- und Verkehrsdienstleistung. Die Beratungs- und Kompetenzfelder der Visality sind Strategische Geschäftsfeldentwicklung, Logistik-Audits, Supply-Chain-Management-Lösungen sowie Business Reengineering, Outsourcing und Projektmanagement.

Prof. Dr.-Ing. Raimund Klinkner
Studium in Maschinenbau (Fertigungstechnik und Betriebswissenschaft) an der Technische Universität München, Dipl.-Ing.; berufsbegleitende Promotion: "Qualitätsintegrierende Fertigungsstrategien in der Automobilindustrie", Technische Universität Dresden, Fakultät für Maschinenwesen, 1994. Von 1991 bis 1998 Mitarbeiter der Dr. Ing. h.c. F. Porsche AG; dabei von 1994 bis 1996 Leiter der Logistikplanung, von 1996 bis 1998 Leiter der Disposition und Steuerung. Seit Mai 1998 Vorstand Logistik und Produktion bei der Gildemeister AG, Bielefeld. Seit Juni 2003 Honorarprofessor für Produktionslogistik am Institut für Technologie und Management der Technischen Universität Berlin. Gildemeister ist in der Dreh- und Frästechnologie einer der weltweit bedeutendsten Hersteller von Werkzeugmaschinen und bietet neben den Technologien "Drehen" und "Fräsen" die modernen Zukunftstechnologien "Lasern" und "Ultrasonic" an. Das Lieferprogramm der Unternehmen im Gildemeister-Konzern umfasst sowohl Low-Cost-Maschinen, die in großen Stückzahlen auf den Weltmärkten verkauft werden, als auch High-Tech-

Maschinen für hochkomplexe Fertigungsaufgaben. Mit einer Reihe von Innovationen und komplett neuen Produkten stellt sich der Gildemeister-Konzern diesen Marktanforderungen und bietet seinen Kunden marktgerechte Lösungen an.

Joris J.A. Leeman
Vorstand Organisation der Esprit Europe AG, Düsseldorf.

Matthias Löhr
Geschäftsführender Gesellschafter WM-Holding GmbH & Co. (WM GROUP), Kernkompetenzen im Bereich der Kontrakt-Logistik und eLogistik, Erfahrungen als Bankkaufmann, Tätigkeiten in internationalen und nationalen Logistikunternehmen, Ausbau eines traditionellen familiengeführten Speditionsunternehmens zu einer heuten international tätigen Logistikgruppe. Die WM GROUP, Bocholt ist ein internationales Logistikunternehmen mit 40 europäischen Tochterfirmen und Beteiligungen mit den strategischen Schwerpunkten systemgeführte Distributionsnetzwerke, Kontrakt-Logistik und eLogistik.

Sven Möller
Geschäftsführender Gesellschafter Allogistics GmbH, Kernkompetenzen im Bereich Prozessoptimierung, Lieferantenentwicklung, Anlaufmanagement, Erfahrungen in der Leitung von Projekten zur Optimierung der Versorgungsketten bei der Porsche AG, Leitung von Projekten zur Optimierung von Produktion und Logistik bei der Gildemeister AG, Leitung des Auftragszentrums bei der Gildemeister Drehmaschinen GmbH, Begleitung von Projekten u.a. zum Serienanlaufmanagement, zur Produktionsoptimierung und zur Lieferkettenkoordination bei der Allogistics GmbH. Die Allogistics GmbH, Gummersbach ist eine Unternehmensberatung für Produktionslogistik und Supply Chain Management.

Matthias M. Otto
Nach der Doppelqualifikation Abitur/Ausbildung zum Industrieelektroniker-Gerätetechnik und Tätigkeit als Projektleiter im Anlagenbau folgte das Studium des Wirtschaftsingenieurwesens, Studienrichtung Elektrotechnik, an der Technischen Universität Berlin und Norwegian School of Management, Oslo. Seit 2000 Wissenschaftlicher Mitarbeiter am Institut für Technologie und Management im Bereich Logistik der TU Berlin. Mitglied und Unterstützung des Vorsitzenden der Gemeinsamen Kommission Wirtschaftsingenieurwesen an der TU Berlin. Projektleitung mehrerer nationaler und internationaler Forschungs-, Lehr- und Praxisprojekte wie z. B. E-Baulogistik, Chancen und Risiken für Logistik-Dienstleister durch neue Beschaffungskonzepte (Preisträger) und Berufsbild-Untersuchung des Wirtschaftsingenieurs. Derzeitige Forschungsschwerpunkte sind Versorgungsmanagement, E-Business und E-Procurement, Beschaffungslogistik, Logistik Strategien sowie Supply Chain Management. Der Bereich Logistik der Technischen Universität Berlin gehört zu den größten Ausbildungsinstitutionen für den Bereich Logistik in Europa und führt Forschungs- und Praxisprojekte im Bereich Logistik unter Leitung von Prof. Dr.-Ing. H. Baumgarten durch.

Ilker Özdemir
Freier Unternehmensberater, Kernkompetenzen im Bereich Enterprise-Application-Intergration, IT-Integration und Gestaltung von IT-Landschaften. Drei Jahre Projekterfahrung bei Tätigkeiten für das Zentrum für Logistik und Unternehmensplanung GmbH sowie die GÖK GmbH.

Dr. Stephan Pintsch
Geschäftsführer der Hermes General Service GmbH, Hamburg.

Dr. Wolfgang Prümper
Sprecher der Geschäftsführung der MGL Metro Group Logistics GmbH, Lehrbeauftragter am Bereich Logistik der Technischen Universität Berlin. Kernkompetenzen im Bereich von Strategie bis Operation, von national bis international, Beschaffungslogistik als Besonderheit für Handelsunternehmen. Die MGL Metro Group Logistics GmbH, Düsseldorf ist die zentrale Logistik-Gesellschaft – mit diversen Tochtergesellschaften – für alle Vertriebslinien des Metro-AG-Konzerns: „Outsourcing in your own hands".

Markus Richter
Dipl.-Ing., Wirtschaftsingenieur, Wissenschaftlicher Mitarbeiter und Projektleiter des Teilprojektes "Management von Wertschöpfungsnetzen" des Berliner Forschungszentrums Internetökonomie "InterVal" am Bereich Logistik, Institut für Technologie und Management, Technische Universität Berlin; weitere Forschungs- und Praxisprojekte im Bereich Aufbau, Konzeption und Realisierung internetbasierter Wissensplattformen sowie einer computergestützten Bewertung von Logistiksystemen. Im Fokus seiner Forschungstätigkeit stehen insbesondere Aspekte der logistischen Prozessverbesserung und darauf aufbauende Maßnahmen zum Wissenstransfer und Kompetenzaufbau. Im Vordergrund steht dabei der Best-Practice-Transfer innerhalb und zwischen Unternehmen sowie eine Entscheidungsunterstützung beim Transfer bewährter Lösungsansätze in logistischen Modernisierungsprojekten in Bezug auf Kosten und Einschätzung des Erfolgsrisikos bei der Implementierung geeigneter Maßnahmen. Der Bereich Logistik der Technischen Universität Berlin gehört zu den größten Ausbildungsinstitutionen für den Bereich Logistik in Europa und führt Forschungs- und Praxisprojekte im Bereich Logistik unter Leitung von Prof. Dr.-Ing. H. Baumgarten durch.

Dr.-Ing. Jörg Risse
Partner der Visality Consulting GmbH, Mitarbeit und Projektleitung in Logistikberatungsprojekten in Industrie, Handel und Dienstleistung sowie in nationalen und internationalen Forschungsprojekten auf den Gebieten Time-to-Market-Management, Supply Chain Management und Geschäftsfeldentwicklung. Mitbegründer der Visality Consulting GmbH nach Tätigkeit als Wissenschaftlicher Mitarbeiter und Promotion zum Dr.-Ing. bei Prof. Dr.-Ing. H. Baumgarten am Bereich Logistik der Technischen Universität Berlin. Die Visality Consulting GmbH, Berlin, ist ein in Deutschland ansässiges Beratungsunternehmen und gestaltet Unternehmensstrategien sowie Logistiklösungen insbesondere für Automotive, Aviati-

on, Elektrotechnik, Maschinen- und Anlagenbau sowie Logistik- und Verkehrsdienstleistung. Die Beratungs- und Kompetenzfelder der Visality sind Strategische Geschäftsfeldentwicklung, Logistik-Audits, Supply-Chain-Management-Lösungen sowie Business Reengineering, Outsourcing und Projektmanagement.

Dieter Ruhnow
Mitglied der Geschäftsleitung Locton GmbH, Kernkompetenzen im Bereich der industriellen Kontraktlogistik. Locton Gesellschaft für Logistik-Systeme mbH, Köln bietet Logistik-Leistungen in sämtlichen Liefer- und Vertriebsstufen an, insbesondere für die Automobil-/ Zulieferindustrie.

Alexander Schneider
Stellvertretender Niederlassungsleiter, Manager Sales & Projects bei Exel (Hünxe) GmbH, Kernkompetenzen im Bereich Logistics, IT-Solutions, Projektmanagement, Prozessdesign und Implementierung, mehrjährige Erfahrung in der kundenbezogenen Entwicklung und erfolgreiche Implementierung von Supply Chain Solutions für Kunden unterschiedlicher Branchen und Regionen. Exel ist ein weltweit führendes Logistik-Dienstleistungsunternehmen im Bereich des Supply Chain Managements

Christian Schneiders
Dipl.-Ing., Wirtschaftsingenieur Fachrichtung Maschinenwesen, Wissenschaftlicher Mitarbeiter am Institut für Technologie und Management, Bereich Logistik der Technischen Universität Berlin im Projektbereich Logistik des Sonderforschungsbereichs 281 „Demontagefabriken zur Rückgewinnung von Ressourcen in Produkt- und Materialkreisläufen" unter der wissenschaftlichen Leitung von Prof. Dr.-Ing. Helmut Baumgarten. Mehrjährige berufliche Tätigkeit bei einer international agierenden Logistik-Beratungsgesellschaft. Projekte im Bereich Verkehrslogistik, Logistisches Stadtmarketing, Entwicklung einer Konzeption zur Ver- und Entsorgung der EXPO 2000, Logistik-Konzeptionen für Schienenverkehrsknotenpunkte, Baustellenmanagement, Beratungsprojekte im Bereich Automotive zur Lieferantenintegration, Lieferanten-Logistik-Zentren. Kernkompetenzen im Bereich Netzwerkmanagement, Standortplanung, Entwicklung von Logistik-Technologien, Logistik-Dienstleistungen, Entsorgungskonzeptionen, Integration von Ver- und Entsorgung, E-Procurement. Der Bereich Logistik der Technischen Universität Berlin gehört zu den größten Ausbildungsinstitutionen für den Bereich Logistik in Europa und führt Forschungs- und Praxisprojekte im Bereich Logistik unter Leitung von Prof. Dr.-Ing. H. Baumgarten durch.

Thomas Sommer-Dittrich
Dipl.-Ing., Wissenschaftlicher Mitarbeiter im Sonderforschungsbereich 281 „Demontagefabriken zur Rückgewinnung von Ressourcen in Produkt- und Materialkreisläufen" an der Technischen Universität Berlin, Institut für Technologie und Management, Bereich Logistik. Forschungs- und Lehrschwerpunkte sind neben kreislauforientierten Entsorgungsprozessen die flexible Gestaltung logistischer Netzwerke, das Konfigurationsmanagement sowie die simulationsgestützte Ent-

wicklung risikoadäquater Logistikstrategien. Der Bereich Logistik der Technischen Universität Berlin gehört zu den größten Ausbildungsinstitutionen für den Bereich Logistik in Europa und führt Forschungs- und Praxisprojekte im Bereich Logistik unter Leitung von Prof. Dr.-Ing. H. Baumgarten durch.

Herbert Stommel
Dipl.-Ing., Wirtschaftsingenieur, Wissenschaftlicher Mitarbeiter und Projektleiter im BMBF-Forschungsprojekt LiNet – „Netzwerkmanagement für die Automobilzulieferindustrie" sowie EastLOG – „Analysis of the Logistics Market in Central and Eastern European Countries" am Bereich Logistik, Institut für Technologie und Management, Technische Universität Berlin, Mitarbeit und Projektleitung in Logistikberatungsprojekten in Industrie und Dienstleistung sowie in nationalen und internationalen Forschungsprojekten zu Supply Chain Management, Supplier Integration, Collaboration und E-Business. Der Bereich Logistik der Technischen Universität Berlin gehört zu den größten Ausbildungsinstitutionen für den Bereich Logistik in Europa und führt Forschungs- und Praxisprojekte im Bereich Logistik unter Leitung von Prof. Dr.-Ing. H. Baumgarten durch.

Norbert Storch
Geschäftsführer der BRAL Reststoff-Bearbeitungs GmbH. Die BRAL, Berlin ist eine Public-Private-Partnership-Unternehmung der BSR Berliner Stadtreinigung (Anstalt des öffentlichen Rechts) und der ALBA AG (privatwirtschaftliches Entsorgungsunternehmen) mit jeweils 50% Gesellschafteranteil. Das Unternehmen beschäftigt 36 feste Mitarbeiter. Die Kernkompetenz liegt im Bereich des hochwertigen, demontageorientierten Elektronikschrottrecyclings. Die Aktivitäten umfassen die vollständigen Prozesse der Annahme, Sortierung, Behandlung und fachgerechten Verwertung/Entsorgung von Elektroaltgeräten. Für Kühlgeräte stehen spezielle Behandlungseinrichtungen zur Verfügung, die dem neuesten Stand der Technik entsprechen.

Jörg Unzeitig
Niederlassungsleiter der Exel (Hünxe) GmbH, über 10-jährige Erfahrung in unterschiedlichen leitenden Positionen, sowohl Sales & Marketing als auch Operations Background. Exel, Hünxe ist ein weltweit tätiges Logistik-Dienstleistungsunternehmen im Bereich der Logistik und des Supply-Chain-Managements.

Dr.-Ing. Hartmut Zadek
Partner und Mitbegründer der Visality Consulting GmbH, Projektleitung diverser Praxisprojekte mit logistischem oder unternehmensstrategischem Hintergrund insbesondere in den Branchen Maschinenbau, Automotive, Elektrotechnik, Logistik-Dienstleistung. Tätigkeit als Wissenschaftlicher Mitarbeiter und Promotion zum Dr.-Ing. bei Prof. Dr.-Ing. H. Baumgarten am Bereich Logistik der Technischen Universität Berlin. Über 10 Jahre Beratungserfahrung mit den Beratungsschwerpunkten Supply Chain Management, Logistik-Strategien, Prozessmanagement, Strategische Geschäftsfeldplanung für Logistik-Dienstleister, Outsourcing,

Customer Relationship Management und Wissensmanagement in der Logistik. Mitglied des Fachbeirats Forschungsförderung der Bundesvereinigung Logistik (BVL). Fachautor zahlreicher Veröffentlichungen und Referent auf Fachtagungen im In- und Ausland. Die Visality Consulting GmbH, Berlin, ist ein in Deutschland ansässiges Beratungsunternehmen und gestaltet Unternehmensstrategien sowie Logistiklösungen insbesondere für Automotive, Aviation, Elektrotechnik, Maschinen- und Anlagenbau sowie Logistik- und Verkehrsdienstleistung. Die Beratungs- und Kompetenzfelder der Visality sind Strategische Geschäftsfeldentwicklung, Logistik-Audits, Supply-Chain-Management-Lösungen sowie Business Reengineering, Outsourcing und Projektmanagement.

Sachverzeichnis

Druck:	Strauss Offsetdruck, Mörlenbach
Verarbeitung:	Schäffer, Grünstadt